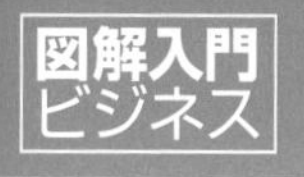

Shuwasystem Business Guide Book　How-nual

最新 電力システムの基本と仕組みがよ～くわかる本

発電・送配電の仕組みと概要を掴む

［第4版］

木舟 辰平 著

秀和システム

はじめに（改訂にあたって）

本書は、現在と次世代の電力システムの全体像と各構成要素について整理・解説した本です。このたび約２年ぶりに改訂版を発刊することになりました。

この２年間を振り返ると、電力システムの綻びが社会全体にさまざまなかたちで悪影響を及ぼしたことは否定できません。2022年３月に史上初めて需給逼迫警報が発令されるなど、夏冬の需要期を中心に電力不足の懸念が現実化しました。22年から23年にかけては世界的な燃料価格高騰を背景に電気料金水準が大幅に上昇し、小売事業者の撤退が相次ぎました。東日本大震災後に始まった電力システム改革は、残念ながら現時点では成功しているとは言い難い状況にあります。

そもそも電力システムとは何でしょうか。一義的には、電気が送り届けられる工学的な仕組みとして理解できます。つまり、電気を作る発電所と電気を運ぶ送配電網の総体が電力システムですが、これらの設備だけで電気の安定供給が保たれるわけではありません。さまざまな事業者や関連機関があらかじめ定められたルールに基づいて運営に携わることで、システムは日々機能しています。こうした制度面の要素も含めて、電力システムは成り立っています。

その電力システムの大改革が、最終的なゴールが明確に見えないまま続いているのが日本の現状です。改革の方向性を一言で言えば、複雑化の一途を辿っています。例えば、発電設備の面では、数十万kW規模の火力発電や原子力発電から、１万kWに満たない規模の太陽光発電など再生可能エネルギーに軸足が移ります。また、空調などの消費機器もシステムの構成要素として組み込まれていきます。そのことにより、同じ量の電気でも安定的に供給するための手間が増すことは避けられません。制度面では、全国にわずか10社の大手電力が独占的に事業を営んでいた時代が全面自由化によって終わり、電力ビジネスに携わる事業者の数がけた違いに増えていることが複雑化の要因になっています。

こうした改革が実行に移される中で、需給逼迫や電気料金の高騰が起きたわけです。とはいえ、東京電力を中心に大手電力が完全に支配していた改革以前の世界が時代に合わなくなっていたことも確かです。巨大な電力市場を広く開放した自由化の理念自体が間違っていたわけではありません。

一昔前には考えられなかったレベルの猛暑など、地球温暖化の脅威は現実のものになっています。電気の脱炭素化と安定供給のために必要な電源等の確保を、自由化を所与の条件としていかに進めるか——。3E（供給安定性、効率性、環境性）のより高い次元での両立を目指して、電力システム改革は軌道修正しつつも前に進めていく必要があります。

電力システムの複雑化が避けられない一方、社会における電気の重要性はますます高まっています。例えば、コロナ禍を契機に飛躍的に増えたオンライン上でのコミュニケーションを根底で支えるのは、安定して供給される電気エネルギーです。また、太陽光発電や電気自動車の充電器といった分散型エネルギーリソース（DER）も気がつけば日常の風景の中で目にする機会が増えています。日本に暮らす誰もが、電力システムと無関係ではいられません。より良いシステムを作り上げるためにも、立場が異なる多くの人がシステム改革の動向に関心を持つことが求められています。

本書はこのような問題意識に基づき、現在と次世代の電力システムについて可能な限り噛み砕いて書くことを心がけました。11章構成で、第1章は従来のシステムの概略とこれまでの改革の経緯を解説しています。最後の第11章で、脱炭素化した社会を根底で支える次世代の電力システムの絵姿を示しています。この2つの章を読めば、システム改革の全体像と大きな方向性は掴めるはずです。間の9つの章では、システムの各構成要素について網羅的に紹介しています。

本書が多くの人にとって難解に映るであろう電力システムを理解する一助になれば、それに勝る喜びはありません。

2024年5月

木舟　辰平

図解入門ビジネス 最新電力システムの基本と仕組みがよ～くわかる本［第4版］

CONTENTS

第3章 原子力

第4章 再生可能エネルギー

第5章 送電

第6章 配電

第7章 蓄電

第8章 電力自由化

第1章

電力システムの基本

電気を作る発電所と、作った電気を運ぶ送配電網で構成される電力システム。日本の従来のシステムは、戦後から高度経済成長期にかけて形成されたものです。このシステムの大改革が東日本大震災を契機として始まりました。それは市場原理を活用して高い供給安定性と効率性の両立を目指すものでしたが、現時点では残念ながら成功とは言いがたい状況にあります。そんな中、エネルギーの脱炭素化が近年、最重要課題として浮上しています。環境性の観点も組み込んで、電力システム改革は新たな段階に進みつつあります。

1-1 電力システムとは

電力システムとは、電気を作り（発電）、送り届ける（送配電）一連の仕組みのことです。電気を安定的に生産して供給するシステムが実用化されたことで、電気エネルギーは経済的価値を持つ商品になりました。

エジソンが発明

電気のエネルギーとしての力は、電流と電圧の大きさによって決まります。電流とは、原子の枠を越えて電子が動き続けている状態のことです。その量はA（アンペア）という単位で計ります。1秒間に1クーロンの電子が流れる時の電流の大きさが1Aです。

電流が流れると、その周囲には垂直方向の同心円状に磁界が発生します。電流が下向きに流れる時、磁界の向きは時計回りになります。「右ねじの法則」と名づけられたこの現象の原因と結果を逆転させれば、磁界から電流を作り出すことができます。磁石を近づけたり遠ざけたりすることで、螺旋階段状に巻いた針金（コイル）に電流が流れるのです。イギリスの物理学者ファラデーが1831年に発見した電磁誘導と呼ばれる現象です。

実用化されている発電機は、この電磁誘導の原理を応用しています。つまり、発電機とは何らかの力で磁石を回転させることで、磁石の周囲に巻かれたコイルに電流を流す装置なのです。こうして作られた電気は、送電線を通して離れた場所に届けることができます。その際、電流を流し込む力が電圧で、単位はV（ボルト）です。

電流と電圧を掛け合わせたものが電力です。つまり、電力は電流によって単位時間になされる仕事の量です。単位はW（ワット）で、「A×V＝W」という式が成り立ちます。経済商品としての電力は、この「W」に時間「h」を掛けた「Wh」という単位で取引されています。これが電力量です。例えば、100Wの電力が1時間続けて供給されれば、100Whの電力量が消費されたことになります。

電力というエネルギーを商品として販売する事業を最初に始めたのは、あの発明王トーマス・エジソンです。エジソンは1882年、米国ニューヨーク市内に火力発電所と約30kmの配電線を整備して、近隣の電灯に電気を供給しました。これが世界初の商用の**電力システム**なのです。

電流と電圧

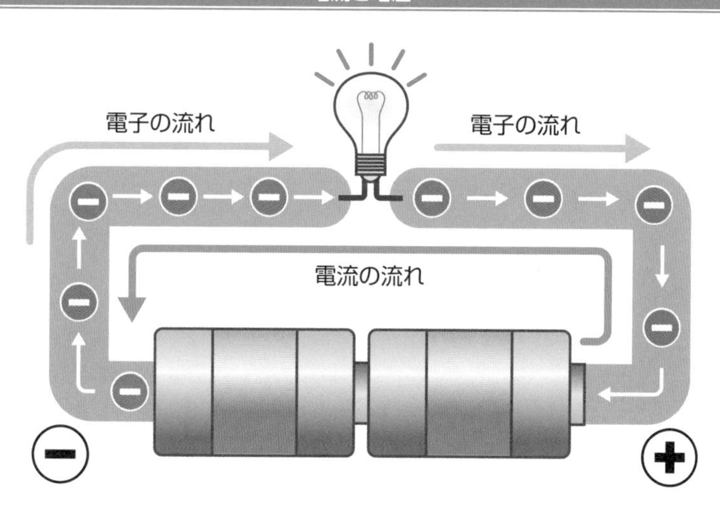

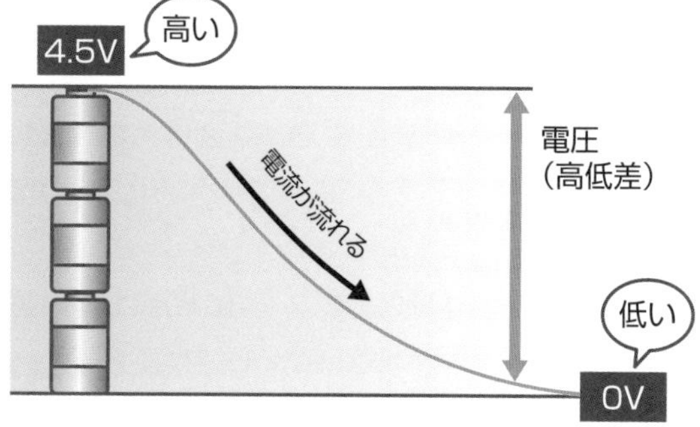

1-2 現代社会と電力

ほとんどの人にとって、電気のない生活はもはや現実的ではないでしょう。世の中の多くの機能は電気エネルギーによって維持されています。電力システムは現代社会を支える最重要インフラと言えます。

数時間の停電も大ニュース

この原稿は、LED照明が灯り、冷房が効いた喫茶店で、ノートパソコンを使って書かれています。店内にはゆったりしたBGMが流れ、隣の人はスマートフォンで何やら楽しんでいます。これらの機器は全て電気で動いています。こうした日常の一場面からも、電気を安定的に供給するシステムが現代社会を支える最重要インフラであることは分かります。

他のエネルギー商品と比べて電気が大きく劣っている分野は、特に家庭など民生部門では少なくなっています。家庭における調理用燃料は従来、都市ガスやLPガスの独壇場でしたが、今では**IHクッキングヒーター**も多く選択されています。ガソリンなど石油系燃料の牙城だった自動車の動力も、電動化の流れが確実に進んでいます。

実際、日本全体のエネルギー消費量に占める電気エネルギーの比率である**電力化率**は右肩上がりで伸びています。1970年には12.7%でしたが、2021年度には27.2%まで高まっています。脱炭素社会の実現に向けて電化は至上命題とも言われ、この傾向は今後さらに強まると考えられます。

電気エネルギーへの依存度が高くなることは反面、電力供給が途絶えた際の社会全体への悪影響も大きくなることを意味します。例えば、18年9月の北海道胆振東部地震で**ブラックアウト**が発生した際は、町中の信号機が使用不能になり、札幌市内の地下鉄も運休になるなど、市民生活は大きな影響を受けました。人口が密集し、社会機能が集中する大都市圏での数時間に及ぶ停電は、それだけでトップニュース級の“大事件”になります。

そのため、高い供給安定性は電力システムの構築における最重要事項です。とはいえ、安定供給だけを追求すればいいわけではありません。脱炭素化の手段として電化を推進する大前提は、脱化石燃料の実現です。市民生活や産業活動を支えるエネルギーである以上、最大限安価であることも当然求められます。

電力化率の推移

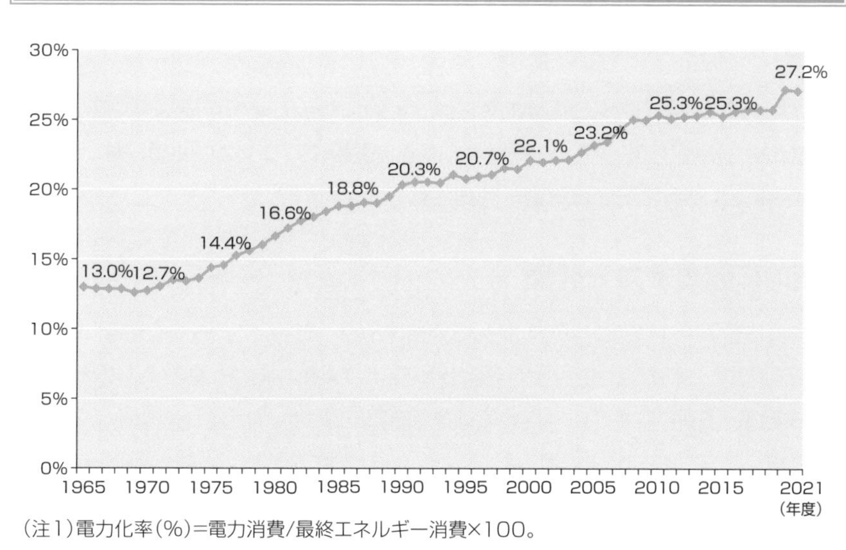

(注1)電力化率(%)=電力消費/最終エネルギー消費×100。

出典:エネルギー白書2023

家庭部門におけるエネルギー源別消費の推移

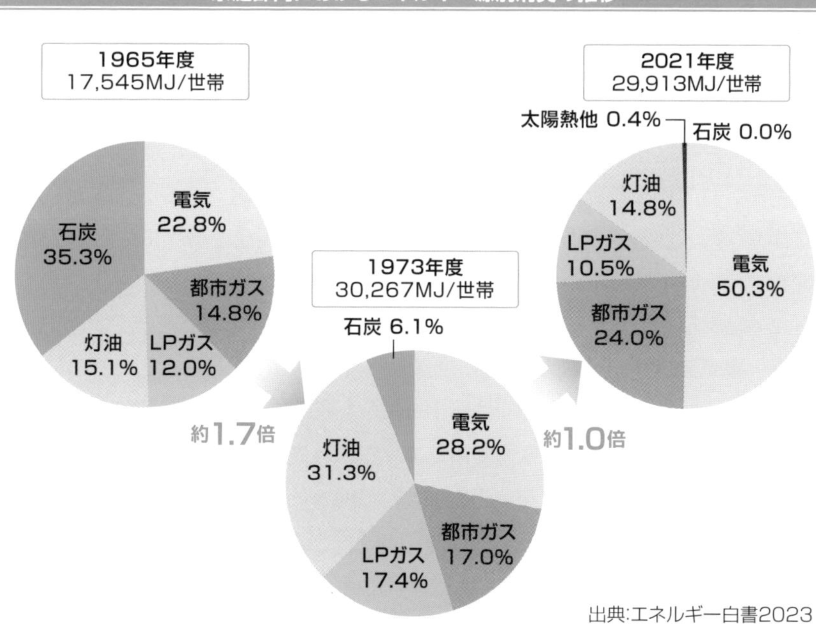

出典:エネルギー白書2023

1-3 安定供給の確保

電力の安定供給に万全を期すためには、需要に対して運転可能な発電設備を十分に持つことが不可欠です。日本全体の需要と供給のバランスに問題がないかどうか、10年先までの状況が毎年度、確認されています。

広域的に発電余力を評価

日本の2021年度の電力需要は9237億kWhでした。工場など産業用、商業ビルなど業務用、家庭用の3部門がほぼ3分の1ずつ消費しるのが基本的な構造です。**電気自動車**（**EV**）の普及により今後は運輸部門の消費も増えていく見込みです。

電力の安定供給維持のためには、これだけの電力需要をまかなえるだけの発電設備が存在していることがまず必要です。従来の電力システムで、その基準として参照されてきたのは、1年間で最も電気が使われた時間帯の量である**最大電力**（kW）です。最大電力が発生した際に需要を十分にまかなえるだけの発電設備があれば、1年を通して電気が足りなくなることは基本的にないからです。

こうした考え方に基づき、10年先まで想定される最大電力に対して十分な発電設備が存在するかどうかが毎年度確認されています。具体的には最大電力の8%分の予備力が確保されていれば、突然の発電設備トラブルなどの供給側の要因、あるいは異常な猛暑や極寒など需要側の要因が発生しても、安定供給に支障はないと判断されてきました。参照する予備率は従来は大手電力のエリアごとの値でしたが、システム改革の一環として**地域間連系線**の利用を前提とした**広域予備率**に変更されています。

他にも需給構造の変化により基準の見直しが近年、必要になってきています。例えば、太陽光発電の導入拡大により、1年間で最大電力が記録される真夏の日中の時間帯の需給だけを確認するのでは不十分になっています。夜は日中より需要は減る一方、太陽光発電は稼働を停止するため、需給バランスがよりタイトになる可能性があるからです。そこで**EUE**（Expected Unserved Energy）という新たな指標が21年度から本格的に採用されています。EUEとは需要が供給を上回ると想定される時間帯における1年間の供給力不足量の合計のことで、供給安定性をより精緻に把握できます。この値が基準値以下かどうかエリアごとに確認されています。

需給バランス確認の方法

従来:エリア単独予備率運用

Aエリア需要

Aエリアの一般送配電事業者の調整力

小売電気事業者の確保する供給力（計画で把握）

需要

供給力（予備力含む）

今後:広域予備率運用

北海道〜九州エリアの一般送配電事業者の調整力

九州エリア需要

北海道エリア需要

小売電気事業者の確保する供給力

需要

供給力（予備力含む）

低圧電灯需要家1軒当たりの年間停電回数と停電時間の推移

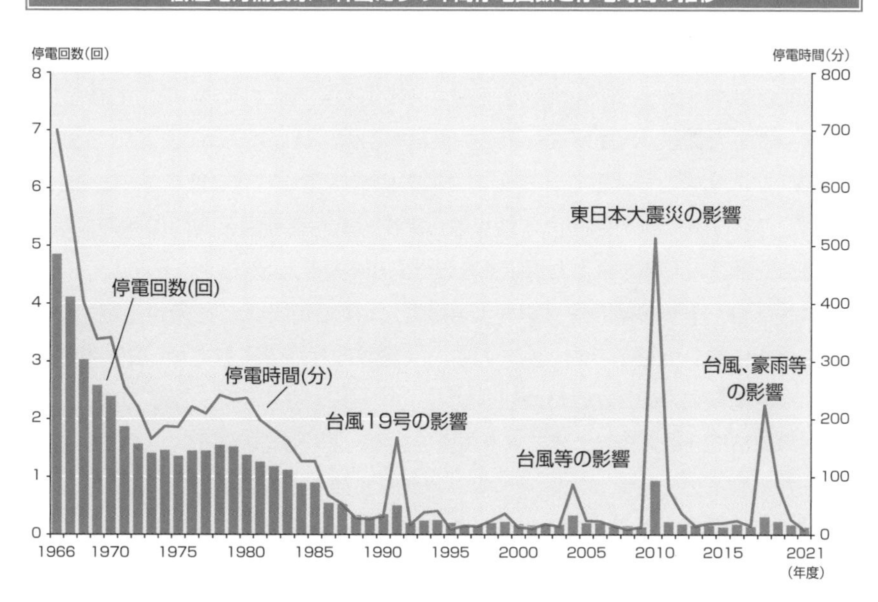

出典:エネルギー白書2023

1-4 主力電源の変遷

日本の安定供給を支える主力電源は時代によって変遷してきました。戦後の高度経済成長、オイルショック、そして地球温暖化の脅威。こうした経済・社会状況の変化を受けて、理想的な電源構成のあり方は変わっています。

水主火従から火主水従へ

明治時代の黎明期から高度成長期までの発電の主役は、石炭や石油を燃料とする火力と水力でした。明治時代にまず小規模の火力発電の開発が進みました。その後、明治後半から大正にかけて電気の用途が電灯以外にも広がる中で水力が発電の中心になり、設備も数千kW規模から数万kW規模へと大型化しました。

戦後、右肩上がりで伸びる電力需要を賄うため、全国各地でさらに大規模の水力発電所が開発されました。51年に発足した9電力会社に加え、52年に設立された国策会社電源開発（Jパワー）も開発の主体になりました。ただ、高度経済成長に伴い電力需要が急増する中で、水力は新規開発の余地がほぼなくなります。そのため、火力発電の建設ラッシュが起きることになり、50年代まで電力供給の柱を担ってきた水力発電は、60年代前半には発電電力量で火力発電に抜かれました。いわゆる**水主火従**から**火主水従**への電力供給体制の移行です。

この時期に全国で導入が進んだ火力発電の燃料は石油です。それが2度のオイルショックを契機に脱石油の必要性が生じます。電力会社は公害問題への対応も迫られたことで、天然ガス火力や原子力の導入が本格化します。

天然ガスは、1969年の東京電力・南横浜火力を皮切りに、他の大手電力も追随して導入に乗り出しました。原子力も大手電力各社が導入を進め、2000年代初頭には発電電力量の3分の1程度を賄う主力電源になりました。原子力は地球温暖化対策の柱にも据えられ、ますます重要性が増していました。

ですが、原子力の位置づけは福島第一原発の事故で一変しました。地球温暖化の深刻さが増す中、原子力と入れ替わる形で太陽光発電や風力発電を中心とする再生可能エネルギーが新たに主力電源に躍り出ようとしています。21年10月策定の第6次エネルギー基本計画には、脱炭素社会へ向け、再エネを最優先で導入する方針が盛り込まれました。

発電電力量の推移

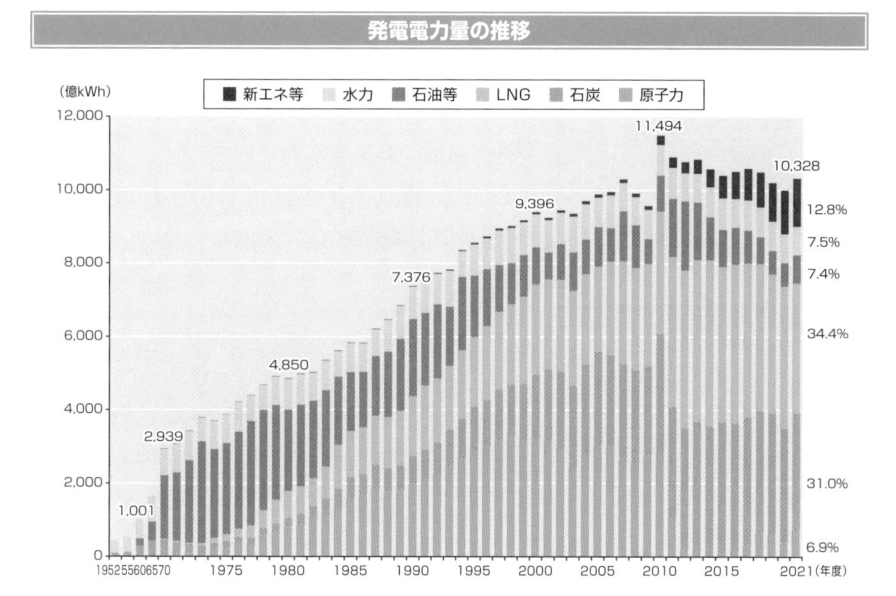

出典：エネルギー白書2023

水力発電の設備容量と発電電力量の推移

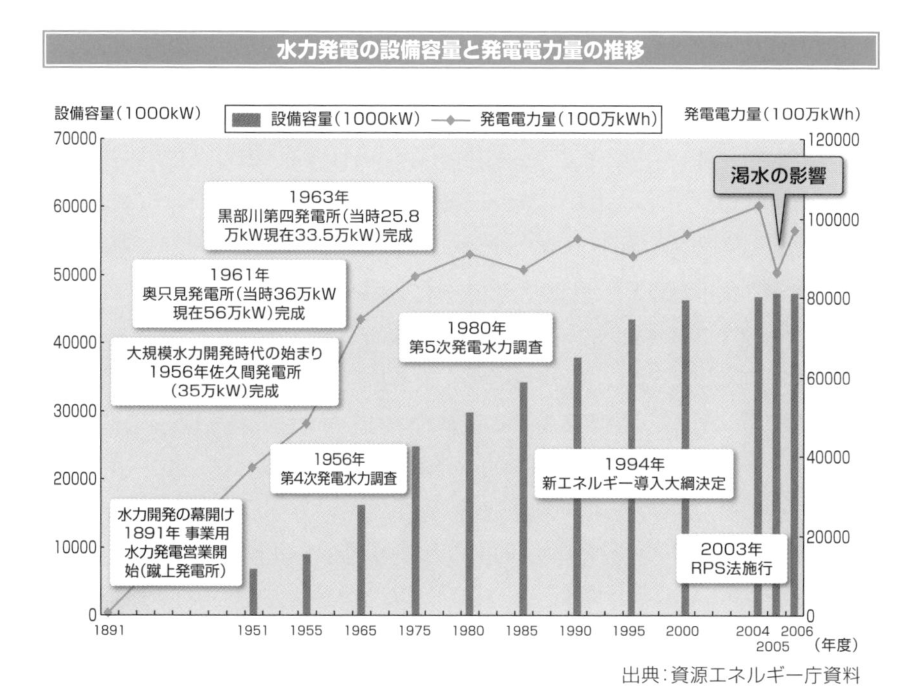

出典：資源エネルギー庁資料

1-5 従来の電力システム

日本で戦後に構築された電力システムは、大規模水力や火力、原子力といった大型電源にもっぱら依存するものでした。発電所の大型化に伴い立地場所は都市部を離れ、需要家まで電気を届けるための送電距離は長くなりました。

大型発電+長距離送電

電気という2次エネルギーは、さまざまな1次エネルギーから作ることができます。複数の1次エネルギーをバランスよく組み合わせることが、供給安定性や効率性の高い電力システムを維持する観点から重要です。同じ火力発電でも天然ガスや石炭など複数の燃料を使用することで、一つの燃料の需給逼迫や価格高騰の影響を緩和することが可能です。

東日本大震災が年度末に発生した2010年度の各電源種の発電量の比率は、原子力26%、石炭火力27%、天然ガス火力28%、水力9%、石油火力等9%、水力以外の再生可能エネルギー等1%でした。電気のほとんどが大型電源である火力と原子力で作られていたことが分かります。大型発電所の多くは都市部から離れたところに立地しており、電気は長い距離をかけて運ばれていました。

各電源種には供給安定性や経済性の観点から異なる役割が与えられています。1日24時間のサイクルで見ると、深夜は電気があまり使われない一方、人々が活動し工場等も稼働する日中に使用量は大きく伸びます。それに応じて、稼働する発電所の数や発電出力の大きさは変わるのです。

深夜帯も含めて基本的に一定出力で24時間運転し続けるのが、**ベースロード電源**です。その上に乗るかたちで需要変動にある程度対応しながら稼働するのが**ミドル電源**です。そして、需要変動への機動的な対応が可能で発電量の最終的な調整を担うのが**ピーク電源**です。原則的に発電単価が安い順にベースロード→ミドル→ピークの役割が与えられます。

日本ではベースロード=原子力、石炭火力、一般水力、地熱、ミドル=天然ガス火力、ピーク=石油火力、揚水という役割分担が基本的に割り振られてきました。

以上が従来の電力システムの大まかな絵姿です。このシステムが現在、大きな改革の渦中にあります。まずは東日本大震災前の「改革前史」から振り返っていきます。

電源構成の推移

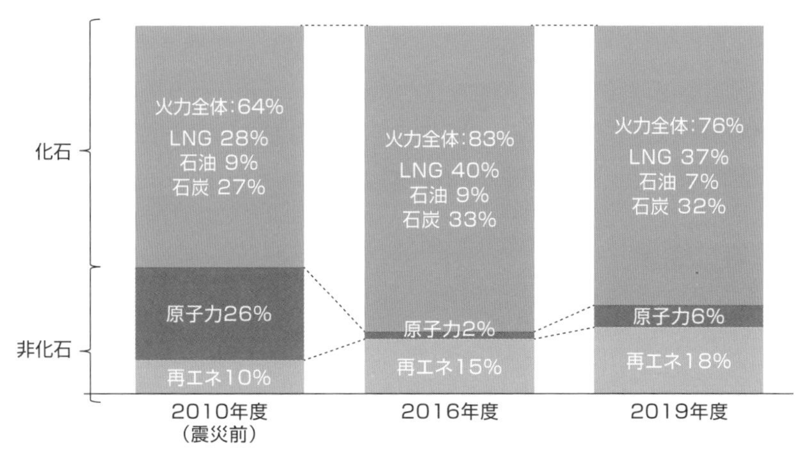

出典:資源エネルギー庁資料

各電源種の役割

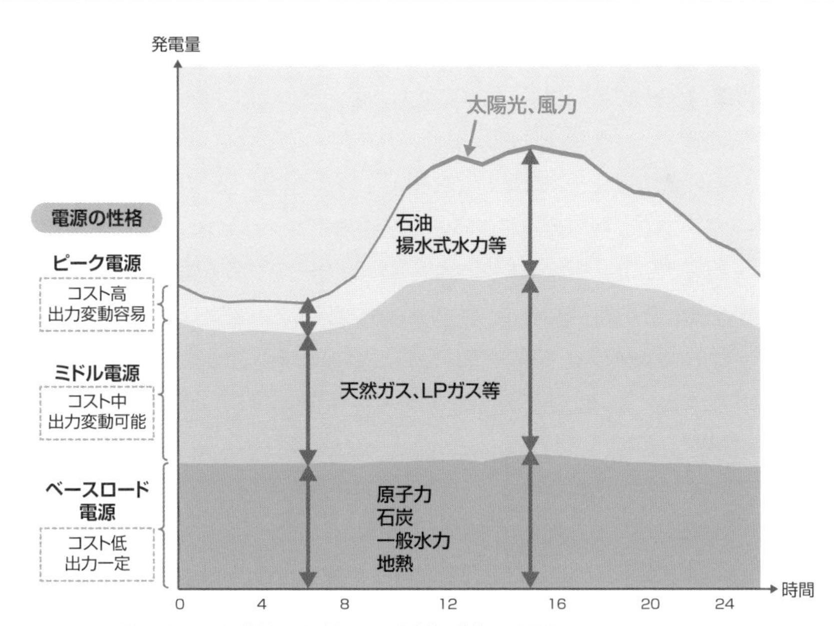

ベースロード電源：発電コストが低廉で、昼夜を問わず安定的に稼働できる電源
ミドル電源：発電コストがベースロード電源に次いで安く、電力需要の変動に応じた出力変動が可能な電源
ピーク電源：発電コストは高いが電力需要の変動に応じた出力変動が容易な電源

1-6 9電力体制

日本の電気事業は戦後長らく、地域ごとに独占的に事業を行う電力会社が併存する産業構造でした。いわゆる9電力体制です。地域独占や垂直一貫体制、政府による料金規制が主な特徴として挙げられます。

1951年に発足

電気事業は明治時代に今で言うベンチャー事業として始まりました。最初の電力会社である東京電燈の開業は1887（明治20）年。その後、電力会社は全国各地に雨後の竹の子のように設立されますが、やがて合併等により5大事業者に収れんします。その5大事業者も1939年に国策会社の**日本発送電**に統合されました。総力戦体制の一環として、電気事業は国家管理下に置かれたのです。

終戦後、戦後改革の一つとして、日本発送電は解体されました。喧々諤々の議論を経て決まった新たな電気事業体制が、1951年に発足した**9電力体制**です。地域ごとに独占的に事業を行う電力会社が全国に9つできたことからそう呼ばれました。9つの電力会社とは、北から北海道電力、東北電力、東京電力、中部電力、北陸電力、関西電力、中国電力、四国電力、九州電力です。なお、1972年の沖縄返還により琉球電力公社が沖縄電力となり、“10電力体制”となりました。

電気事業は3つの工程に分かれます。地域独占ですから10社はその3工程を全て自社内に抱えました。9電力体制の大きな特徴の一つである**垂直一貫体制**です。1つ目は電気を作る工程「発電」。発電所の建設や燃料の調達の仕事です。2つ目は、電気を送る工程「送配電」。発電所で作られた電気を運ぶ送配電ネットワークを保有・運用する仕事です。そして3つ目は電気を需要家に販売して料金を徴収する工程である「小売」です。

9電力体制は電力需要が右肩上がりで伸びた戦後復興から高度経済成長期までは適合的なシステムだったと言えます。ですが、バブル経済が崩壊して低成長時代に入ると、競争相手がいないことによる弊害が目立ってきました。地域独占を認めたことと引き換えに電気料金は政府の認可制でしたが、その水準は海外に比べて一際高かったからです。そのため、電気事業に市場原理を導入する制度改革が90年代半ばから始まりました。

9電力体制時代の供給区域

出典：資源エネルギー庁資料より

電気事業の歴史

年	出来事
1887(明治20)年	日本初の電力会社「東京電燈」が開業
1911(明治44)年	電気事業の発展促進を目的に、電気事業法を制定
明治末期～大正	5大電力会社（東邦電力、東京電燈、大同電力、宇治川電力、日本電力）に集約
1936(昭和11)年	電力国家管理要綱が閣議決定
1939(昭和14)年	日本発送電が設立
1945(昭和20)年	敗戦
1950(昭和25)年	電気事業再編成令・公益事業令の公布
1951(昭和26)年	9電力体制が発足
1972(昭和47)年	沖縄電力が設立

1-7 東日本大震災

2011年3月11日の東日本大震災により東京電力の福島第一原子力発電所は爆発し、放射性物質で外部環境は広範に汚染されました。他にも複数の発電所が被災したために、首都圏では計画停電が実施されました。

原発事故と計画停電

福島第一原発は全6基の発電容量が合計約470万kWの巨大発電所でした。東日本大震災当日、運転中だった1〜3号機はいずれも地震やその後の津波によって原子炉内の水冷ポンプなどの冷却装置が正常に作動しなくなりました。東北電力からの系統電力が途絶えたことに加え、非常用のディーゼル発電機も津波により動かなくなったからです。

全電源喪失という非常事態です。最終手段だった非常用炉心冷却装置も使い物にならなくなり、原子炉内のウラン燃料が核分裂を起こす可能性がないほど十分に低温である「冷温停止状態」にすることに失敗しました。これにより臨界状態にあったウラン燃料が高温で熱を発し続け、建屋が吹き飛ぶほどの大爆発が起きたのです。

福島第一原発以外にも北関東から福島県の太平洋岸に立地していた原子力発電所や大型火力発電所は軒並み停止しました。東電はその結果、供給エリアである首都圏の全需要の約4分の1に当たるだけの供給力が不足するという深刻な状況に陥り、週明けの14日から**計画停電**の実施を余儀なくされました。病院など一部の施設は対象外になりましたが、一般の人々の電気に対する切実度は全く考慮に入れられず、停電の時間帯が問答無用で指定されました。

福島第一原発の事故と首都圏における計画停電。この2つの“大事件”は、従来の電力システムが抱える安定供給上の課題をあぶり出しました。例えば、電気の大消費地である都市部から遠く離れたところに大型の発電所が集中的に立地し、長距離送電線で電気を運ぶ仕組みが深刻な供給途絶リスクを内包していたことが分かりました。また、電力という商品に対して需要家が極めて受動的な存在であることも再認識されました。自身の電力消費量などのデータを持っておらず効果的な節電を主体的に行えない状況では、画一的な計画停電を受け入れざるを得ませんでした。

福島第一原発事故に至るプロセス

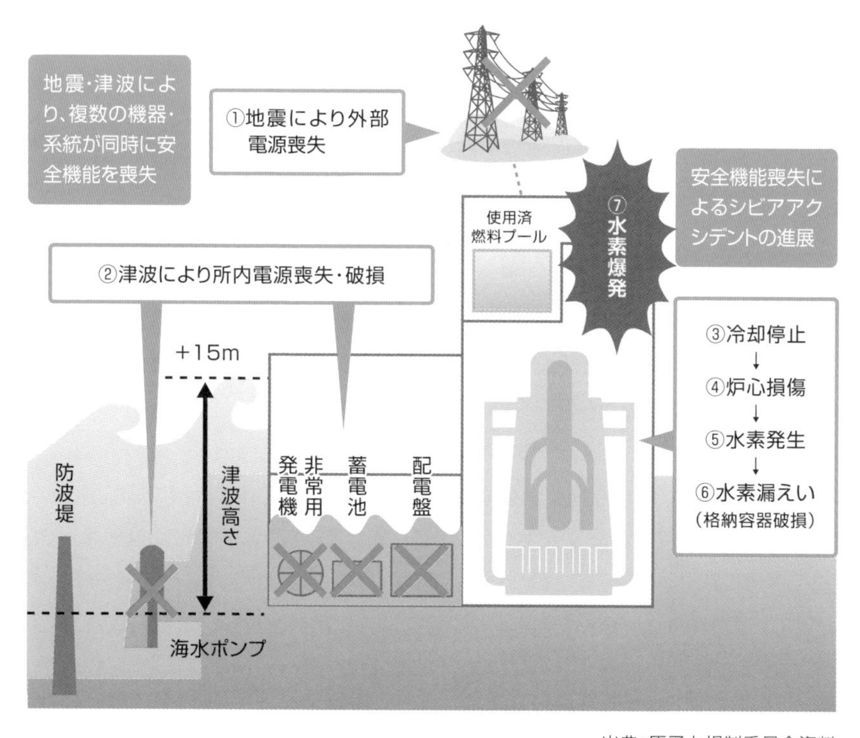

出典：原子力規制委員会資料

計画停電の実施イメージ

計画停電対象を5グループに分割。各グループの停電は3時間／回

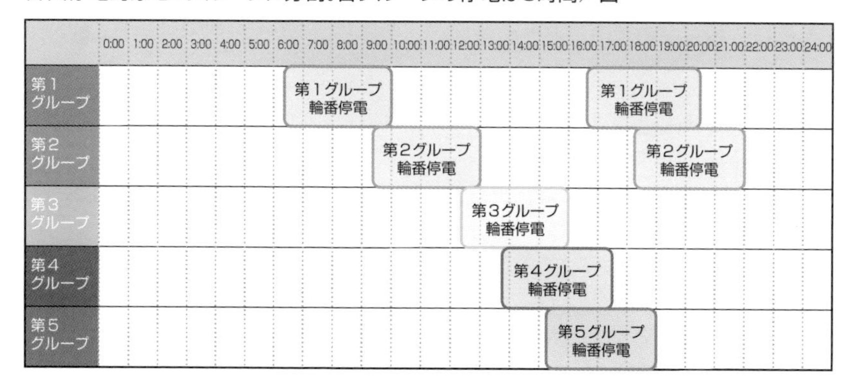

1-8 3段階のシステム改革

東日本大震災をきっかけとして、日本の電力政策は大きく転換しました。2015年から20年にかけて3段階の電力システム改革が実施されます。これにより戦後長らく続いた9電力体制は制度上、終焉しました。

安定供給の領域に踏み込む

東日本大震災後、経済産業省は**電力システム改革**に着手しました。13年4月に閣議決定された電力システムに関する改革方針により、①**電力広域的運営推進機関**の設立、②小売**全面自由化**、③大手電力の**発送電分離**——という3つの改革を段階的に実施することが決まりました。

大震災前の改革の目的が電気料金の低下で、自由化による市場開放にほぼ限られたのに対し、新たなシステム改革は質的に大きく異なりました。具体的に言えば、安定供給の領域に踏み込むもので、電力産業構造の大転換につながる可能性を持ちました。

どういうことでしょうか。震災前の改革では、安定供給については各エリアの大手電力が責任ある供給主体として存在し続けることを前提としていました。その根底には世界一ともいえる供給安定性を実現していた9電力体制への信頼があったと言えます。ですが、首都圏における計画停電により、その信頼は失われました。大手電力にいわば丸投げだった安定供給の仕組みへの深い懐疑が生まれたのです。その結果、電力政策は複数の電力会社の競争や需要家の選択といった市場原理を通して安定供給を維持するという方向に抜本的に転換されたのです。

電気料金ももちろん引き続き大きな関心事でした。大震災後は原子力発電所の稼働停止により料金水準の上昇が避けられませんでした。そうした状況の中でも競争を通じて料金上昇をできるだけ抑えることがシステム改革の主要な目的として掲げられました。

3段階の改革が着実に実行に移される一方、18年9月に北海道全域で**ブラックアウト**が発生するなど、電力システムのあり方に影響を及ぼす事件や出来事はしばしば起きました。そのたびに改革の強化や軌道修正が行われましたが、その極めつけとなる事態が22年に起きます。安定供給と電気料金の両方の観点で、改革の失敗ともいえる状況に陥ったのです。

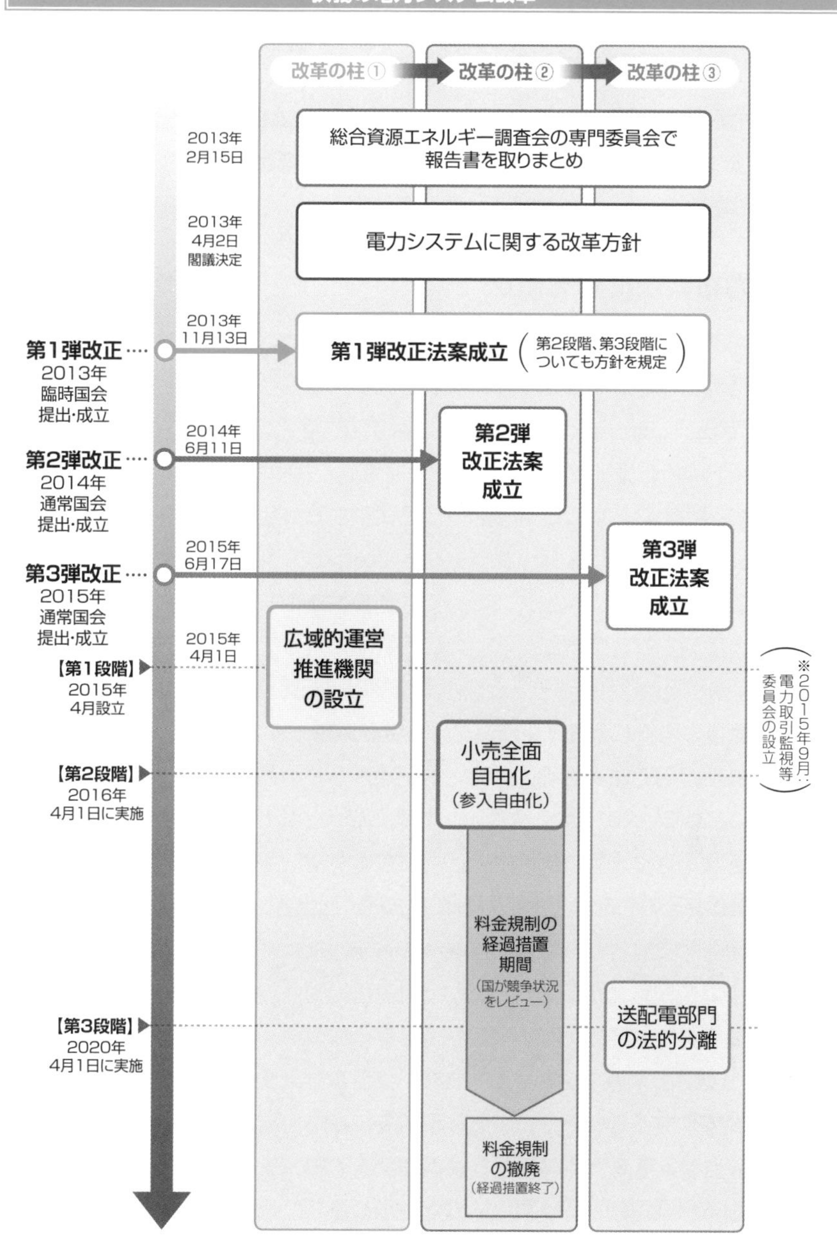

出典：資源エネルギー庁資料

1-9
改革の失敗① 電力難民の発生

ウクライナ危機に起因する世界的な燃料価格高騰により、国内の発電コストは跳ね上がりました。大手電力を含めて新規契約を停止する動きが続出し、どの小売事業者からも電気を買えない電力難民が生まれました。

大手電力も新規契約を停止

電力の小売市場は2022年に機能不全に陥りました。ロシアのウクライナ侵攻により燃料価格が歴史的な水準に高騰。これにより電気の調達コストも大幅に上昇し、電気を売れば売るほど赤字がふくらむ状況に多くの新電力が陥りました。その結果、契約の新規受け付けや更新を停止する動きが相次いだのです。

新電力と契約の継続ができなくなった需要家が頼ったのは各エリアの大手電力でしたが、電気の調達コストが跳ね上がっているのは大手電力も同様で、特に新規顧客に対しては従来の料金メニューでは採算性が取れなくなっていました。そのため、大手電力も料金規制がない大口需要家に対しては新規契約の門戸を閉ざしてしまいました。これにより、どの小売事業者とも契約できない**電力難民**が多数生まれ、最後の砦である**最終保障供給**の件数が激増しました。

一方、低圧市場では大手電力に料金規制が残っているので、一般家庭が難民化することはありませんでした。ただ、燃料費調整の上限がない自由料金メニューでは料金は歯止めなく上がりました。上限がある規制料金の値上げは限定的にとどまりましたが、そのことは大手電力の深刻な経営悪化要因になりました。大手電力7社は23年6月に規制料金の値上げを実施しましたが、それまでは各エリアの電気料金の中で規制料金が最も安いという自由化の制度設計の段階では想定していない異常な状況も生まれました。

高圧以上では小売事業者と契約できない需要家が大量発生し、低圧では規制料金が最も割安になるというこのような事態を、自由化政策の失敗と呼ばずに何と呼ぶでしょうか。電気料金高騰が社会問題化する中、政府は23年1月から税金投入による電気料金抑制という異例の対応を取りました。本来であれば市場を大きく歪めるこうした措置が実施されたことも、電力システム改革が期待通りの成果を上げていないことを印象づけるものでした。

電力難民が駆け込んだ最終保障供給の推移

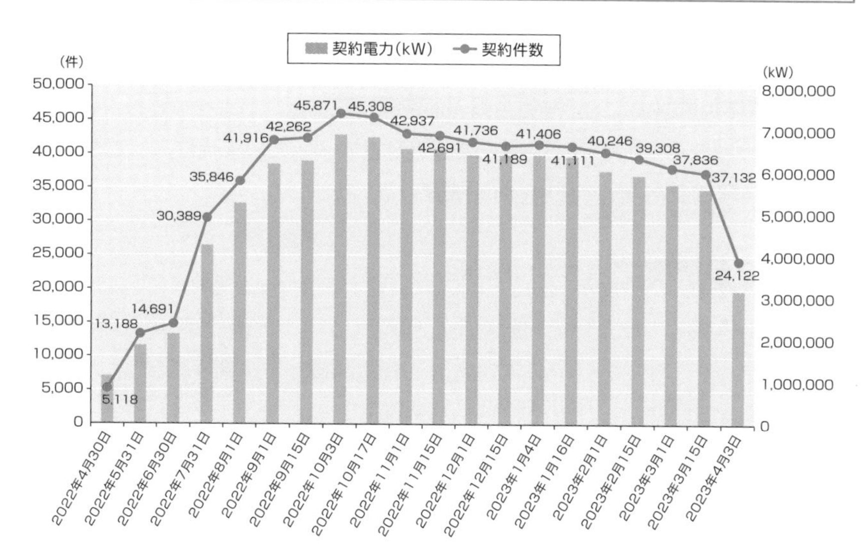

出典:電力·ガス取引監視等委員会資料

規制料金と自由料金の料金水準の推移

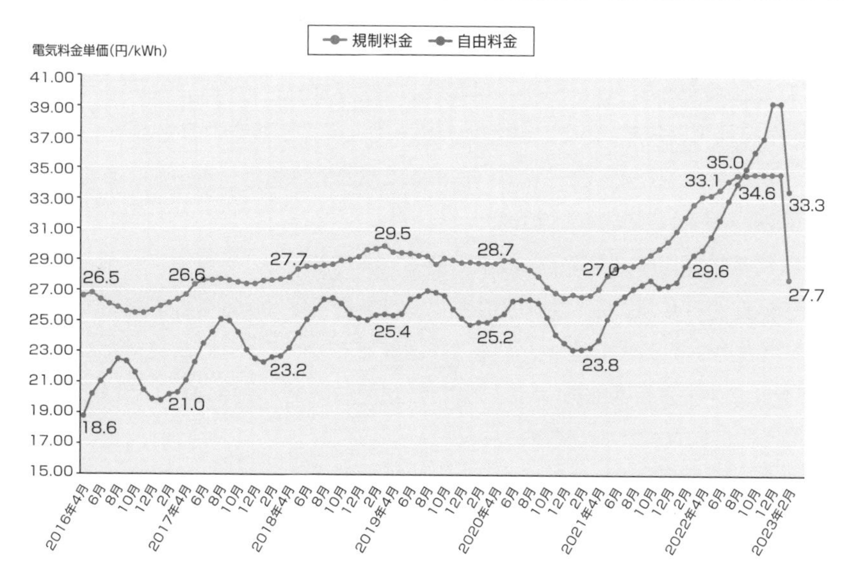

出典:経済産業省資料

1-10 改革の失敗② 初の需給逼迫警報

2022年3月には史上初となる需給逼迫警報が首都圏などで発令されました。老朽化した火力発電所の休廃止が進んだことなどで、2020年代に入ってから需給が逼迫する状況がたびたび発生しています。

電力不足が現実に

市場原理を通して安定供給を維持するというシステム改革の理念は、残念ながらこれまでのところうまくいっていません。電気の量が不足気味になり、社会に悪影響を及ぼす事態が2020年代に入って現実化しています。

危機はまず20年度冬季に火力燃料不足による市場価格高騰というかたちで顕在化しました。天然ガスなどの在庫が想定を上回って減少したことから、複数の大手電力が火力発電所の出力を抑制。そのことでスポット市場は約一月にわたって異常な高値となり、多くの新電力は打撃を受けました。

22年3月には初の**需給逼迫警報**が首都圏と東北で出されました。福島県沖の地震で複数の発電所が被災した直後に季節外れの低気温となり暖房需要が増加したためです。需給逼迫警報は12年に導入された仕組みで、想定需要に対する発電余力である**広域予備率**が3%を下回る見通しになった場合、発出されます。また、3か月後の6月末にも危機が起きました。夏本番に備えて検査中の発電所が多い中、季節外れの高気温が続いたことで、首都圏において警報の一歩手前である**需給逼迫注意報**が4日連続で出されました。

相次ぐ需給逼迫は、システム改革の負の側面だと言わざるを得ません。改革では自由化促進と全国大の電力流通拡大により供給安定性と効率性の同時実現を目指しましたが、その大前提は大手電力が地域独占時代に開発した発電所が日本全体に十分に存在することでした。つまり、安定供給が大手電力頼みという構造は実は変わっていなかったのです。

ですが、自由化により経営効率化に力を入れた大手電力が、採算性が見込めない老朽火力の休廃止に踏み切ったことで、その前提が揺らぎました。一方で脱炭素化の流れの中で火力発電への逆風は強まり、休廃止分を代替する新たな発電所への投資は進みませんでした。そのことが需給逼迫へとつながったのです。

需給逼迫時の政府の対応

前々日 18:00目処

需給ひっ迫準備情報の発信

- 蓋然性のある追加供給力対策を踏まえても、エリア予備率5%を下回る見通しとなった場合、前々日18時を目処に一般送配電事業者から需給ひっ迫準備情報の発信

前日 16:00目処

需給ひっ迫注意報の発令

- あらゆる供給対策を踏まえても、広域予備率が5～3%の見通しとなった場合、前日16:00を目途に資源エネルギー庁から注意報を発令。

需給ひっ迫警報の発令

- あらゆる供給対策を踏まえても、広域予備率が3%を下回る見通しとなった場合、前日16:00を目途に資源エネルギー庁から警報を発令。

当日

需給ひっ迫警報の発令（続報）

- 需給状況が前日時点から改善がされず更新があった場合や、より厳しい見通しとなった場合、広域予備率が3%未満の場合に資源エネルギー庁から警報（続報）を発令。

↓

節電要請

警報発令・節電要請等を行った後も広域予備率が1%を下回る見通しの場合

緊急速報メール（対象者：不足エリア内の携帯ユーザー）の発出

- 不足エリア内の携帯ユーザーに、資源エネルギー庁から「緊急速報メール」を発信。

▼

実需給の2時間程度前

計画停電の実施を発表

出典:資源エネルギー庁資料

休廃止された発電所の推移

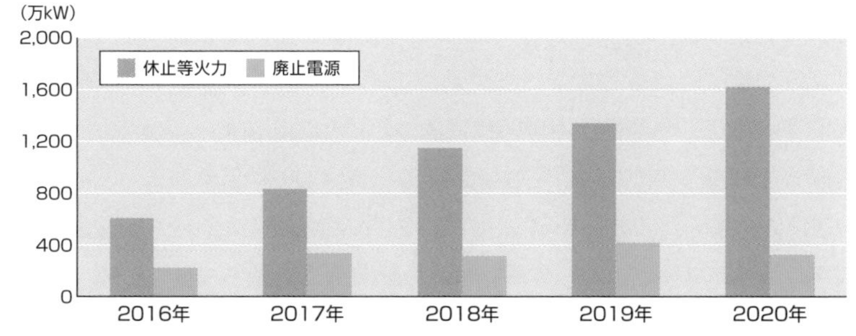

※各年度の供給計画を元に資源エネルギー庁で集約。
※休止等火力とは「長期計画停止」または「休止等（長期計画停止、通常運転及び廃止以外すべて）」に分類されている設備を示す。
※休止等火力は当該年度に休止等状態にあるもの、廃止電源は当該年度に廃止となった電源。

出典:資源エネルギー庁資料

1-11 システム再構築と脱炭素化

システム改革が期待通りの成果を上げていないとはいえ、今さら9電力体制の時代には戻れません。安定的で効率的なシステムの再構築に向け、改革は新たな局面に入っています。脱炭素化という重い課題も加わっています。

試行錯誤は続く

東日本大震災後に立案された3段階の電力システム改革が2022年、失敗の烙印を押されかけたことで、電力システムの再構築があらためて大きな課題になっています。その際、大震災直後の時点では強く意識されなかった課題が一層重みを増しています。エネルギーの脱炭素化です。

日本政府は20年10月、50年の**カーボンニュートラル**実現という目標を表明しました。カーボンニュートラルとは、温室効果ガスの排出量と、森林吸収等による除去量を均衡させることで、これにより大気中に存在する温室効果ガスの量を一定以下に保ちます。

日本が排出する温室効果ガスの約90%はエネルギー起源で、温暖化問題は実質的にエネルギー問題と言えます。そして、再生可能エネルギーと原子力という化石燃料不要の発電方法が確立されている電気は脱炭素化実現へのハードルが比較的低いエネルギーと言えます。実際、電力の一刻も早い脱炭素化に加えて、自動車の電動化など電化の進展がカーボンニュートラル実現に向けた大きな方向性として関係者に共有されています。

再エネは、大震災後の2012年に始まった**固定価格買取制度**（FIT）により導入量は大きく伸びてきましたが、脱炭素化に向けてはさらに飛躍的な導入拡大が不可欠です。ただ、発電量が自然条件によって不規則に変動する太陽光や風力は、一歩間違うと電力システムの安定性に悪影響を及ぼしています。

その対応は今後のシステム改革において、最大の課題のひとつとして位置づけられています。具体的な解として、蓄電池などの**分散型エネルギーリソース**（DER）と再エネを組み合わせる新たな仕組みが構想されていますが、本格的な社会実装はこれからです。他方、CO_2フリーの大型電源である原子力の中長期的な位置づけも不透明です。電力システムの理想形を目指した試行錯誤はこれからも続いていきます。

2050年カーボンニュートラルへの道筋

2019年
10.3億トン

2030年
（GHG全体で2013年比▲46％）
※更に50％の高みに向け挑戦を続ける

2050年
排出+吸収で
実質0トン
（▲100％）

※数値はエネルギー起源CO_2

非電力

民生
1.1億
トン

産業
2.8億
トン

運輸
2.0億
トン

●規制的措置と支援的措置の組み合わせによる徹底した省エネの推進
●水素社会実現に向けた取組の抜本強化

民生
産業
運輸

●脱炭素化された電力による電化
●水素、アンモニア、CCUS/カーボンリサイクルなど新たな選択肢の追求
●最終的に脱炭素化が困難な領域は、植林、DACCSやBECCSなど炭素除去技術で対応

電化
水素
合成燃料
メタネーション
バイオマス

電力

電力
4.4億
トン

●再エネの主力電源への取組
●原子力政策の再構築
●安定供給を大前提とした火力発電比率の引き下げ
●水素・アンモニア発電の活用

電力

●再エネの最大限導入
●原子力の活用
●水素、アンモニア、CCUS/カーボンリサイクルなど新たな選択肢の追求

脱炭素
電源

炭素除去

植林、
DACCS
など

出典：経済産業省資料

電力システムのない未来

公益性の高い社会インフラである電気事業は、自由化されたからといって全てが市場原理に委ねられるわけではありません。高い供給安定性の維持や電気の脱炭素化の推進という政策課題の実現のためには全てを市場に任せるわけにはいかず、何らかの制度や規制が今後も必要になります。

ただ、何らかの制度を導入すれば、その“欠陥”に素早く気づいて悪用する者が出てくるのも世の常です。2012年に導入された再生可能エネルギーの固定価格買取制度（FIT）に絡んで顕在化した事業用太陽光発電の未稼働問題はその典型例と言えます。FITに基づく事業用太陽光の買取価格は、発電設備等のコスト水準を基に毎年度設定されています。その結果、買取価格は毎年度下がっています。こうした状況を利用して、制度導入初期の比較的高い価格で買い取られる権利を獲得した上で、システム価格の低減を待って利益幅を大きくしようという不逞な発想が生まれたのです。また、小売全面自由化に合わせたインバランス料金制度の見直しの結果、意図的にインバランスを発生させる小売事業者が現われたのも、第5章に書いた通りです。

どちらの事例とも、制度本来の主旨に照らし合わせればひどい話ですが、利益の最大化を目指すという営利企業の行動としてはむしろ当然だとも言えます。そういうつけ入る隙を持った制度の方こそ問題でした。そのため、FITもインバランス料金も、不適切な事例の発生を受けて制度の補強や改良を行っています。

とはいえ、制度とは所詮、人間が作ったものである以上、つけ入る隙は必ず生まれます。そのため、不正義の発生を防ぐことに至上の価値を置くならば、ジョン・レノンが名曲『イマジン』で歌ったような、無政府的な制度のない世界を思い描きたくもなります。

ですが、政治体制の変革により国境や私的所有の概念が今後消滅することがあっても、電力システムは複雑な制度とともに存在し続ける気がします。電気エネルギーの利便性を知ってしまった以上、人類はもはや電力システムを放棄できないに違いないからです。

第2章

火力

　火力発電は電気事業の黎明期から開発が進み、現在に至るまで日本の電力供給を支えてきました。特に原子力発電が稼働を停止した東日本大震災後は、供給力の大黒柱として高い存在感を示しています。にもかかわらず、エネルギー脱炭素化の潮流の中で、逆風は強まっています。特にCO_2を最も多く排出する石炭火力は早晩、存在自体を許されなくなる雲行きです。カーボンニュートラルの時代にも火力発電が存在し続けるため、水素やアンモニアなどを燃料とするゼロエミッション火力への進化が求められています。

2-1
火力発電の基本

脱炭素社会の実現に向けて、火力発電への逆風が強まっています。技術開発により環境性は改善しているものの、中長期的にも稼働し続けるためには、化石燃料からの脱却など抜本的な対策が不可欠です。

ゼロエミッション化へ技術開発

火力発電とは、何らかの燃料を燃やして発生した熱エネルギーを電気エネルギーに転換する仕組みです。石炭、天然ガス、石油の3つが現在使われている主要な燃料です。どの燃料が重宝されるかは電力事業を取り巻くその時々の社会情勢などによって変わっていますが、火力発電は高度経済成長期以降、日本の電力供給の最大の柱であり続けています。

現在の発電容量は約1億5000万kWで、日本全体の供給力の半分弱を占めます。原子力発電所が全て稼働を停止した東日本大震災後には設備利用率が上がり、2017年度には需要全体の79.2%を火力発電が賄いました。

火力発電が直面する最大の課題は、言うまでもなくCO_2排出量の削減です。技術開発により、火力発電の環境性は以前に比べれば大きく向上しています。燃料を燃やした熱で沸騰させた水を使う蒸気タービンと高温のガスを利用するガスタービンの2つの方式を合体させたコンバインドサイクル発電方式の熱効率は60%超にまで達しており、最近の天然ガス火力はいずれも採用しています。

ただ、それでも発電時にCO_2を排出することには変わりありません。地球温暖化が深刻化する中、火力発電を取り巻く環境は悪化しています。再生可能エネルギーの発電量が増えた分、まっさきに出力を抑制されるのは火力発電です。2050年のカーボンニュートラルとは、わずかのCO_2の排出増すら許容されない世界です。化石燃料を燃やす火力発電が、そのまま存続することはもはや許されません。

つまり、火力発電が今後も電源構成の一角を担い続けるには、発電効率の向上とは次元の異なる非連続な対策が不可欠です。そのため、CO_2を排出しない燃料を使った**ゼロエミッション火力**の技術開発に本腰が入っています。具体的には**水素**と**アンモニア**が次世代燃料として注目されています。また、排出されたCO_2を回収・貯留する**CCS**との組み合わせも火力生き残り策の一つです。

各電源種の発電量割合の推移

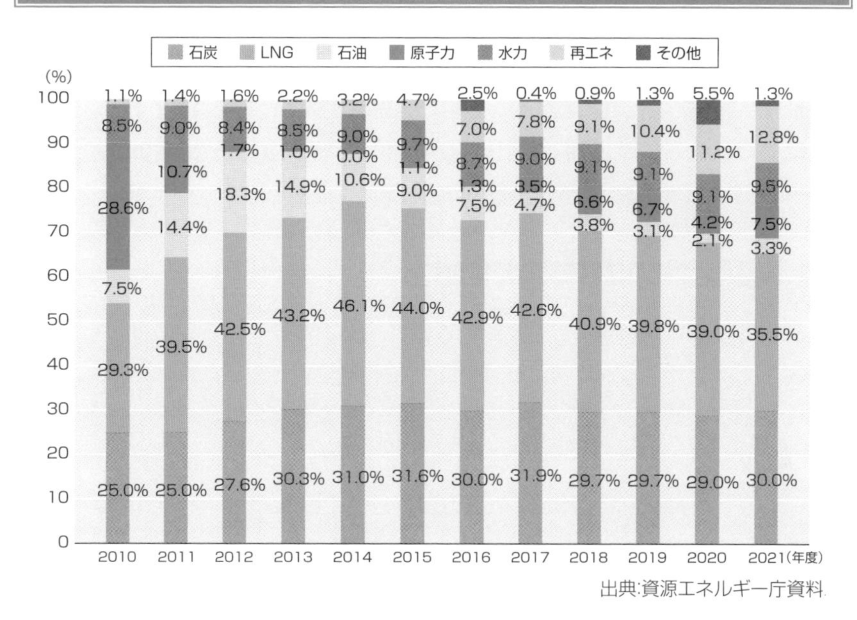

出典:資源エネルギー庁資料

火力ゼロエミッション化の方向

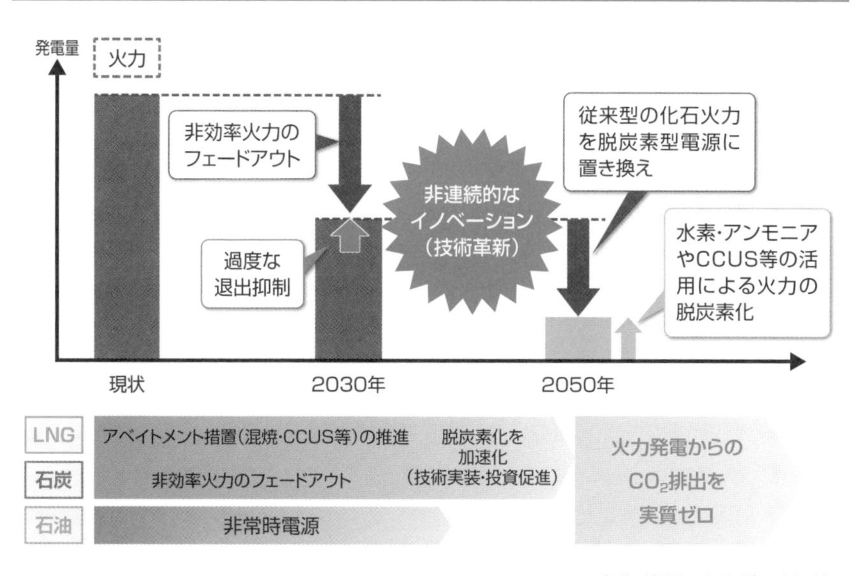

出典：資源エネルギー庁資料

2-2 石炭火力

埋蔵量が豊富で安価な石炭は多くの国で発電用燃料として使われており、日本でも供給力の柱の一つです。ただ、化石燃料の中でも最もCO_2排出原単位が大きいことが地球温暖化抑制の観点から強い非難に晒されています。

非効率設備は2030年までに退出

石炭火力の大きな特長は、高い経済性と供給安定性です。世界の可採埋蔵量は約8,600万トンで、可採年数は100年以上。石油や天然ガスに比べて莫大な資源の存在が確認されています。そのため、他の化石燃料よりも相対的に安価で、日本では石炭火力は長いことベースロード電源として位置づけられてきました。電源構成に占める石炭火力の比率は、設備容量ベースでは15%程度、発電電力量ベースでは約3割を占めています。

ただ、石炭火力には致命的な欠点があります。商業化されている発電方法の中でCO_2排出原単位が最も高いのです。そのため、石炭火力への逆風は世界的に強まり続けています。石炭火力に関わる企業は融資や投資の対象から外すダイベストメントの動きも広がっています。

日本でも全面自由化前後に多くの石炭火力の新設計画が立てられましたが、その多くが中止になり、近年現実化した供給力不足の一因になりました。電力安定供給に長年貢献してきた石炭火力ですが、電源構成に占める比率が低下することは避けられません。第6次エネルギー基本計画における2030年の電源比率目標では、石炭火力は従来の26%から19%まで抑えられました。

経済産業省は、この目標の達成に向けて、非効率な旧式の発電所の休廃止を政策的に進める方針で、規制の強化に乗り出しています。発電事業者に対して、30年に発電効率43%という効率化目標を課しました。この数値は、効率性が最も高い超々臨界圧発電方式（USC）の発電設備でもアンモニアなどCO_2フリー燃料の混焼といった対策が必要になるレベルです。

その達成の確実性を高めるため、大手電力など発電事業者は、石炭火力のフェードアウト計画を策定することになりました。石炭が発電燃料として単独で使われる時代は、遠からず終わることになります。

石炭火力の発電量と電源構成比

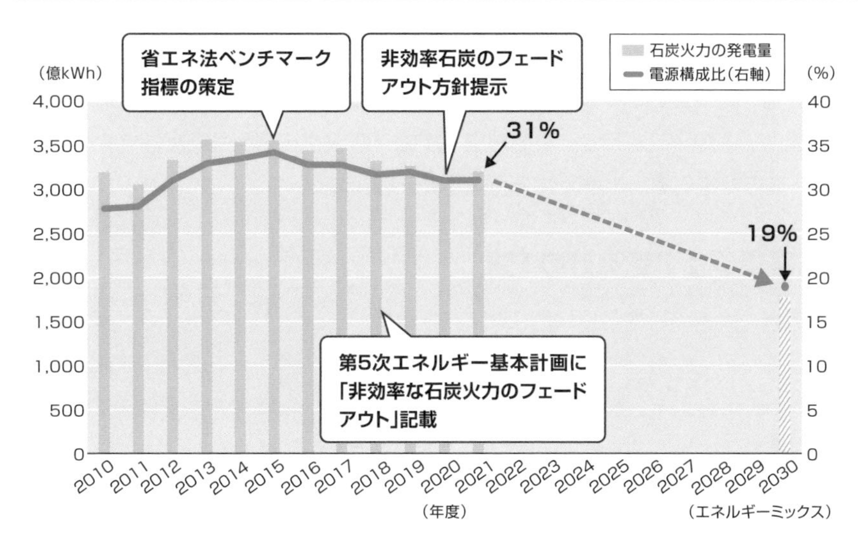

出典:資源エネルギー庁資料

フェードアウトに向かう石炭火力

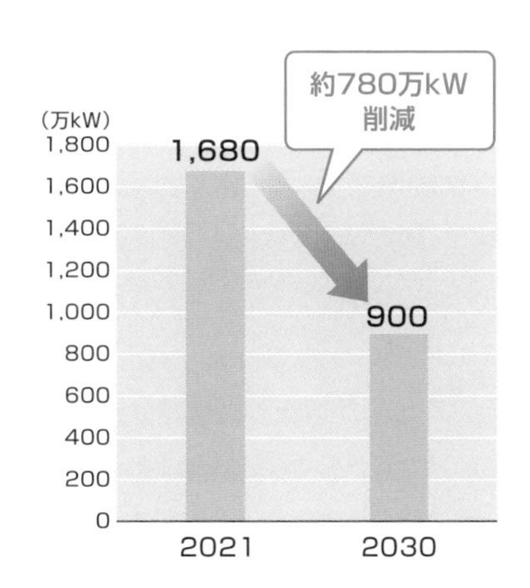

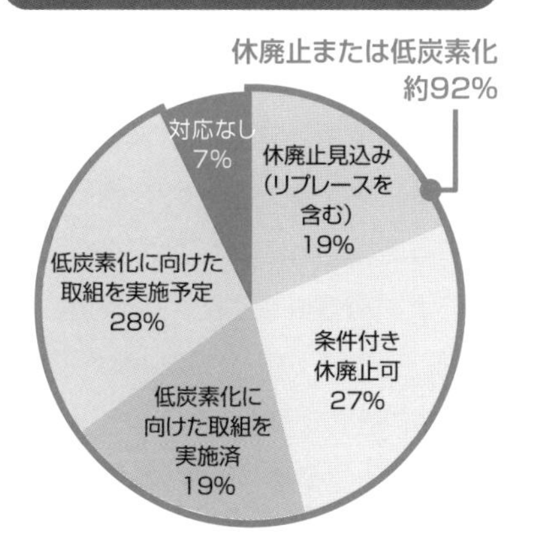

出典:資源エネルギー庁資料

2-3 天然ガス火力

天然ガス発電の大きな特長は、化石燃料の中でCO_2排出原単位が最も小さいことです。太陽光発電などの不規則な出力変動を吸収する機能も果たせます。ただ、天然ガスの安定供給上のリスクは近年高まっています。

設備容量シェアは4分の1強

天然ガス火力の設備容量は約8,000万kWで、シェアは約25%。火力発電の半分強が天然ガス火力です。18年度に北陸電力と北海道電力が初号機を運開させたことで、大手電力全てが天然ガス火力を持ちました。液体の状態（液化天然ガス=LNG）で海外から運ばれてくるため、**LNG火力**とも呼ばれます。

需要の変化によって出力を調整するミドル電源として基本的に運用されてきました。そのため、石炭火力より設備利用率は低くなりがちですが、東日本大震災後の原発全基運転停止という非常事態の下ではベースロード電源としての役割を担い、発電量のシェアは約46%まで高まりました（2014年度実績）。

化石燃料の中ではCO_2排出原単位が最も小さく、火力発電としては経済性と環境性のバランスに最も優れています。出力の機動的な調整が可能であるため、太陽光発電など自然変動電源の不規則な出力変動を吸収する役割も担え、脱炭素化へ向かう電力システムの供給安定性維持に役立ちます。

そのため、石炭火力ほど強い逆風には晒されておらず、当面は電力供給体制の重要な一翼を担うことは確実です。実際、JERAの姉崎火力や東北電力の上越火力など新たな天然ガス火力発電所の運開は最近も相次いでいます。ガス会社の計画も複数あり、例えば東京ガスは千葉県に195万kWの天然ガス火力を作ることを23年7月に発表しました。

原発がトラブルなどで運転停止した場合、その穴埋めができる電源種は現実問題として今のところ天然ガス火力しかありません。ただ、火力発電が天然ガス火力だけになることはやはり安定供給上リスクです。中東依存が高い石油と異なり、LNGの輸入先は東南アジア、中東、豪州、米国、ロシアなどに分散しています。そのため、相対的に供給安定性に優れているというのが従来の常識でしたが、ウクライナ危機を契機に供給途絶も現実的な課題として認識されるようになっています。

LNGの供給国別輸入量の推移

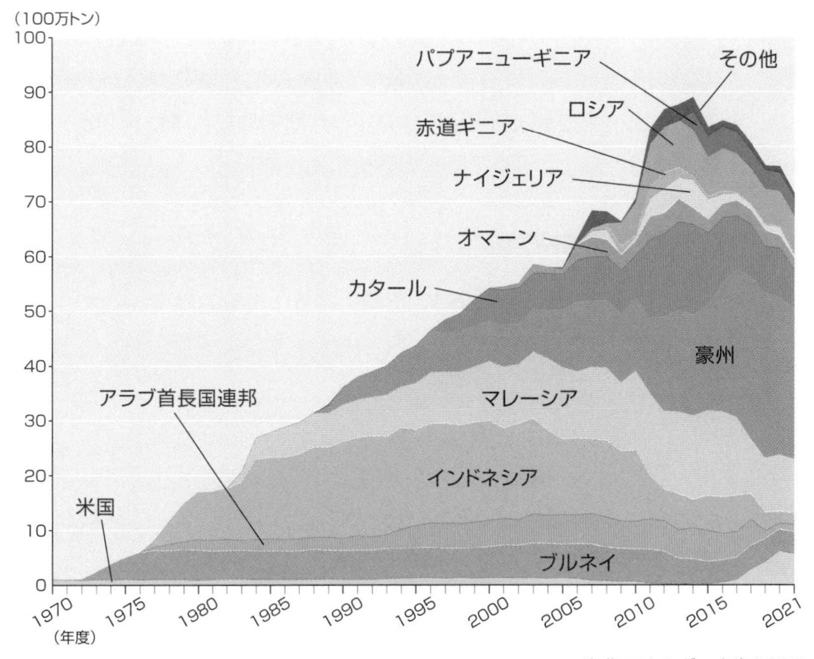

出典:エネルギー白書2023

再生可能エネルギーの出力変動を吸収する

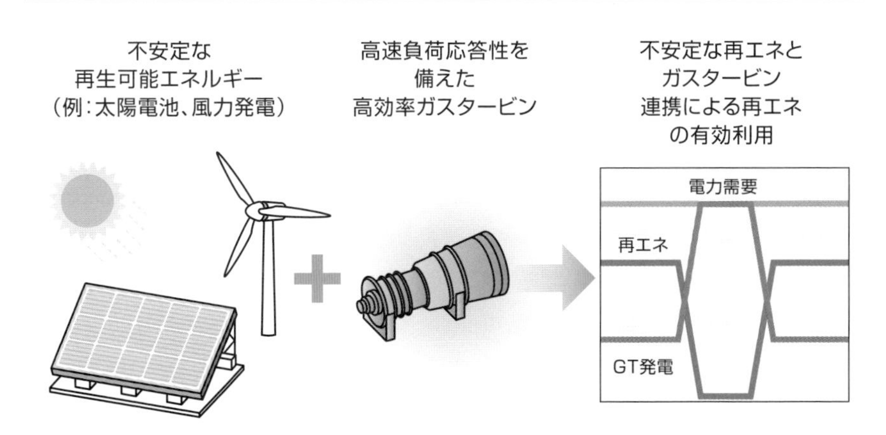

出典:NEDOプレスリリースより

2-4 石油火力

かつては日本の電力供給の屋台骨を背負っていた石油火力ですが、存在感は大きく低下しています。東日本大震災後には停止した原発の穴を埋めるのに一役買ったものの、本格的な自由化を迎えて存亡の危機にあります。

限定的な役割では維持困難

石油火力は火主水従の時代の当初は、日本の電気の供給力のまさに大黒柱でした。第1次**オイルショック**が起きた1973年頃には、全国の発電設備シェアの7割以上を石油火力が占めていました。

ですが、オイルショック後の74年に創設された国際エネルギー機関（IEA）は79年、ベースロード電源として石油火力を新設することを禁じます。エネルギー源の大半を石油に依存していた社会の脆弱性が露わになったこともあり、日本ではさらに踏み込んだ対応を独自に取り、あらゆる石油火力の新設を原則禁止としました。

これにより、脱石油火力の動きが大きく進みました。石油火力の位置づけは、日常的な安定供給の大黒柱という存在から、主にピーク対応の低稼働の電源へと変わりました。

石油火力の先行きは全面自由化によってさらに暗くなりました。大手電力にとって、石油火力は経営効率化の観点から重荷になっているからです。発電コストが高く、設備利用率が低い電源を保有し続ける余裕はなくなり、休廃止される石油火力は増えています。その結果、発電容量シェアは6%弱まで落ち込んでいます。

とはいえ、東日本震災後の電力不足時には、石油火力が貴重な供給力として活躍しました。ここ数年の供給力不足の顕在化を踏まえ、供給安定性の観点から、経済産業省は石油火力も一定規模を維持する方針です。**予備電源**という新制度により、休止中の石油火力の中でも比較的維持費が安価なものは、非常時に備えて政策的に確保されることになりました。

発電設備の維持だけでなく、燃料のサプライチェーンに対する支援も課題です。ガソリンなど日本の石油製品の消費量は全体として減少傾向にあり、国内の製油所の統廃合も進んでいます。そんな中、恒常的に稼働しない石油火力の存在を前提とした燃料供給体制の維持は困難との声が石油業界から出ています。

石油火力の設備容量の推移

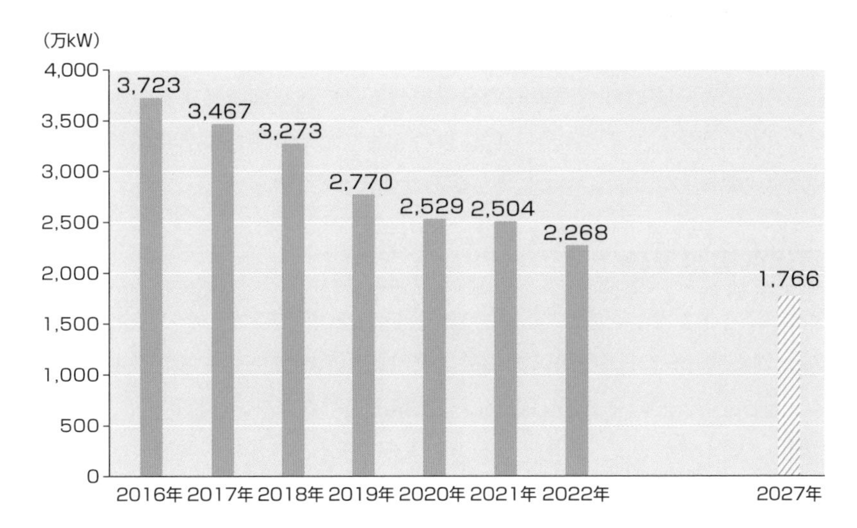

出典:資源エネルギー庁資料

日本の石油供給量の推移

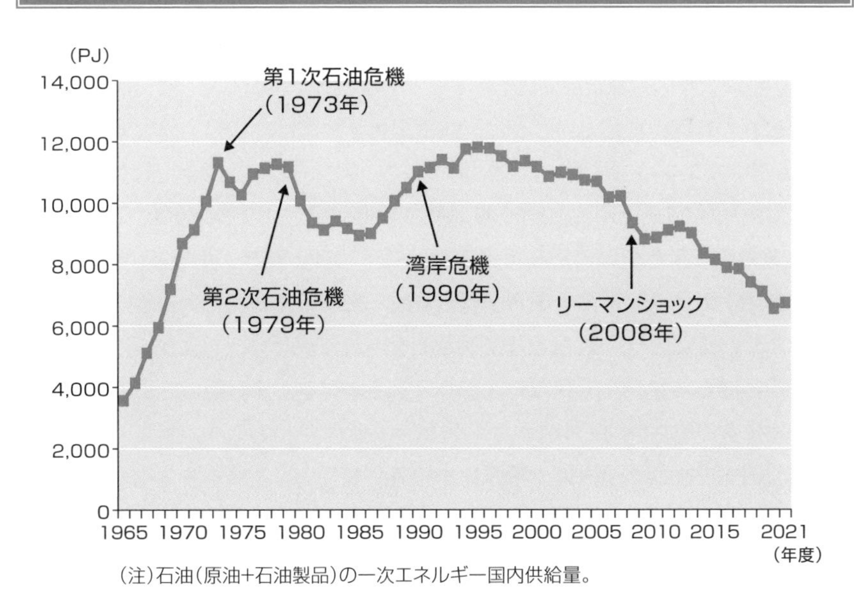

(注)石油(原油+石油製品)の一次エネルギー国内供給量。

出典:エネルギー白書2023

2-5 水素発電

電力の脱炭素化に向けた次世代の発電燃料として強く期待されているのが、水素です。発電用途以外での利用も見込まれており、大手電力などによる製造技術の実証や供給体制の構築に向けた取り組みが始まっています。

商用化へ実証実験

水素は、さまざまな1次エネルギーから製造できる2次エネルギーです。現在の一般的な製造方法は、天然ガスの中に含まれる水素を取り出すものですが、これではCO_2も付随して発生するので**グレー水素**と言われます。CCS（CO_2回収・貯留）技術と組み合わせて、発生するCO_2を大気中に出さない措置を施せば、**ブルー水素**と呼ばれます。それに対して、再生可能エネルギーによる水の電気分解であれば最初から全くCO_2が出ることはありません。それが**グリーン水素**です。

日本は世界の先頭に立って水素社会を実現するとの目標を掲げ、17年には水素基本戦略を策定しました。23年6月に改訂された最新版では、供給と需要の両面からの対策の強化により、30年最大300万t、40年1200万t、50年2000万t程度という導入量の目標が設定されました（アンモニア含む）。

発電燃料としての使用は、こうした水素導入拡大のけん引役として期待されています。第6次エネルギー基本計画に基づいて、アンモニア発電と合わせた**ゼロエミッション火力**で1%という30年の電源構成目標が設定されています。

水素発電の商用化に向けた最大の課題はコストの低減で、現在の100円/Nm^3から30年には30円まで下げる目標です。50年には天然ガス火力より安価な水準である20円を目指します。技術面でも水素の特性に合わせたガスタービンの開発など課題はありますが、天然ガスなどとの混焼方式をまず実現し、その後専焼方式の技術確立に挑む計画です。

商用化に向けた取り組みは大手電力を中心に動き出しています。例えば、関西電力は21年度から26年度まで、水素の受け入れ・貯蔵から発電に至るまでの運用技術の確立を目指す実証試験を行っています。25年度からは、商業運転中のガスタービン発電設備を活用して水素発電の混焼と専焼の実証を行う計画で、発電した電気は大阪・関西万博の会場に供給することが検討されています。

水素社会実装の計画

	短期(~2025年頃)	中期(~2030年頃)	長期(~2050年)
実績・目標量	約200万トン	最大300万トン	2000万トン程度
既存供給源(副生水素等)	主要な水素供給源として最大限活用	供給源のクリーン化(CCUSの活用等)	
輸入水素	実証・準商用化等を通じた知見蓄積、コスト低減	商用ベースの大規模国際水素サプライチェーンの構築	調達源多様化・調達先多角化を通じた規模拡大
新たな国内供給源(電解水素等)	実証を通じた知見蓄積、コスト低減	余剰再エネ等を活用した水電解の立ち上がり	電解水素の規模拡大・新たな製造技術の台頭

出典:資源エネルギー庁資料

地域での水素利用のイメージ

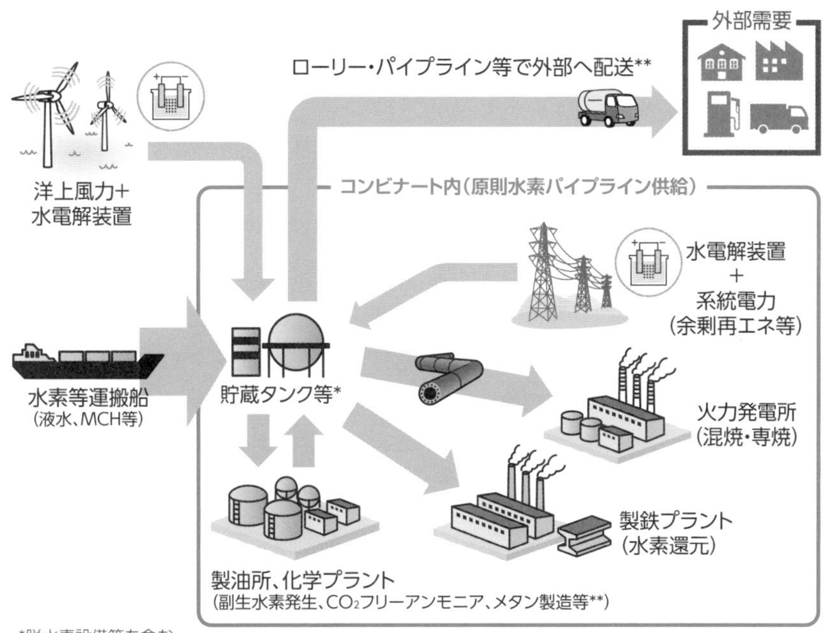

*脱水素設備等を含む

**製造されたCO_2フリーアンモニア、メタン等が配送される場合有

出典:資源エネルギー庁資料

2-6 アンモニア発電

アンモニアは水素とともに、次世代の火力発電燃料として期待されています。まずは石炭火力での混焼により商用化される見通しですが、本格導入のためには燃料用途の新たなサプライチェーンを構築する必要があります。

サプライチェーンを一から構築

アンモニアは水素を効率的に長距離輸送するためのキャリアとしてまず注目されました。水素キャリアの候補には他に液化水素やミチルシクロシクサン（MCH）があります。ただ、アンモニアはそれ自体でも燃料になります。元素記号の「NH_3」から分かる通り、可燃性ガスであるH（水素）とN（窒素）で成り立っているからです。しかもC（炭素）を含まないため、燃焼してもCO_2を排出しません。

問題はNOxが排出されることですが、その抑制が技術的に克服されたことで、次世代の発電燃料としての期待が高まっています。船舶や工業炉の燃料としても注目されています。政府は30年に天然ガスを下回る水準の調達単価の実現という目標を設定しています。

アンモニアはすでに肥料用途として国際的に流通していますが、発電燃料というエネルギー用途での消費量はけた違いに多くなります。大手電力の保有する石炭火力全てでアンモニアの20%混焼を実施した場合には国内の電力部門の排出量の約1割に相当する約4,000万トンのCO_2を抑制できる計算ですが、そのためには現在の世界全体の貿易量に匹敵する年間約2,000万トンのアンモニアが必要となるのです。

肥料市場に悪影響を及ぼさないためには、**燃料アンモニア**として新たな市場を一から構築する必要があります。サプライチェーン構築を含めて商用化に向けた取り組みはJERAが先導しています。20年代後半にはまず碧南火力発電所（愛知県）で燃料の20%を石炭から転換することで、世界初となる**アンモニア発電**の商用化を実現する予定です。

その一環として燃料アンモニア大規模調達プロジェクトも具体化しています。欧米の企業との連携のもと米国メキシコ湾岸に製造拠点を設けて、日本まで海上輸送する計画です。JERAは電力以外の企業も含めて、サプライチェーン構築への協業を呼び掛けています。

アンモニアの作り方

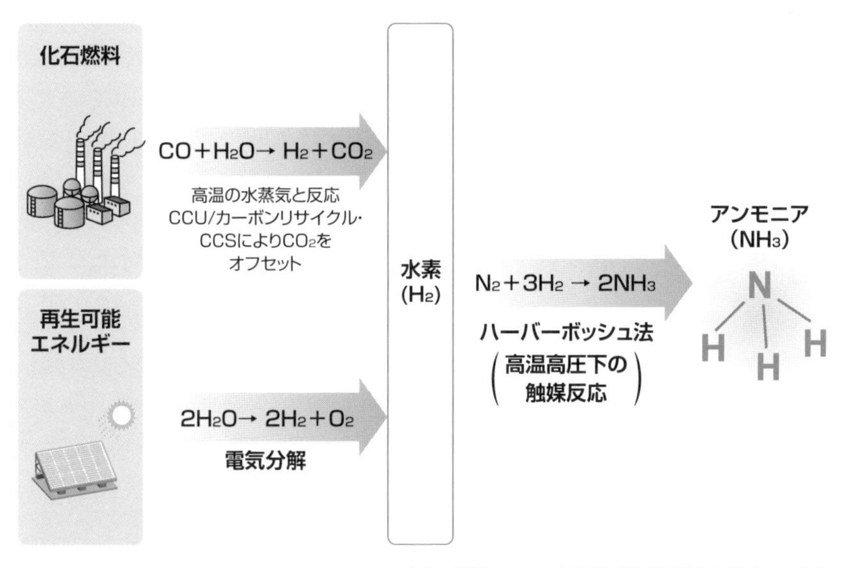

出典：燃料アンモニア導入官民協議会中間とりまとめ

燃料アンモニアの必要量

ケース	20%混焼（※1）	50%混焼（※1）	専焼（※1）	（参考）1基20%混焼
CO_2排出削減量（※2）	約4,000万トン	約1億トン	約2億トン	約100万トン
アンモニア需要量	約2,000万トン	約5,000万トン	約1億トン	約50万トン

※1 国内の大手電力会社が保有する全石炭火力発電で、混焼/専焼を実施したケースで試算。
※2 日本の二酸化炭素排出量は約12億トン、うち**電力部門は約4億トン**。

出典：燃料アンモニア導入官民協議会中間とりまとめ

2-7
CCS（CO_2の回収・貯留）

火力発電所などから排出されるCO_2を回収して、地下に貯留するCCS（CO_2 Captured and Stored）。この技術と組み合わせれば、化石燃料を使用したままでもゼロエミッション火力に生まれ変わります。

回収したCO_2の利用も課題

CCSとは、発電過程などで発生したCO_2を大気中に放出せずに回収して地中深くに貯留する技術です。採掘が進んだ油田やガス田など、CO_2を貯めるすき間がある地層が利用されます。貯留したCO_2がその後漏れ出しては目も当てられないですから、CO_2を通さない地層が上にあることも不可欠です。日本の沿岸域には、こういった条件を満たす地層が少なからずあり、貯留ポテンシャルは約1,500億～2,400億tあると推定されています。

北海道の苫小牧で、社会実装に向けた実証試験が行われています。製油所から供給されるガスからCO_2を分離し、沖合の地下深くに圧入するもので、2019年11月に累計圧入量30万トンという目標量に達しました。CO_2の分離・回収から地下への圧入・貯留に至るCCSの一連の工程が安全に運営できることが技術的に確認できたと言えます。回収したCO_2を貯留地点まで運ぶ運搬手段の確立に向けては、舞鶴－苫小牧間で液化CO_2の長距離海上輸送の実証が24年度から始まる予定です。

経済産業省は、30年の本格的なCCS実現を目指し、事業法の整備など制度面の対応に本格的に乗り出しています。貯留地域や輸送方法が異なる7件のプロジェクトを支援し、30年までに年間貯蔵量約1300万tの確保を目指します。年間貯留量は徐々に拡大させていき、50年に約1.2億～2.4億tという長期目標を設定しています。貯留場所は日本の海域だけでなく、海外への輸出も想定しています。

工程全体のコストの低減も重要な課題です。その観点で期待されるのが、回収したCO_2を貯留せずに再利用する**カーボンリサイクル**です。CO_2を経済的な価値を持つ商品として流通させるわけで、CCSに「Use（利用）」を組み合わせて**CCUS**という言い方もします。エネルギー分野では、都市ガス原料などとしての活用が期待されています。CO_2と水素を人工的に合成することでカーボンニュートラルなガスを作るわけです。

CCUSとは

CO_2回収
（Carbon dioxide Capture）

火力発電所にCO_2分離回収設備を設置することで、90%超のCO_2を放出せずに回収することが可能。

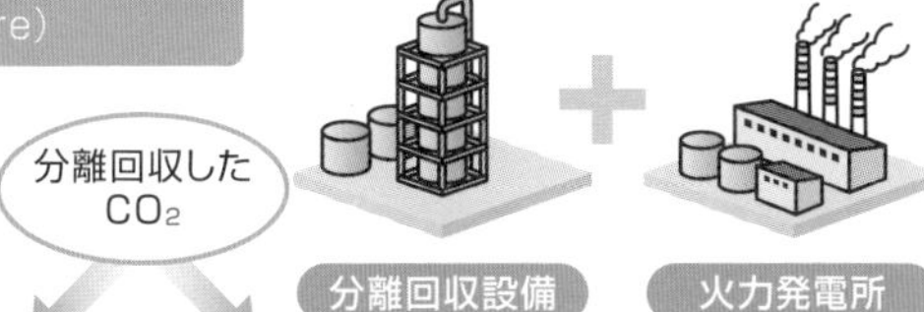

分離回収したCO_2

CO_2貯留
（CCS: Carbon dioxide Capture and Storage）

分離回収したCO_2を地中に貯留する技術。

CCS概念図

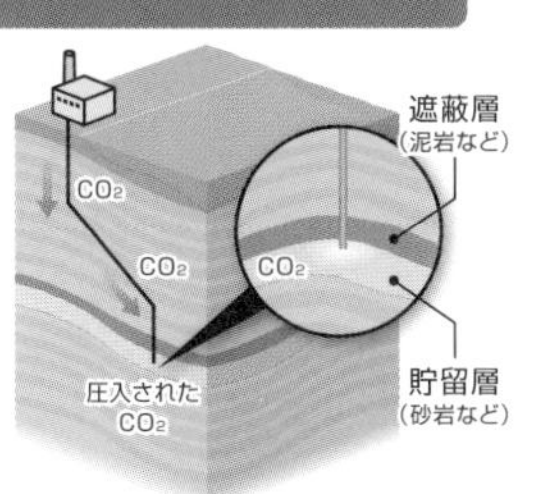

CO_2利用
（CCU: Carbon dioxide Capture and Utilization）

CO_2を利用し、石油代替燃料や化学原料などの有価物を生産する技術。

出典：資源エネルギー庁資料

CCS事業の見通し

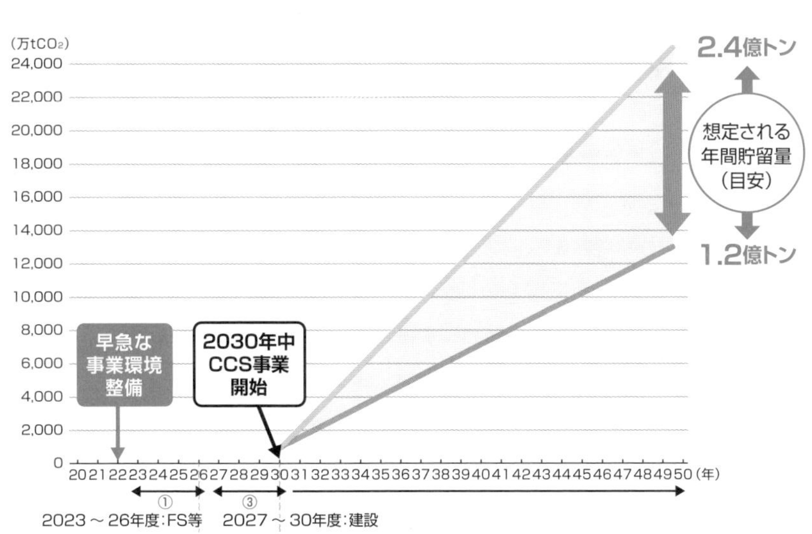

出典：資源エネルギー庁資料

2-8 コージェネレーション

電気と熱という2つのエネルギーを同時に供給するコージェネレーションは、大口需要家が主に設置する分散型の火力発電です。発電時に生まれる排熱を有効活用することで、大型電源に対しても十分な競争力を持ちます。

電力システムの安定性に貢献

コージェネレーションとは直訳すれば、同時に2つのものを発生させるという意味です。「2つのもの」とはつまり、電気と熱のことです。火力発電では電気を作る過程で必然的に熱が生まれます。発生した熱は、都市部から離れた場所に立地する大型の発電所では捨ててしまいます。電気は送電線を通して遠隔地まで届けることが可能ですが、熱は運ぶ途中で冷めてしまうからです。熱とは物理的に地産地消するしかないエネルギーなのです。

その点、需要地に設置されるコージェネは電気エネルギーのみの効率性では大型電源に劣後しますが、熱エネルギーも合わせた総合効率では経済的メリットが生まれます。自然災害などで系統電力が途絶した場合にも、燃料が確保できていれば稼働できるので、**レジリエンス**（強靭性）の観点からも有効です。

一義的には自家発電であるコージェネですが、系統に接続することで電力システムのリソースとして活躍する場面も生まれています。例えば、近年の需給ひっ迫時にはフル稼働して安定供給の維持に貢献しました。

日本でコージェネの導入が始まったのは、1980年代です。電気だけでなく熱の需要も大きい化学や鉄鋼などの工場や病院などで採用されています。時々の燃料価格によって系統電力に対するコスト競争力が変わるため、新設容量にはばらつきがありますが、導入量はおおむね堅調に伸びており、22年度末時点で累計約1350万kWです（家庭用除く）。

石油系燃料の設備もまだありますが、近年導入される設備の90%以上は天然ガスを使用しています。工場などでは環境性や経済性に優れた天然ガスに注目し、従来の石油ボイラーなどの機器を天然ガスコージェネに置き換える燃料転換の動きが活発に起きています。ガスタービンやガスエンジンといった内燃機関が主流ですが、最近では燃料電池のコージェネシステムも増えています。

コージェネレーションの設備容量の推移

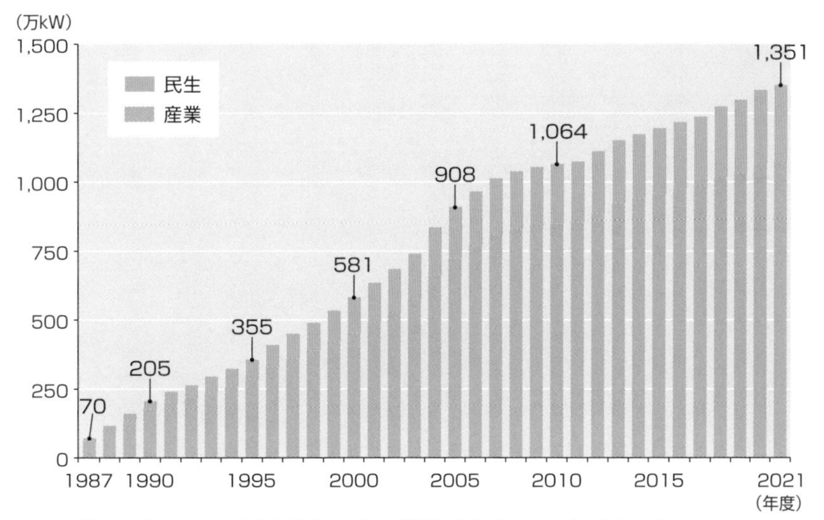

(注) 民生用には、戸別設置型の家庭用燃料電池やガスエンジン等を含まない。
四捨五入による誤差を含む。

出典:エネルギー白書2023

コージェネレーションの高い効率性

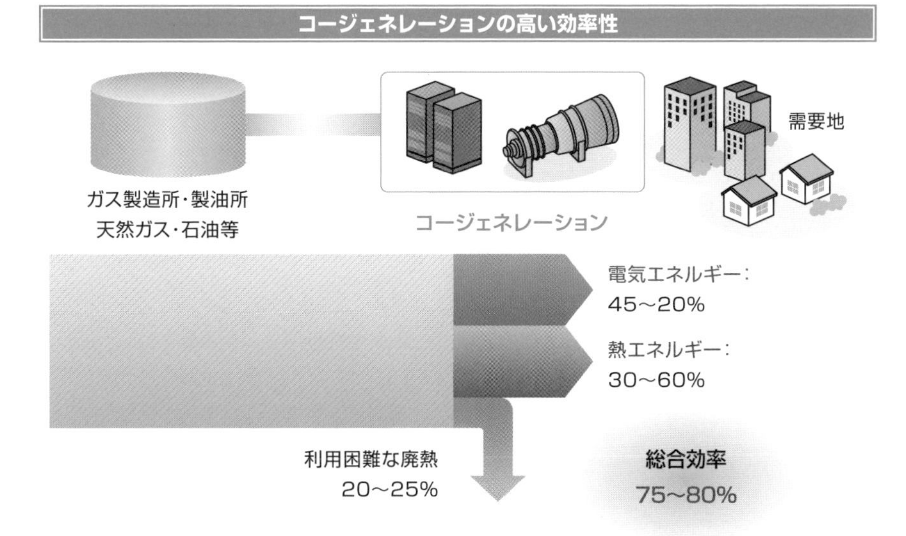

出典:資源エネルギー庁資料

速く移動することは幸せですか

長い間“未来の乗り物”と言われてきたリニアモーターカーが、現実のものになるそうです。2027年以降にまず東京・品川と名古屋間で開通し、その後新大阪まで延長される予定です。強い磁力により車両を浮上させて走行することから地面との物理的な摩擦が生じないのが特長で、そのため航空機並みの速度が可能になります。ただ、現在の新幹線と比べて電力の消費量は数倍になると言われ、省エネ社会を目指そうという時代の流れと逆行しているとの批判もあります。

リニアモーターカーの開通が国民福祉の増大につながるのであれば、大量の電力消費に対する理解も得られるかもしれません。東京と名古屋、新大阪間の所要時間はそれぞれ40分と67分で、東海道新幹線のぞみ号の半分以下になります。JR東海はこれにより「日本の人口の半数を超える一つの巨大な都市圏が誕生する」ことで「経済の活性化が期待できる」としています。

問題は、こうした文言にどれだけの人が心を躍らせるかどうかです。別の言い方をすれば、移動時間の大幅な短縮が人々の幸せに結びつくかどうかです。年収と幸福感の相関関係については、国内外でさまざまな研究がなされています。これら研究に共通しているのは、両者の正の相関関係はある水準で終わるということです。例えば、ある国内の研究では、500万円までは世帯年収の増加につれて幸福度も上がるが、その後は年収が増えても幸福度は横ばいになり、1,500万円を超えると逆に幸福度は下がるとしています。

同じような相関関係は、移動速度と幸福感についても当てはまるかもしれません。例えば、明治時代に入っての鉄道の開通が、移動に伴う人々の身体的負担を大幅に軽減したことは間違いありません。戦後の“夢の超特急”新幹線の誕生も高度成長期の前向きな時代精神の中で幸福度の増進に寄与したと考えられます。

ちなみに開業翌年の東海道新幹線の東京一新大阪間の所要時間は約3時間10分でした。もしかしたら、このあたりが世帯年収の500万円に当たる移動速度だったのではないでしょうか。

第3章

原子力

福島第一原子力発電所の事故により、いったんは大幅な依存度低減へと政策の舵が切られた原子力ですが、2022年に推進の方針が再び打ち出されました。政府はエネルギーの安定供給と脱炭素化のために欠かせない電源種だとしています。とはいえ、安全性に対する世の中の不信感が払拭されたとは言えず、次世代の電力システムにおける原発の位置づけは今なお不透明です。高レベル放射性廃棄物の最終処分場の選定も遅々として進まないなど、原発を中長期的に活用し続けるために解決すべき課題は残されたままです。

3-1 原子力発電の仕組み

原子力発電所の燃料は、主にウランです。発電所の“心臓部”といえる原子炉で、ウランの原子の核分裂を人工的に起こさせることにより、発電タービンを動かすための大きなエネルギーを生み出します。

桁違いのエネルギー密度

蒸気でタービンを回す仕組みは原子力発電も火力発電も変わりません。異なるのは蒸気を作るエネルギーの“出自”です。火力では天然ガスなどの燃料を燃やすのに対して、原子力では原子核が中性子を取り込む際の核分裂によって生じるエネルギーを利用します。中性子を吸収した原子核は複数に分裂して、大量の熱を発生します。同時に複数の中性子が放出され、その中性子が別の原子核にぶつかることで、核分裂の連鎖が始まります。こうして非常に大きなエネルギーが生まれます。

こうした核分裂の起こりやすさは原子によって異なります。核分裂が起こりやすい原子の代表がウランで、そのため原発の燃料として広く使われています。ウラン燃料の大きさは、直径、高さともにわずか1cmですが、これだけで平均的な一般家庭が使用する電気の8～9カ月分にあたる約2,500kWhの電気をつくるだけのエネルギーを持ちます。原子力は化石燃料など他のエネルギー源に比べて、エネルギー密度がケタ違いに大きいことが分かります。

核分裂反応が連鎖的に起こり、持続的に進む状態を**臨界**といいます。核分裂の連鎖を人工的に発生させ、臨界状態を安定的に持続させる装置が原子炉です。原子炉は高さ約22メートル、幅約6メートルという巨大な設備で、ウランをペレット状にした燃料棒が何本も立っています。その間に挟まった制御棒が核分裂の程度を調整する役割を担います。

原子炉を起動させる際には、制御棒を引き抜くなどの作業を行います。制御棒には中性子を吸収する機能があるため、制御棒を抜いていけば吸収される中性子の数はその分減り、核分裂が活発に起こるようになります。核分裂の連鎖を起こすためには、原子から飛び出した中性子の速度をある程度落とす必要もあります。速度を落とすために使われるのが減速材です。現在の商用炉の主流である軽水炉は減速材として水を使用しています。

核分裂

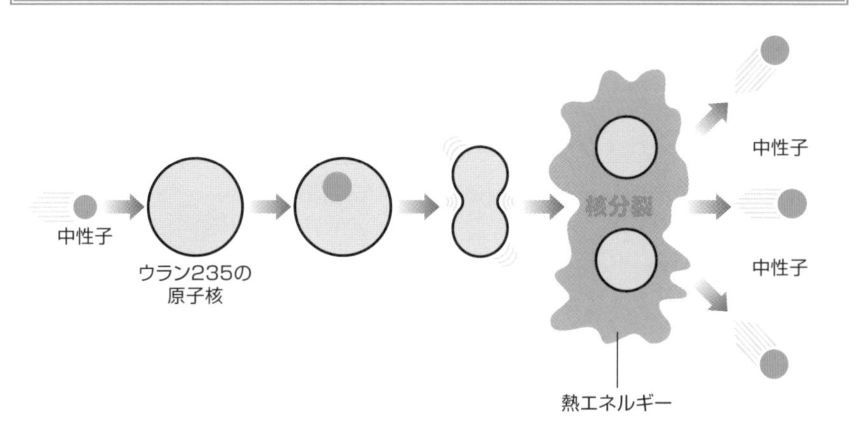

出典：原子力委員会HPより

原子炉の構造（PWR）

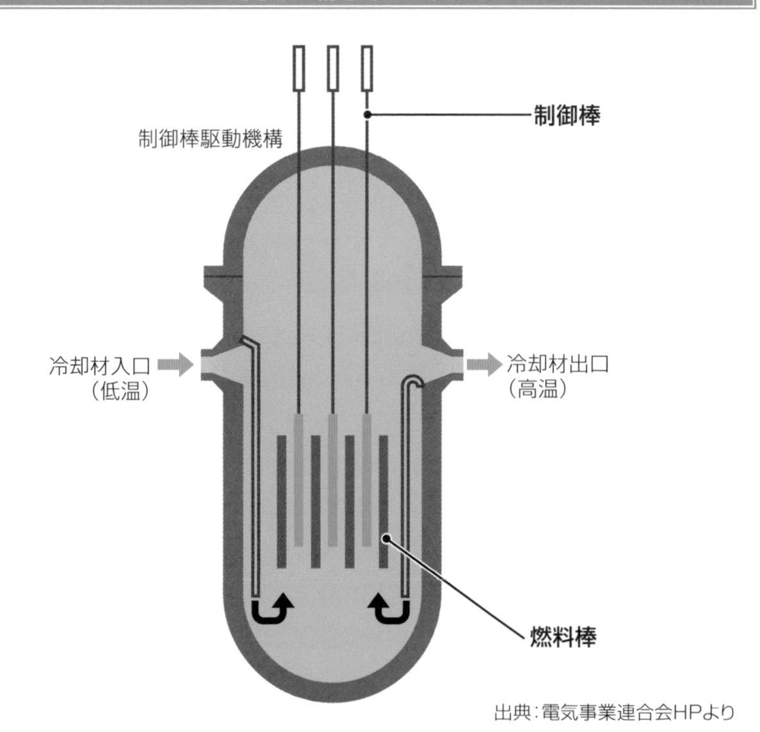

出典：電気事業連合会HPより

3-2 軽水炉

日本で商業運転中の原発は全て軽水炉と呼ばれる原子炉を採用しています。原発が商用化された当初は他の炉型もありましたが、相対的に安全性が高い軽水炉の採用が広がり、グローバルスタンダードになっています。

世界的な主流はPWR

日本で原発の導入が始まったのは1960年代後半です。66年に運転を開始した日本で最初の商業炉である日本原子力発電の東海原発は、減速材に黒鉛を使う黒鉛炉でした。西側陣営で最初の商業用原発だったイギリスのコールダーホール原発も同じ炉型です。天然ウランをそのまま燃料として使えるのが利点でしたが、安全性の点で問題があり、その後採用は進みませんでした。86年に大事故を起こしたソ連のチェルノブイリ原発も黒鉛炉でした。

結果として、商用炉の主流は**軽水炉**になりました。日本で東海原発以降に建てられた商用原発は全て軽水炉です。黒鉛炉と違い、天然ウランの濃縮という工程が必要ですが、相対的な安全性の高さが評価されました。

軽水炉は、原子炉の構造の違いで**BWR**（沸騰水型）と**PWR**（加圧水型）に分かれます。核分裂によって生じた熱が原子炉圧力容器内に満たされた水を蒸気に変える構造は同じですが、その蒸気の役割が両者で異なります。BWRでは、圧力容器内で発生した蒸気がそのままタービンを回すために使われます。つまり、放射性物質を含んだ水が原子炉建屋を出てタービン建屋を巡ります。

一方、PWRでは蒸気は原子炉格納容器から出ません。格納容器内にある蒸気発生器により、放射性物質を含んだ蒸気が新たに別の蒸気を作ります。その蒸気が格納容器の外に出てタービンを回します。PWRでは放射性物質を含んだ配管を含む系統を1次系、含んでいない配管を含む系統を2次系と呼びます。

沖縄電力以外の大手電力は全て原発を導入していますが、北海道、関西、四国、九州の4社がPWR、東北、東京、中部、北陸、中国の5社がBWRを採用しています。57年に発足した原子力専業の日本原子力発電は両方の炉型を持ちます。製造するメーカーも分かれており、三菱重工業がPWR、東芝と日立製作所がBWRをそれぞれ担当してきました。

沸騰水型炉（BWR）の仕組み

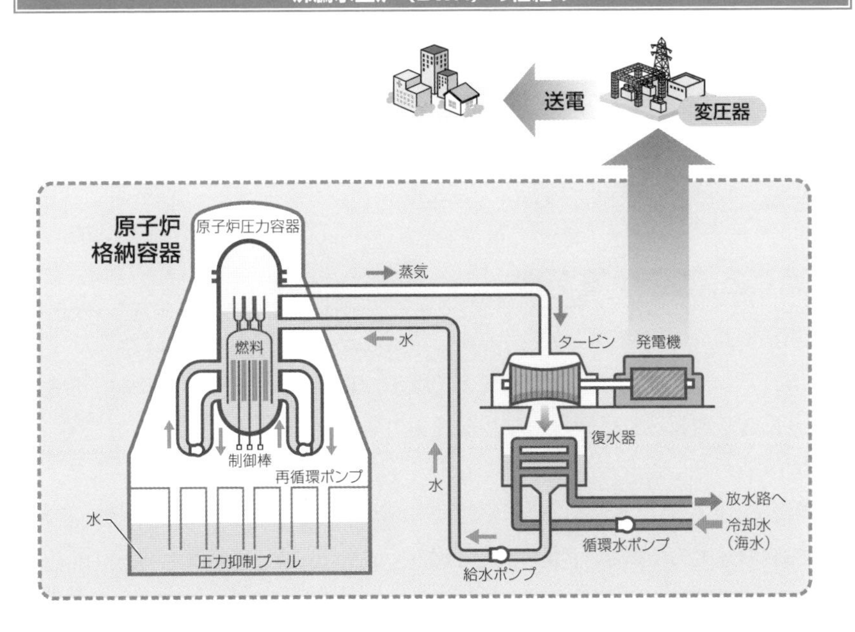

加圧水型炉（PWR）の仕組み

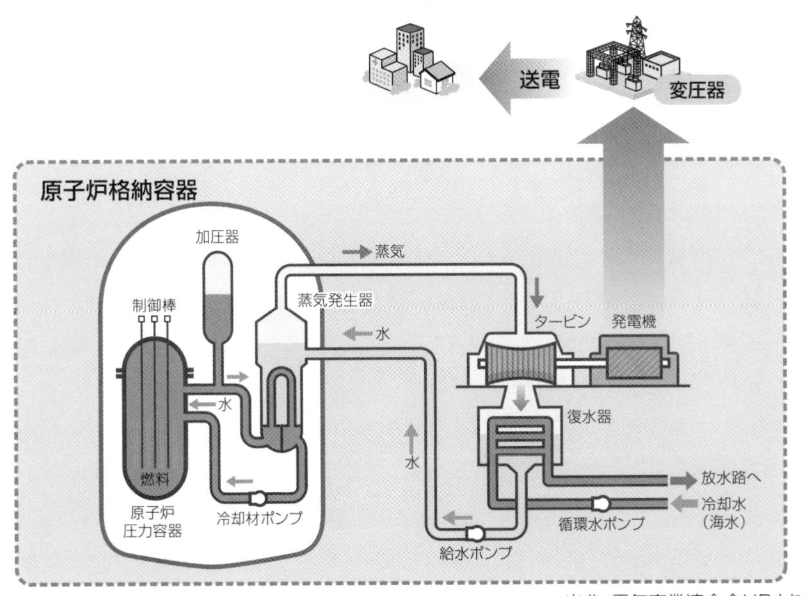

出典：電気事業連合会HPより

3-3 原子力規制委員会・新規制基準

安全性の確保は原発推進の大前提です。福島第一原発の事故により、安全規制行政の体制は大きく改められました。原子力安全委員会と原子力安全・保安院は廃止され、原子力規制委員会が新たに発足しました。

「推進」と「規制」を分離

福島第一原発の事故後、原子力の安全規制行政の枠組みは大きく見直されました。2012年9月に5人の委員で構成する**原子力規制委員会**が発足。同時に規制委の事務局機能を担う原子力規制庁が環境省の外局として設置されました。入れ替わりで原子力安全委員会と経済産業省の外局である原子力安全・保安院は廃止されました。

新体制の最大の特徴は、「推進」と「規制」の分離です。保安院が原子力推進の立場にある資源エネルギー庁とともに経産省内に存在することを懸念する声は福島第一原発の事故以前からありました。事故後には、保安院が推進側の代弁者として振る舞っていた実態も明らかになりました。

原子力規制委は、発足後最初の大仕事として、福島第一原発事故の経験を踏まえ、原子力関連施設への新たな規制基準を策定しました。13年7月に施行された**新規制基準**では、従来よりも多岐にわたる対策を原子力事業者に求めています。"想定外"の発生を可能な限り防ぐため、地震や津波の想定手法を見直しました。火山や竜巻など他の自然災害への対策も強化しました。

テロや航空機の衝突といった人災への対応も盛り込みました。また、福島の事故の引き金になった全電源喪失を絶対に起こさないため、電気を確保するルートをさらに多く用意するよう義務づけました。外部電源を2系統にする他、電源車も配置しなければなりません。

万が一、全電源喪失に至っても炉心損傷を防ぐ対策、炉心損傷が起きても格納容器を破損させない対策も求めています。例えば、格納容器内の圧力を下げる必要性が生じた時に大気中への放射性物質の放出を抑えるフィルター付きベント（排気）設備の設置を義務づけました。事故時の作業拠点となる免震重要棟は自家発電の設置や放射線遮へい機能を備えている必要があります。

原子力規制組織

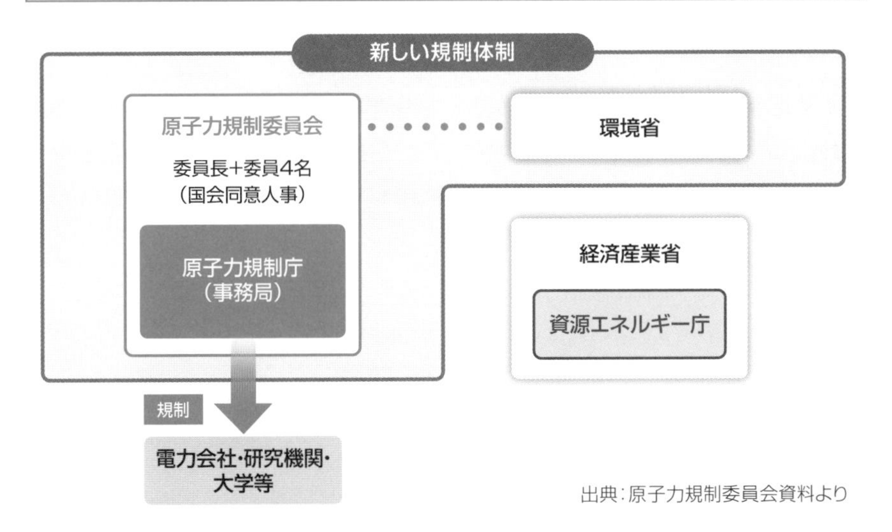

出典：原子力規制委員会資料より

従来の規制基準と新規制基準との比較

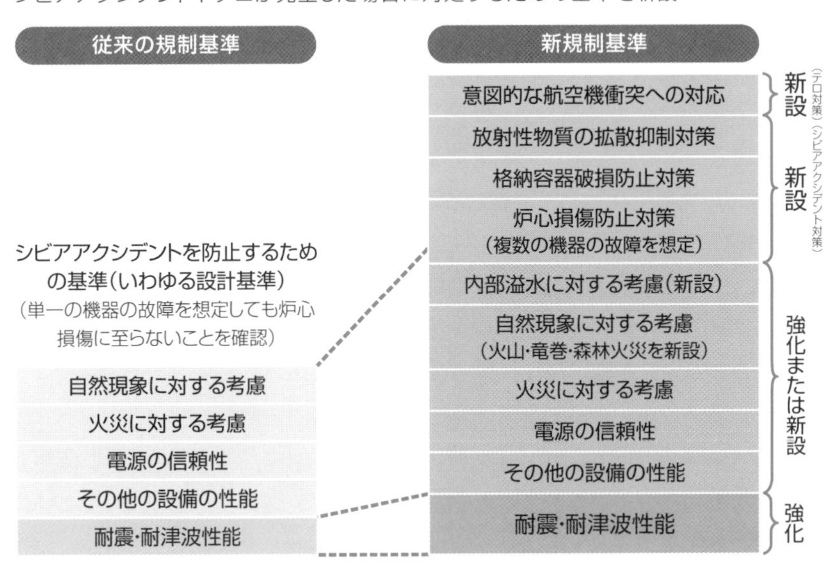

出典：原子力規制委員会資料より

3-4 原子力発電所の現状

新規制基準に合格した原発は順次運転を再開しているものの、立地自治体の同意が得られないケースもあり、その数はまだ12基です。大手電力等は再稼働の加速化に向けて、業界を挙げた取り組みを進めています。

再稼働はいまだ限定的

東日本大震災の時点で、商業運転中の原子炉は全国に54基あり、合計出力は約4,885万kWでした。その全てが福島第一原発の事故を受けて一旦稼働停止に追い込まれました。大手電力など原子力発電事業者は新規制基準の施行後すぐに5原発10基の安全審査を申請しました。申請数はその後増え、2022年末時点で累計27基です。

ですが、そのうち24年2月末時点で新規制基準に合格して再稼働が認めたられたのは17基にとどまっています。そのうち再稼働に至ったのは12基です。内訳は関西電力7基、四国電力1基、九州電力4基で、全てPWR（加圧水型）です。BWR（沸騰水型）はまだ一基も再稼働していません。東電の柏崎刈羽原発6・7号は新規制基準には合格したものの、地元新潟県の同意が得られず、稼働できない状況が続いています。

全体として、この再稼働のペースは経済産業省や電力業界が当初期待したペースよりだいぶ遅いものです。このままではエネルギー基本計画に基づいて決められた30年における原子力の電源構成目標である20〜22%の達成は難しそうです。こうした危機感から、大手電力各社は規制委の審査で連携するなど業界を挙げた取り組みを強化しています。

なお、東日本大震災後に、原発を運転できる期間を原則的に40年に制限する新たなルールが導入されました。通常の定期検査より厳格な特別点検をクリアすれば最長20年の運転期間延長が可能になります。60年への運転延長を許可された原子炉は今のところ、関電の美浜3号と高浜1、2号の3基です。

さらに23年度の法改正で、「事業者が予見し難い事由による停止期間」は20年とは別に運転延長が認められることになりました。具体的には、新規制基準の審査に要した期間などが該当します。経産省が電力安定供給や脱炭素化の観点を考慮して60年を超える運転期間延長を認めます。

原子力発電所の現状

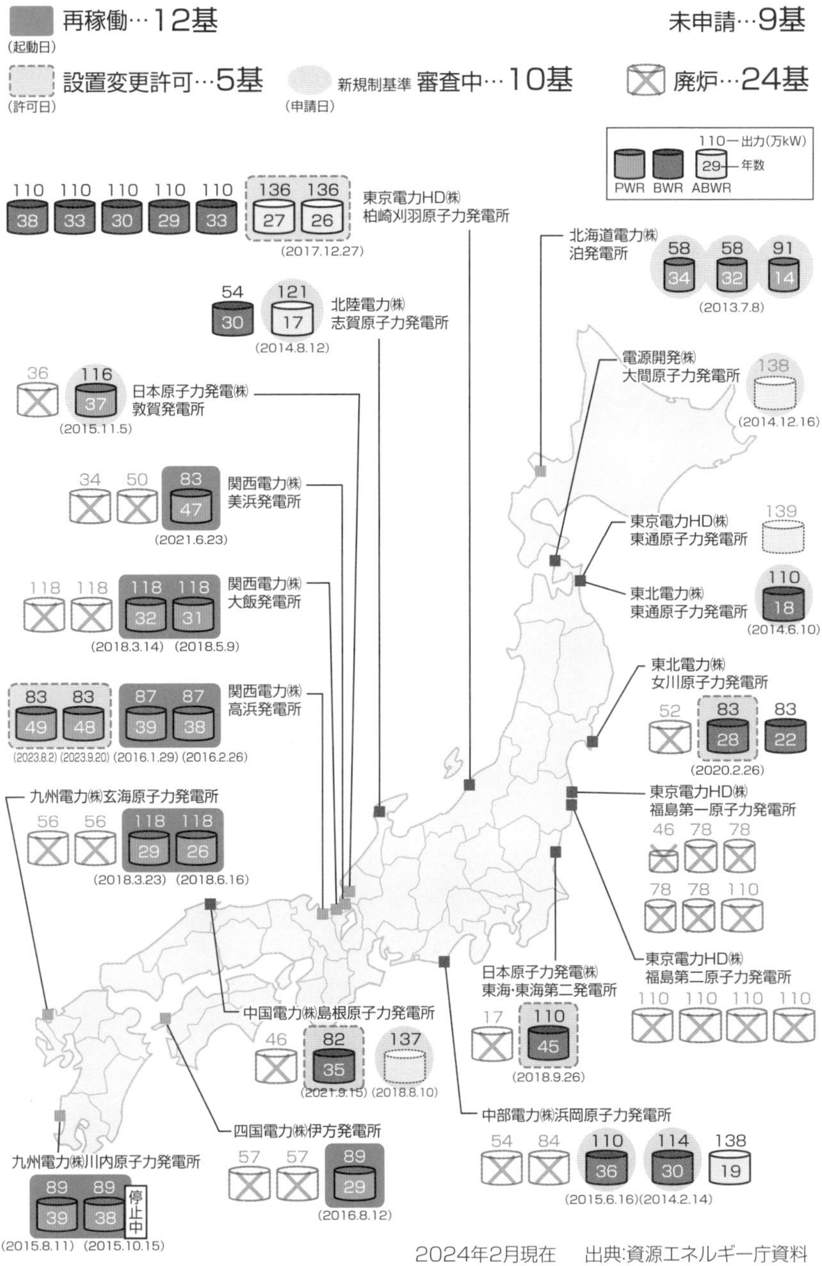

再稼働…12基（起動日）
設置変更許可…5基（許可日）
新規制基準 審査中…10基（申請日）
未申請…9基
廃炉…24基

110一出力(万kW)
29一年数
PWR BWR ABWR

東京電力HD㈱
柏崎刈羽原子力発電所
110 38　110 33　110 30　110 29　110 33　136 27　136 26
(2017.12.27)

北海道電力㈱
泊発電所
58 34　58 32　91 14
(2013.7.8)

北陸電力㈱
志賀原子力発電所
54 30　121 17
(2014.8.12)

電源開発㈱
大間原子力発電所
138
(2014.12.16)

日本原子力発電㈱
敦賀発電所
36　116 37
(2015.11.5)

関西電力㈱
美浜発電所
34　50　83 47
(2021.6.23)

東京電力HD㈱
東通原子力発電所
139

東北電力㈱
東通原子力発電所
110 18
(2014.6.10)

関西電力㈱
大飯発電所
118　118　118 32　118 31
(2018.3.14)　(2018.5.9)

東北電力㈱
女川原子力発電所
52　83 28　83 22
(2020.2.26)

関西電力㈱
高浜発電所
83 49　83 48　87 39　87 38
(2023.8.2)　(2023.9.20)　(2016.1.29)　(2016.2.26)

東京電力HD㈱
福島第一原子力発電所
46　78　78
78　78　110

九州電力㈱玄海原子力発電所
56　56　118 29　118 26
(2018.3.23)　(2018.6.16)

東京電力HD㈱
福島第二原子力発電所
110　110　110　110

日本原子力発電㈱
東海・東海第二発電所
17　110 45
(2018.9.26)

中国電力㈱島根原子力発電所
46　82 35　137
(2021.9.15)　(2018.8.10)

中部電力㈱浜岡原子力発電所
54　84　110 36　114 30　138 19
(2015.6.16)(2014.2.14)

四国電力㈱伊方発電所
57　57　89 29
(2016.8.12)

九州電力㈱川内原子力発電所
89 39　89 38　停止中
(2015.8.11)　(2015.10.15)

2024年2月現在　出典:資源エネルギー庁資料

3-5 自主的な安全対策

原子力の安全性に対する国民の不信の目は福島第一原発の事故以降根強いものがあります。こうした状況を何とか打開しようと、大手電力を中心とした原子力産業界は、安全性向上対策に自主的に取り組んでいます。

災害時には相互協力

政府が原発推進に政策転換したとはいえ、原発が実際に電力システムの中で改めて重要な役割を果たすためには、国民の不信感の解消に引き続き努めることが欠かせません。信頼性回復のための特効薬はありません。原子力の安全性向上の取り組みを地道に続けるしかないでしょう。

電力業界はこうした問題意識から、政府が定めた新規制基準を満たすことだけに満足せず、原発の安全性向上のための取り組みを自主的に進めています。その中核的組織として2018年に設立されたのが、**原子力エネルギー協議会**（ATENA）です。規制当局とも対話を行いつつ、メーカーや研究機関も含めて原子力産業全体で原発の安全性向上に取り組む仕組みがATENA中心に構築されています。

万一の事故に備えた対策も強化しています。大手電力など原子力事業者12社は14年、原子力災害時の相互協力に関する協定を締結しました。同協定に基づき、特に地理的に近接する事業者が連携を強めています。

一方で、福島の事故後も原発を巡る不祥事は起きています。例えば、東京電力の柏崎刈羽原発では、従業員が別人のIDカードで原発建屋に入るなど、ずさんな管理の実態が明らかになりました。関西電力で金品等受領問題が発覚したことも、大手電力と原発立地地域との不適切な関係を白日の下に晒し、イメージ悪化につながりました。再稼働した原発に対しても運転差し止めの訴訟が各地で起きています。

安全最優先という大原則と矛盾するような規制当局の対応も出てきています。原子力規制委員会は、既設炉の60年を超える運転期間延長を可能にする新制度について、反対する委員がいる中、多数決で押し切りました。法改正の日程を予定通り進めるためだったと言います。異論に耳を貸さないかたちで進められる原子力政策が、最終的に広く国民から受容されるかどうかは疑問符がつきます。

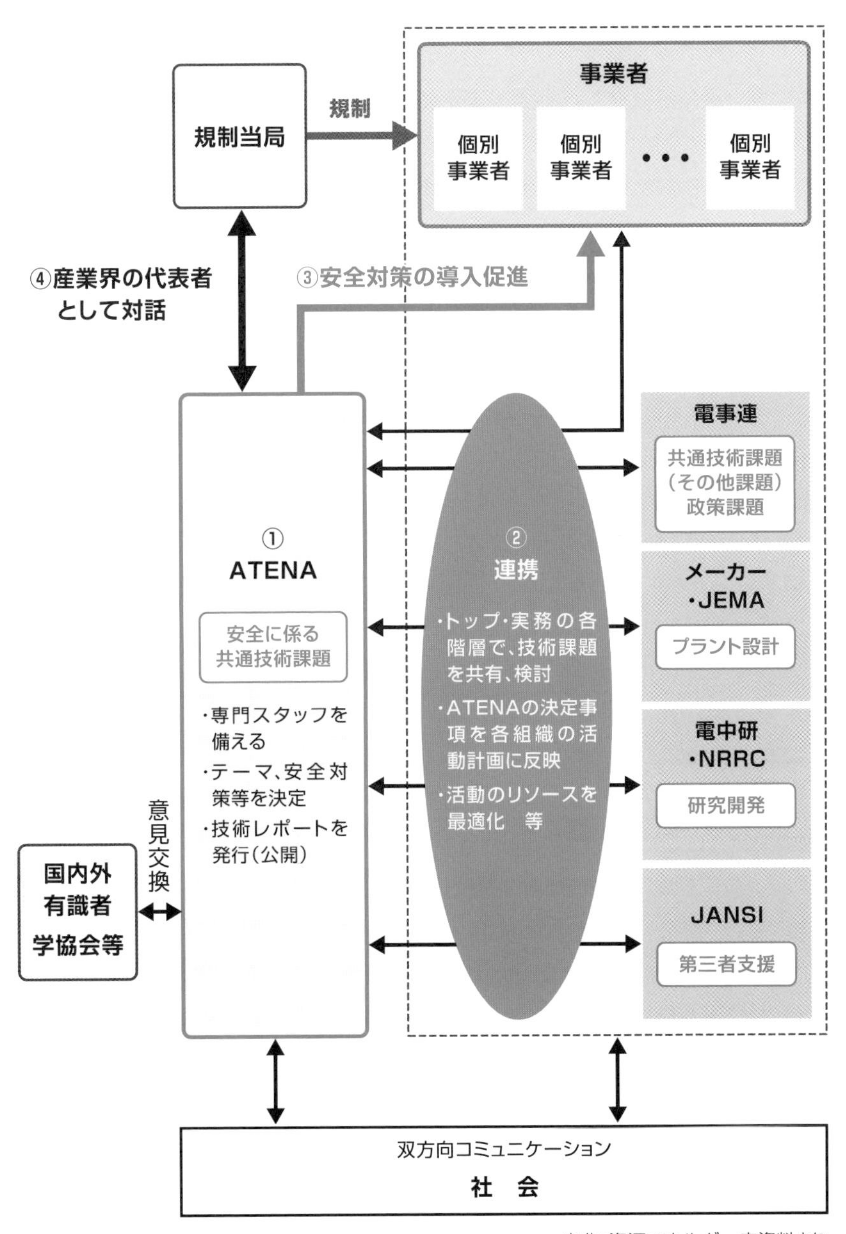

出典：資源エネルギー庁資料より

3-6 廃炉

福島第一原発の事故後、廃炉となる原発は増えています。原発黎明期に建てられた古い炉は、安全性強化のための追加コストをかけることに経済合理性がないと判断されました。廃炉作業の着実な実施も大きな課題です。

40年ルールが決断後押し

福島第一原発の事故を受けて、安全規制が強化される中で、比較的小規模の老朽化した原発に多額の追加投資をしてまで40年超運転を目指すことには経済合理性の観点から疑問符がつきました。その結果、**廃炉**を選択する設備は増えています。

東日本大震災の時点で、廃炉された原発は98年に商業運転を終えた日本原子力発電の東海第一原発だけでした。それが震災後、関西電力・美浜1、2号、日本原子力発電・敦賀1号、中国電力・島根1号、九州電力・玄海1号の5基がまず口火を切り、24年3月末時点で福島第一・第二を含めて24機の廃炉が決まっています。国内の商業炉の数は36基まで減りました。

これから本格化する廃炉作業は、大手電力にとっても未知の領域です。いち早く廃炉作業に入った東海第一原発の経験を業界全体で共有するなど各社が協力して作業に取り組む方針です。廃炉の円滑化に向けた体制も強化されています。23年の再処理法改正で、全国の廃炉の総合調整や資金管理などが**使用済燃料再処理機構**の業務として追加されました。

なお、事故を起こした**福島第一原発**の廃炉は、作業の難易度が通常炉よりケタ違いに高く、国家的課題と言えます。事業の実施主体である東京電力ホールディングスを中心に関連メーカーや監督官庁が協力して取り組んでいますが、廃炉完了の予定時期は41～51年という遠い先です。

この計画通りに進む保証はありません。実際、メルトダウンを起こした原子炉内にたまった燃料デブリを取り出す作業も、当初のスケジュールからすでに遅れています。経済産業省は福島第一原発の廃炉に要する費用を8兆円と見積もり、その全額を東電自身に捻出させるとの方針を示していますが、計画が遅れればこの費用の上振れも避けられません。日本最大の電力会社である東電の国有化という不自然な状態の永続化も懸念されます。

廃炉の主な手順

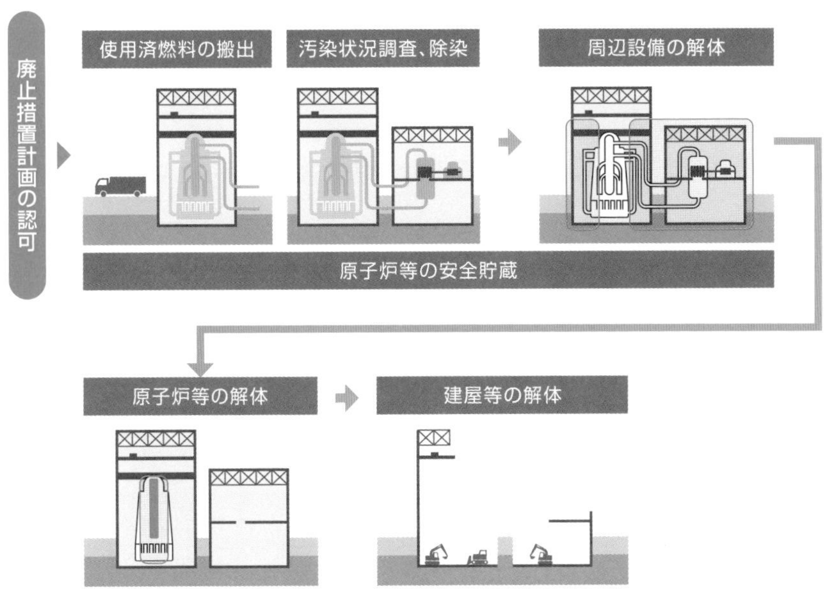

出典：資源エネルギー庁資料

廃炉のスケジュール

発電所（事業者）	炉型	出力（万kW）	運転開始	「廃止措置計画」における期間
東海（日本原電）	GCR	17	1966.7	(2001年～2025年) 25年間
浜岡1（中部電力）	BWR	84	1976.3	(2009年～2036年) 28年間
浜岡2（中部電力）	BWR	84	1978.11	(2009年～2036年) 28年間
敦賀1（日本原電）	BWR	36	1970.3	(2017年～2040年) 24年間
美浜1（関西電力）	PWR	34	1970.11	(2017年～2046年) 30年間
美浜2（関西電力）	PWR	50	1972.7	(2017年～2046年) 30年間
島根1（中国電力）	BWR	46	1974.3	(2017年～2046年) 30年間
伊方1（四国電力）	PWR	57	1977.9	(2017年～2056年) 40年間
玄海1（九州電力）	PWR	56	1975.10	(2017年～2044年) 28年間

出典：資源エネルギー庁資料

3-7
新増設① 東日本大震災前の動向

東日本大震災前、原子力は電力供給体制の太い柱で、電力システムの安定性や環境性の点から欠かせない電源と見なされてきました。ですが、その位置づけは福島第一原発の事故で一変し、原子力は冬の時代を迎えました。

原発政策の「失われた10年」

原発は他の電源に比べて建設費が高い一方、燃料費は比較的安価なので、建設した以上はできるだけ高い稼働率で運転することが求められます。また、日本では安全上の問題から需要の変動に合わせて出力を調整する負荷追従運転が認められておらず、常に一定出力で運転する必要があります。そのため、**ベースロード電源**として使われてきました。

1979年の米国・スリーマイル島原発事故、84年のソ連・チェルノブイリ原発事故により世界的に原発への逆風が強まった後も、日本は原発推進の方針を堅持しました。21世紀に入った頃には発電電力量の約3割を担う主力電源としての地位を確立していましたが、地球温暖化が現実的な課題となる中、その重要性はますます高まる方向でした。

京都議定書の発効を受け05年10月に閣議決定された**原子力政策大綱**では、30年以降も発電量の30～40%以上を原発で賄う方針が示されました。大震災前年に策定された**原子力発電推進行動計画**では、20年までに9基、30年までに少なくとも14基という新設の目標が設定されました。例えば中部電力が三重県内を念頭に新規立地を検討するなど、電力業界は原子力に一層前のめりになりました。

ですが、こうした原発推進の青写真は、福島第一原発の事故で完全に破綻します。事故翌年の9月に策定された**革新的エネルギー・環境戦略**では「30年代に原発稼働ゼロを可能とすることを目指す」との方針が明記されました。この脱原発宣言は自民党の政権復帰によりあっさり撤回されたものの、事故以前の方針に戻ったわけでもありませんでした。

政府は福島事故の記憶が国民に鮮明な間は原発推進をあらためて打ち出せず、「可能な限り依存度を低減」という玉虫色の表現で、長いこと正面から議論することを避けてきました。原発政策はいわば「失われた10年」を過ごすことになります。

東日本大震災前に描かれた原発推進のイメージ

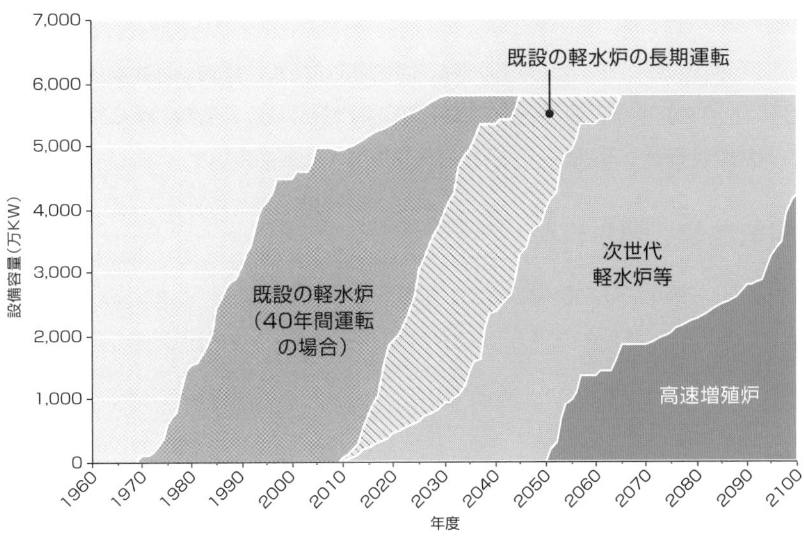

出典:資源エネルギー庁資料

エネルギー自給率から見る原発推進の根拠

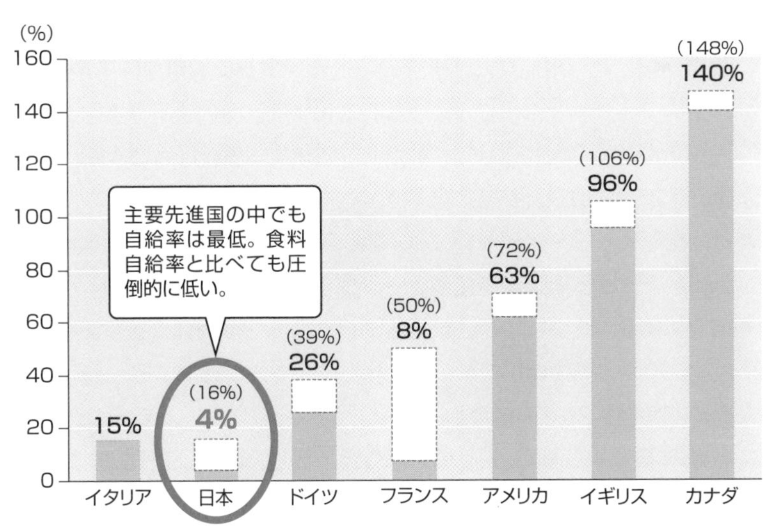

※自給率は原子力を輸入とした場合（カッコ内は原子力を国産とした場合）、2003年実績

出典:資源エネルギー庁資料

3-8

新増設② 今後の方針

原子力政策は「失われた10年」を経て2022年に再び推進へと舵を切りました。脱炭素化とエネルギー安全保障に貢献する電源として、新増設も行う方針です。ただ、経済合理性に疑問符がついており、先行きは不透明です。

政策的後押しが不可欠

22年12月策定の**GX実現に向けた基本方針**で、政府は原子力推進の方針を強く打ち出しました。推進の根拠として持ち出されたのが、供給安定性と環境性です。23年5月に成立した改正原子力基本法では、電力の安定供給やGX（グリーントランスフォーメーション）への貢献が原子力利用の価値として新たに明記されました。

こうした政策転換の一環として、政府は東日本大震災以降ずっとあいまいな姿勢を取り続けていた新増設・リプレースについても、推進するとの明確な方針を示しました。廃炉が決定した発電所での建て替え案件に限定するものの、現在の軽水炉の技術をベースに安全性を向上させた革新的軽水炉をまずは新たに建設する方向です。中長期的には、商用化への技術開発が進む**小型モジュール炉**（SMR）や**高温ガス炉**の導入も目指します。

ただ、政府が描く青写真通りに、原発の新増設が本当に進むかは不透明です。原発の建設費は安全性強化などにより上昇しています。裁判や不祥事などにより長期の稼働停止に追い込まれるリスクも抱えています。原発はもはや安価な電源とは言えず、経済合理性に疑問符がついています。

そのため、実際に新設を実現するには、国の政策的後押しが欠かせなくなっています。経済産業省は**長期脱炭素電源オークション**の対象に原子力も入れるなど支援策をすでに用意していますが、まだ不十分との見方は少なくありません。原子力関係者は、原発の売電価格を政策的に保証するなど、事業者の投資回収リスクを軽減する措置を要望しています。

ただ、原発の過度な優遇は自由化の方向性と矛盾し、電力システム全体の効率性を損ないかねません。太陽光など再生可能エネルギーの発電コストの低減が進み、水素などCO_2フリーの火力発電燃料の社会実装も視野に入りつつある中、原子力不要論も一定の説得力を持っています。

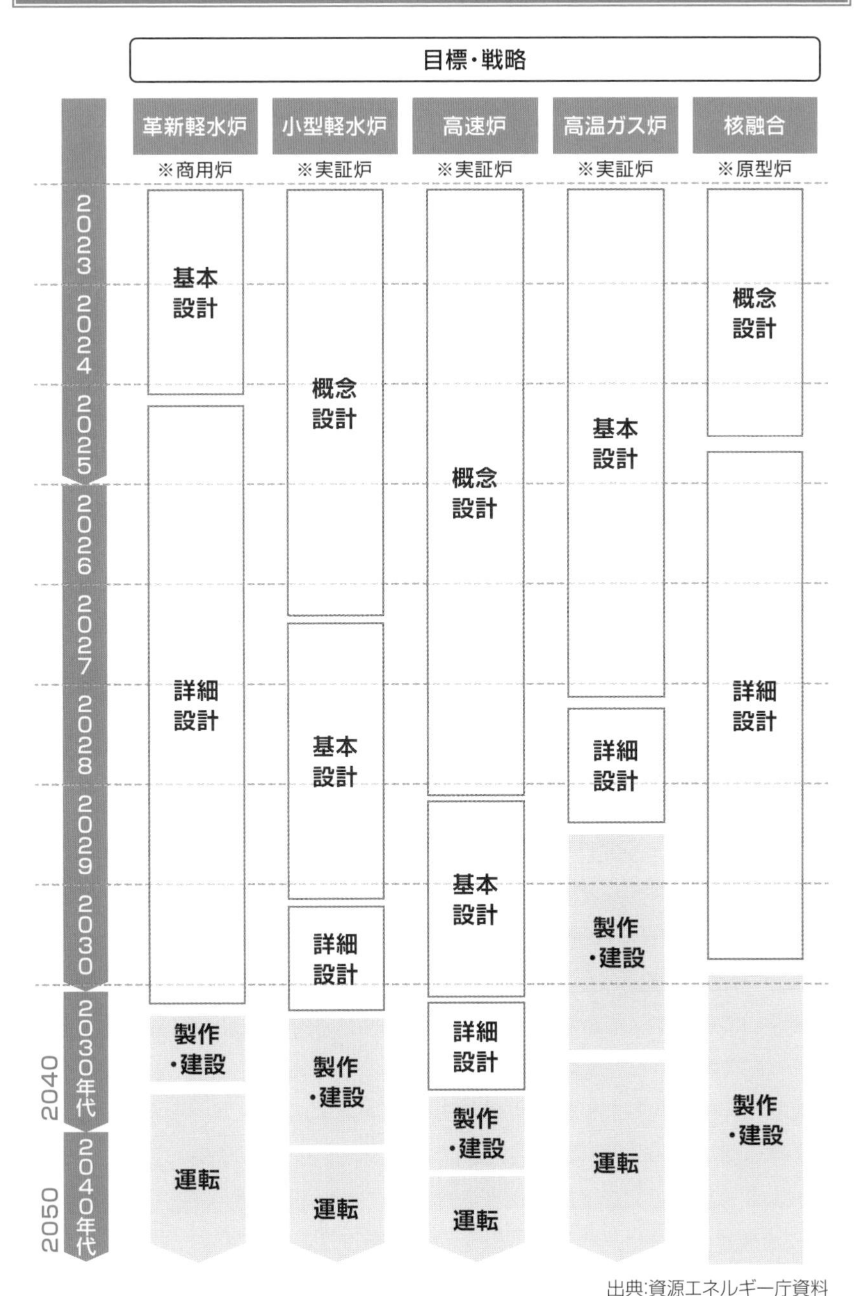

出典:資源エネルギー庁資料

3-9 核燃料サイクル

核燃料サイクルとは、軽水炉で燃やした使用済み燃料を再利用することです。政府はウラン資源の有効利用になるなどとして実現を目指していますが、計画は大幅に遅れており、方針転換すべきとの声もあります。

次善の策としてのプルサーマル

核燃料サイクルをまわすには、いくつかの施設が必要です。使用済み燃料は、再処理工場における再利用可能なウランとプルトニウムの抽出工程を経て、燃料加工工場でMOX（ウラン・プルトニウム混合酸化物）燃料になります。ただ、日本にはどちらの工場もまだ完成していません。青森県六ヶ所村に建設中の再処理工場はトラブル続きで完成時期は大幅に遅れています。現在は2024年度上半期の完成予定です。MOX燃料加工工場の完成もあわせて後ろ倒しになっています。

MOX燃料は当初、**高速増殖炉**（**FBR**）で使われる計画でしたが、2016年12月に原型炉もんじゅの廃炉が決まり、研究開発は中止になりました。入れ替わるかたちで打ち出されたのが、**高速炉**商用化の方針です。18年末策定の戦略ロードマップで、今世紀後半の商用化を目指すことになりましたが、技術開発は難航することも予想されます。そのため次善の策として、軽水炉でMOX燃料を使用する**プルサーマル発電**に取り組んでいます。

ただ、プルサーマルだけではウラン資源の有効利用にほとんどならず、核燃料サイクルの経済合理性への疑義は高まっています。それでも国はサイクル政策を堅持しています。16年10月には自由化により大手電力の経営が行き詰まっても再処理事業が頓挫しないよう、新たな事業主体として**使用済燃料再処理機構**を設立しました。その後は、もともとの事業主体である日本原燃が同機構から業務を受託するかたちをとっています。

なお、国内で発生した使用済み燃料の一部はフランスなどで再処理されています。日本は核爆弾の製造に転用可能なプルトニウムをすでに保有しているのです。国際社会から核武装の意図があると疑われないためには、その使用目的を説明し、着実に消費する必要があります。原発の再稼働が限定的でプルトニウムの消費が進まない場合は、政府は再処理工場が完成しても稼働を抑制させる方針です。

再処理等事業の全体像

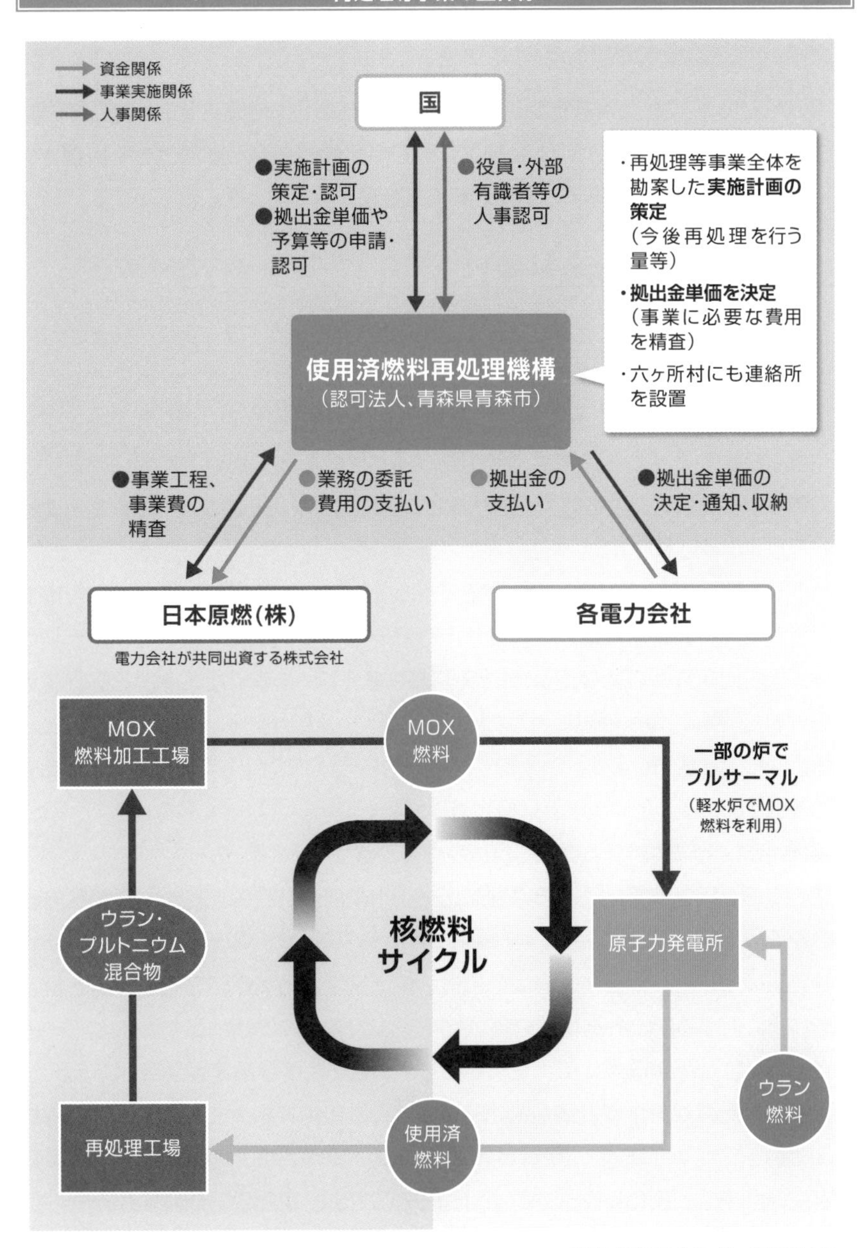

出典:資源エネルギー庁資料より

3-10 使用済み核燃料の中間貯蔵

六ヶ所村の再処理工場の竣工が遅れていることで、各地の原発には搬出できない使用済み燃料が積み上がっています。東日本大震災前から課題として指摘されていましたが、電力業界はようやく対策に本腰を入れています。

2015年に「対策推進計画」

核燃料サイクルの出発点になるのは、各原発で燃料として一回使われた使用済み燃料です。サイクル路線を断念した途端、これら使用済み燃料は処分されるべき「核のゴミ」になりますが、現在の路線が維持される限りは、更なるエネルギーを生む「資源」です。そのため、使用済み燃料は各原発の敷地内で大切に保管されています。そして、再処理工場が稼働した際には、プルトニウムなどを抽出する原料として出荷されます。

ですが、再処理工場がトラブル続きで完成しないため、いつまで経っても出荷されません。一方、東日本大震災前までは原発は比較的順調に稼働していましたから、構内に保管された使用済み燃料の数は増えていきました。その結果、使用済み燃料の収容能力が限界に達しつつある原発も出ています。発電所によって収容率にばらつきがありますが、全国で見ると約2万1,000tの容量の約75%がすでに埋まっています。このままでは使用済み燃料を収容しきれなくなることで、原発が稼働停止に追い込まれる事態も現実味を帯びます。

この問題を回避するには、再処理工場への出荷前に一時保管する**中間貯蔵施設**が必要でしたが、再処理工場の早期稼働を期待してなのか、電力業界の対応はずっと鈍いものでした。東日本大震災前には、東京電力と日本原子力発電による青森県むつ市における建設計画が進んでいるくらいでした。

こうした状況が大震災後に大きく変わりました。電気事業連合会は2015年11月、**使用済燃料対策推進計画**を策定し、中間貯蔵能力の拡大に業界を挙げて取り組んでいます。中部電力・浜岡原発や九州電力・玄海原発、四国電力・伊方原発などに貯蔵施設が新たに整備される計画です。なお、再稼働した原発が最も多い関西電力は地元の福井県が県内での中間貯蔵を拒絶しているため、中国電力が山口県上関町で検討する貯蔵施設に相乗りしようとしています。

使用済燃料対策方針の取り組み状況

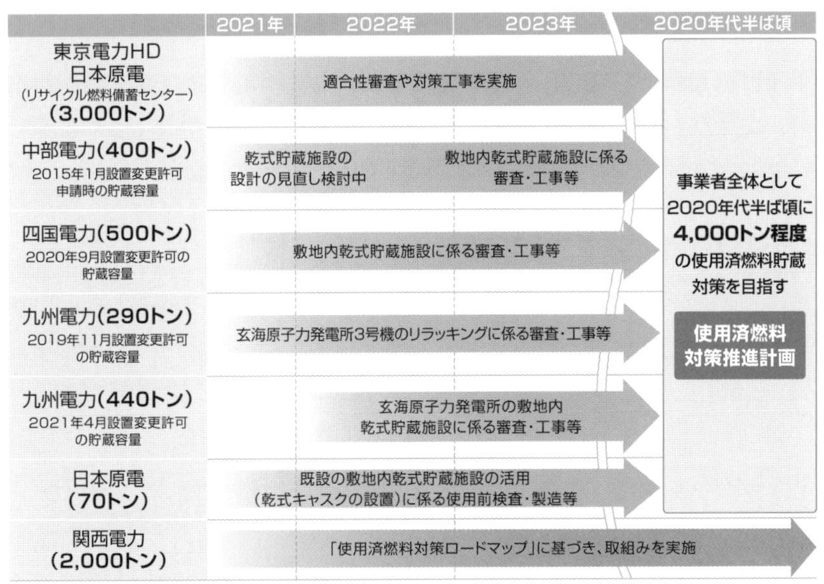

※()内の数値において、四国電力、九州電力、日本原電においては現有施設における増量分となる。

出典：使用済燃料対策推進協議会資料

各原子力発電所における使用済燃料貯蔵状況

（2023年9月末時点）【単位：トンU】

電力会社	発電所名	管理容量	使用済燃料貯蔵量
北海道電力	泊	1,020	400
東北電力	女川	860	480
	東通	440	100
東京電力 HD	福島第一	2,260	2,130
	福島第二	1,880	1,650
	柏崎刈羽	2,910	2,370
中部電力	浜岡	1,300	1,130
北陸電力	志賀	690	150
関西電力	美浜	620	480
	高浜	1,730	1,410
	大飯	2,100	1,820
中国電力	島根	680	460
四国電力	伊方	930	750
九州電力	玄海	1,370	1,150
	川内	1,290	1,100
日本原子力発電	敦賀	910	630
	東海第二	440	370
合　計		21,440	16,580

出典：使用済燃料対策推進協議会資料

3-11 高レベル放射性廃棄物の処分

原子力発電が抱える最大の問題と言えるのが、高レベル放射性廃棄物の最終処分地の選定です。数万年にわたって人体に有害であるため地中深く埋める必要がありますが、場所の選定プロセスはまだ緒についたばかりです。

北海道の2自治体で文献調査

日本の原子力発電所は「便所のない家」にたとえられます。**高レベル放射性廃棄物**を処分する場所が決まっていないからです。現在の計画では、使用済み燃料は再処理して燃料として使用可能なウランやプルトニウムを取り出します。それ以外の使い道のない“ゴミ”が高レベル放射性廃棄物です。人体に害を与える放射線を数万年も出し続けるため、人間の生活圏から隔離する必要があります。処分方法は地下300メートル以下の地層に埋設する**地層処分**というやり方が決定しています。フランス、スウェーデン、韓国などでも採用されており、最も安全だといわれています。

日本では2000年6月に「特定放射性廃棄物の最終処分に関する法律」が施行され、処分地選定の取り組みが始まりました。電力業界が中心となり**原子力発電環境整備機構**（NUMO）という事業主体が同年設立されました。さらに政府は15年5月、「最終処分に関する基本方針」を閣議決定。科学的観点から高レベル廃棄物の最終処分地としての適性が高いと考えられる地域の提示に向けて、国が前面に立って取り組む考えを示しました。

資源エネルギー庁はその方針に基づき、17年7月に**科学的特性マップ**を公表しました。純粋に科学的知見に基づいて、処分場の立地に適した地域と不適な地域を色分けで示したものです。地震や火山の甚大な被害が想定される地域や、有価な地下資源が眠っている地域は不適な地域として区分されました。

政府とNUMOによる対話活動の結果、20年10月に北海道の寿都町と神恵内村が文献調査を受け入れました。調査全体では20年程度を要する予定で、両自治体とも文献調査から次のステップである概要調査に進むかどうかが注目されています。政府は文献調査の件数を増やすべく、関心を持つ自治体との協議の場の新設など対策を強化していますが、長崎県対馬市で市長が最終的に調査受け入れを拒否するなど成果は出ていません。

科学的特性マップ

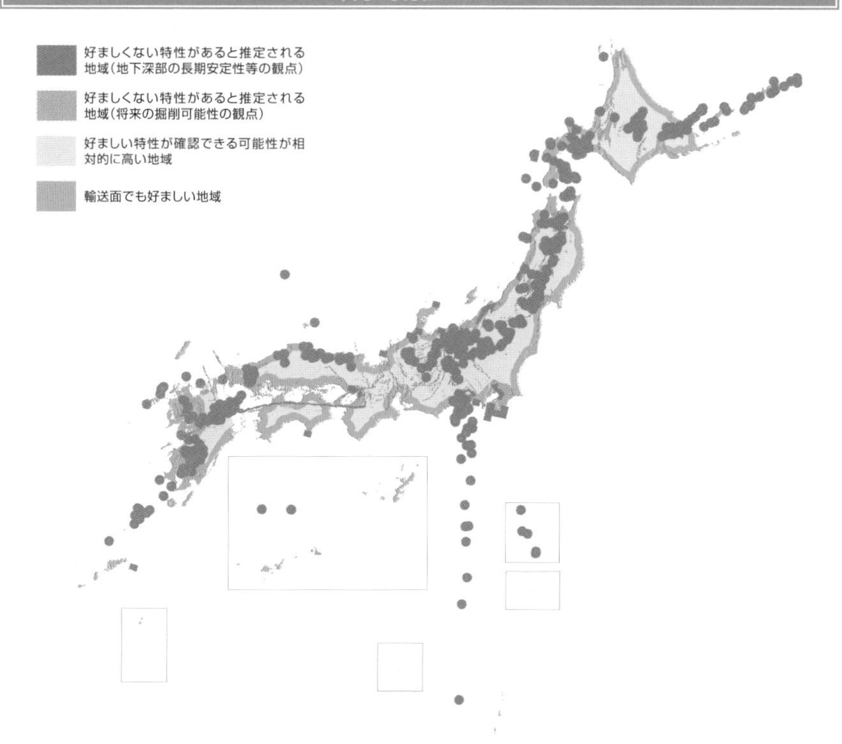

最終処分地の選定プロセス

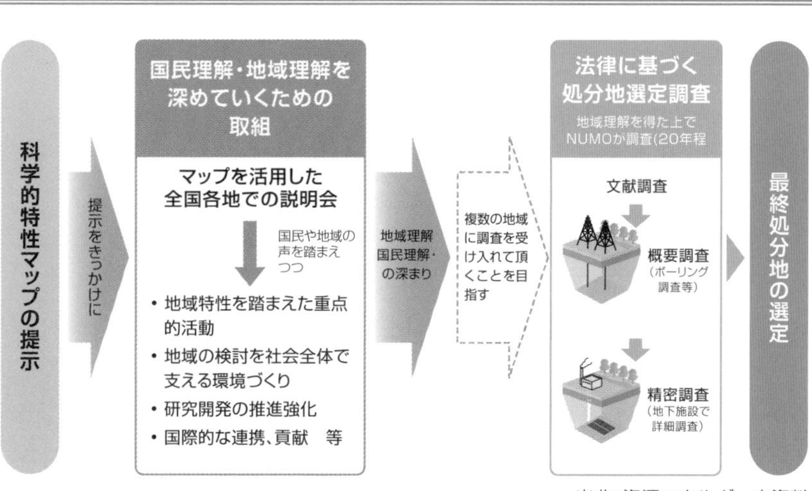

出典：資源エネルギー庁資料

半世紀後には原子力復活？

福島第一原発の事故により逆風が吹き荒れている原子力発電。でも今世紀後半には、社会受容性が再び高まり、発電の主役として大復活を遂げるかもしれません。それは別に、原発の安全性がその頃には大きく向上しているとか、人々の原発の安全性への信頼度が高まるから、というわけではありません。

むしろ逆で、福島での事故の記憶が遠く彼方に消え去り、人々の原子力への関心が薄れるからです。半世紀程度の時間が経過すれば、不幸な大事件を実体験した世代が退場することで、共同体として同種の出来事の再発を受け入れる精神的準備が整うと考えられます。

例えば、19世紀から20世紀初頭においてヨーロッパは総じて平和を享受しており、第一次世界大戦が勃発した1914年までの100年間で列強国同士が戦火を交えた期間は、わずか18カ月だそうです。その過半を占める普仏戦争の終結は1871年ですから、1914年当時の人々の多くは戦争を直接的に知りませんでした。その結果として、ほとんどの人は第一次世界大戦が始まる直前まで戦争を現実的な問題として受け止めておらず、若者の中には戦争をロマンチックなものとして捉える傾向すらありました。実際、いざ戦争になると兵士に志願する者が殺到しましたが、こうした若者の多くが例えば西部戦線の塹壕戦においていかに悲惨な運命を辿ったかは周知の事実です。

現在の日本でも、戦争を準備するさまざまな政治的な動きに対する反発は限定的なものにとどまっています。こうした状況は、後藤田正晴や野中弘務などかつての大物政治家を含めて戦争を経験した世代が少なくなっていることの帰結と言えるでしょう。日本社会の空気がいつしか「戦後」から「戦前」へと変わったように、原発に対する世の中の本能的な拒否反応も世代交代が進む中でやがて薄れていくに違いありません。

第4章

再生可能エネルギー

発電時に CO_2 を排出しない国産エネルギーである再生可能エネルギー。従来は大型水力がほぼ全てを占めていましたが、東日本大震災後に導入されたFIT（固定価格買取制度）により、太陽光発電を中心に導入量は大きく伸びています。日本にも大きな開発ポテンシャルがある洋上風力発電の商用化も始まっています。従来の電力システムでは端役に過ぎませんでしたが、脱炭素社会の実現に向けて電力供給体制の主役に躍り出ることは間違いありません。発電コストの低減が一層進むことなどで、名実ともに主力電源の座につくでしょう。

4-1 再生可能エネルギーの基本

資源が枯渇せず、発電時にCO_2を排出することもない再生可能エネルギー。大型電源中心の従来の電力システムでは大型水力以外はマイナーな存在でしたが、世界的にコスト低減が進み、日本でも存在感は高まっています。

主力電源へ最優先で導入

再生可能エネルギーとは文字通り、電気を作る元となる1次エネルギーが枯渇せず何度でも使えるものを指します。一度燃やせばなくなる石炭や天然ガスなどの化石燃料との対比でそう呼ばれます。最大の特長は発電時にCO_2を排出しないことで、燃料を海外から調達する一部のバイオマスを除いて純粋な国産エネルギーでもあります。そのため、特に福島第一原発の事故により原子力の社会的信用が失墜してからは、地球温暖化対策とエネルギー安全保障の両方の観点から導入量の拡大が強く求められています。

高い発電コストが最大の課題でしたが、ヨーロッパを中心に多くの国で導入量が拡大する中、太陽光発電や風力発電は世界的に価格が大きく下落しています。日本は東日本大震災前まではこうした世界の潮流に遅れていましたが、その後政策は転換され、再エネ導入拡大に大きく踏み出しています。

2018年7月策定の第5次エネルギー基本計画で初めて主力電源と位置づけられたのに続き、21年10月策定の第6次計画では「最優先の原則の下で最大限の導入に取り組む」との方針が示されました。30年の電源構成比率目標は従来の22～24%から36～38%という非常に野心的なものに引き上げられました。

再エネと一口に言っても、その種類は多種多様です。自然環境によって制約を受けるので、商業ベースに乗る電源種は地域で異なります。例えば、集光ミラーによって集めた太陽熱で作った蒸気でタービンを回す太陽熱発電は中東など低緯度で日照時間の長い地域を中心に導入が進んでいますが、日本には残念ながら適していません。

一方、火山国である日本は地熱発電について高い開発ポテンシャルを持ちます。また、四方を海に囲まれているという地の利を生かし、潮力や波力など**海洋エネルギー**を利用した発電方式も将来的な商用化を目指した研究開発が行われています。

電源構成に占める再エネの比率

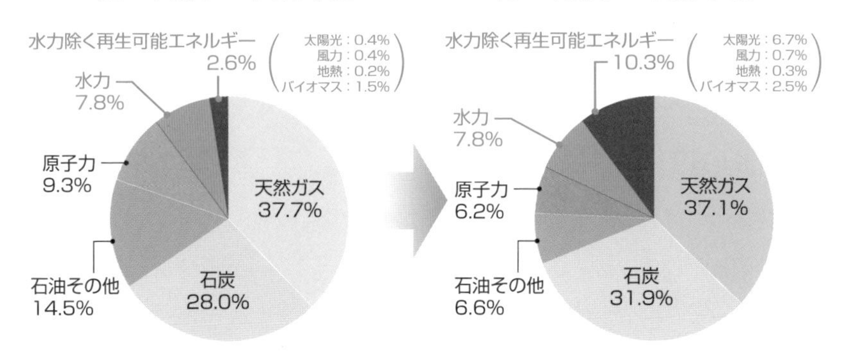

出典:資源エネルギー庁資料

主要国の電源構成比

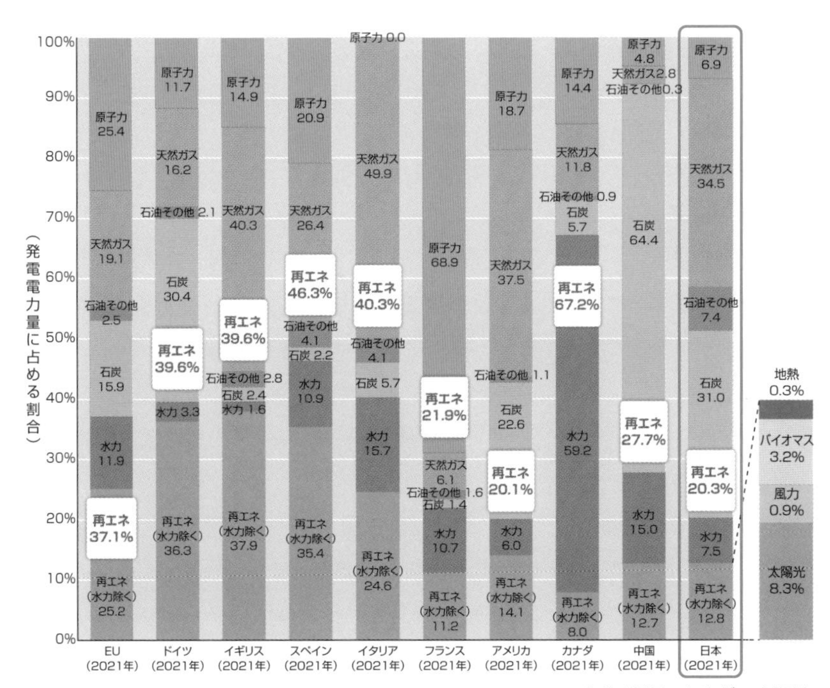

出典:資源エネルギー庁資料

4-2 大型水力発電

水の流れる勢いで発電機を動かして電気を作る水力発電。供給力の中心の地位は火力に譲りましたが、CO_2フリーの国産エネルギーであり、今も重要な電源です。設備の構造によって、いくつかの種類に分かれます。

全発電量の約1割を供給

水力発電は水の流れる力を利用した発電方法です。水が上から下に流れる勢いで水車を回して発電します。水の位置エネルギーを電気エネルギーに変えるという言い方もできます。貴重な純国産エネルギーとして昔から活用されてきました。

地球温暖化の問題が顕在化してからは、発電時にCO_2を排出しないクリーンな発電方法として再評価されています。電力中央研究所の計算によると、建設から廃棄まで含めたライフサイクルでのCO_2排出量は、kWh当たり0.011kg-CO_2で、太陽光、風力など他の再生可能エネルギーよりも低い値です。

全国の設備容量は約5,000万kW。年間の発電電力量は約876億kWh（2021年度）で、日本全体の電気の約1割を供給しています。国内の有望な地点はすでに開発されており、設備容量が今後大きく伸びることは期待できませんが、中小規模の設備は再生可能エネルギーの固定価格買取制度（FIT）の対象になっています。水力発電が主力電源の一つであり続けることは間違いありません。

発電設備の多くはJパワーを含めた大手電力が所有していますが、地方自治体が運営する発電所も一定数あります。**公営水力**は小売部分自由化以降、地元の大手電力への事業売却が相次ぎました。現在は24の自治体が水力を中心とした発電事業を営んでいます。いずれも歴史が古く発電コストは安価です。地元の大手電力に長いこと卸供給されてきましたが、自由化が進展する中、入札により卸先を選定することが一般的になっています。

なお、水力発電は設備の構造によって「流れ込み式」「貯水池式」「調整池式」「**揚水式**」の4種類に分けられます。構造が最も単純なのが流れ込み式で、河川の途中に発電機を置くだけです。他の3種類は水を貯蔵する機能がある点は共通しており、時々のエリア全体の需給状況に応じて運用されます。揚水式は水を引き上げる機能も併せ持つ一種の蓄電池と言えます。

水力はCO_2排出量が最も少ない

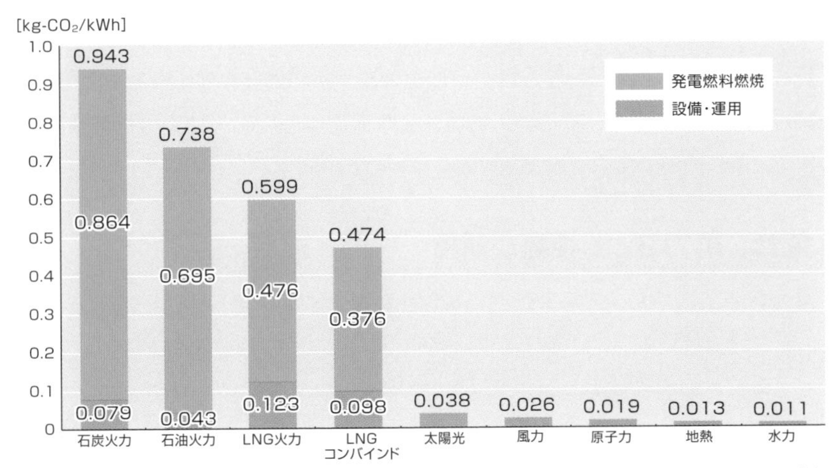

出典：電力中央研究所「日本における発電技術のライフサイクルCO_2排出量総合評価（2016年7月）」

水力発電の種類

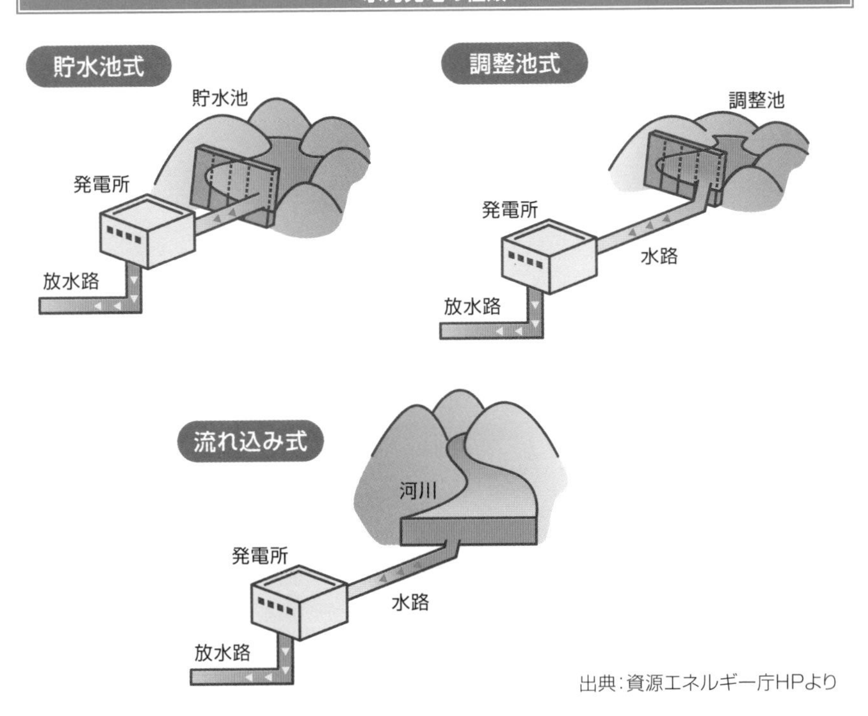

出典：資源エネルギー庁HPより

4-3 固定価格買取制度(FIT)

決められた価格で電力会社が再生可能エネルギーの電気を買い取るFIT(固定価格買取制度)。2012年7月に導入され、太陽光を中心に導入拡大の起爆剤になりました。買取費用は全需要家が広く薄く負担しています。

太陽光、風力など5種類が対象

再生可能エネルギーの導入が進まなかった最大の要因は、高い発電コストでした。そこで考案されたのが**FIT**です。発電コストの割高分を政策的に手当てすることで再エネの導入拡大を促し、規模の経済を働かせてコストの低減につなげる仕組みです。日本のFITは、ドイツやスペインなど海外の先行事例も参考にして、2012年7月に導入されました。買取対象となる電源種は、**太陽光**、**風力**、**バイオマス**、**地熱**、**中小水力**の5種類です。

FITの利用を希望する再エネ発電事業者は、発電設備を設置する土地の確保などの準備を行った上で、設備の認定を申請します。申請内容に問題がなければFIT設備として認められ、制度に基づく価格で電気全量を買い取ってもらう権利を得ます。買取主体は原則的に各エリアの一般送配電事業者ですが、特別に契約を結ぶことで小売事業者が特定のFIT電源の電気を購入することも可能です。

買取期間は住宅用太陽光と地熱を除いて20年間です。買取単価は原則的に、必要なコストに適正利潤を上乗せして決定されます。電源種や電源の規模などにより細かく区分されています。経済産業省の**調達価格等算定委員会**で毎年議論し、省令で定められます。

買取に要する費用は小売事業者と需要家が分担して負担しています。小売事業者の負担分は**回避可能費用**と呼ばれます。小売事業者が再エネを供給力の一部として使うことで浮いた火力発電の燃料費等で、日本卸電力取引所(JEPX)の取引価格をもとに決まります。

一方、需要家の負担分は**再生可能エネルギー発電促進賦課金**という費目で電気料金に上乗せされています。使用した電力量に応じて全ての需要家が支払っていますが、電力多消費産業の大口需要家は負担軽減措置がとられています。軽減分の穴埋めにはエネルギー特別会計を活用した税金が投入されています。

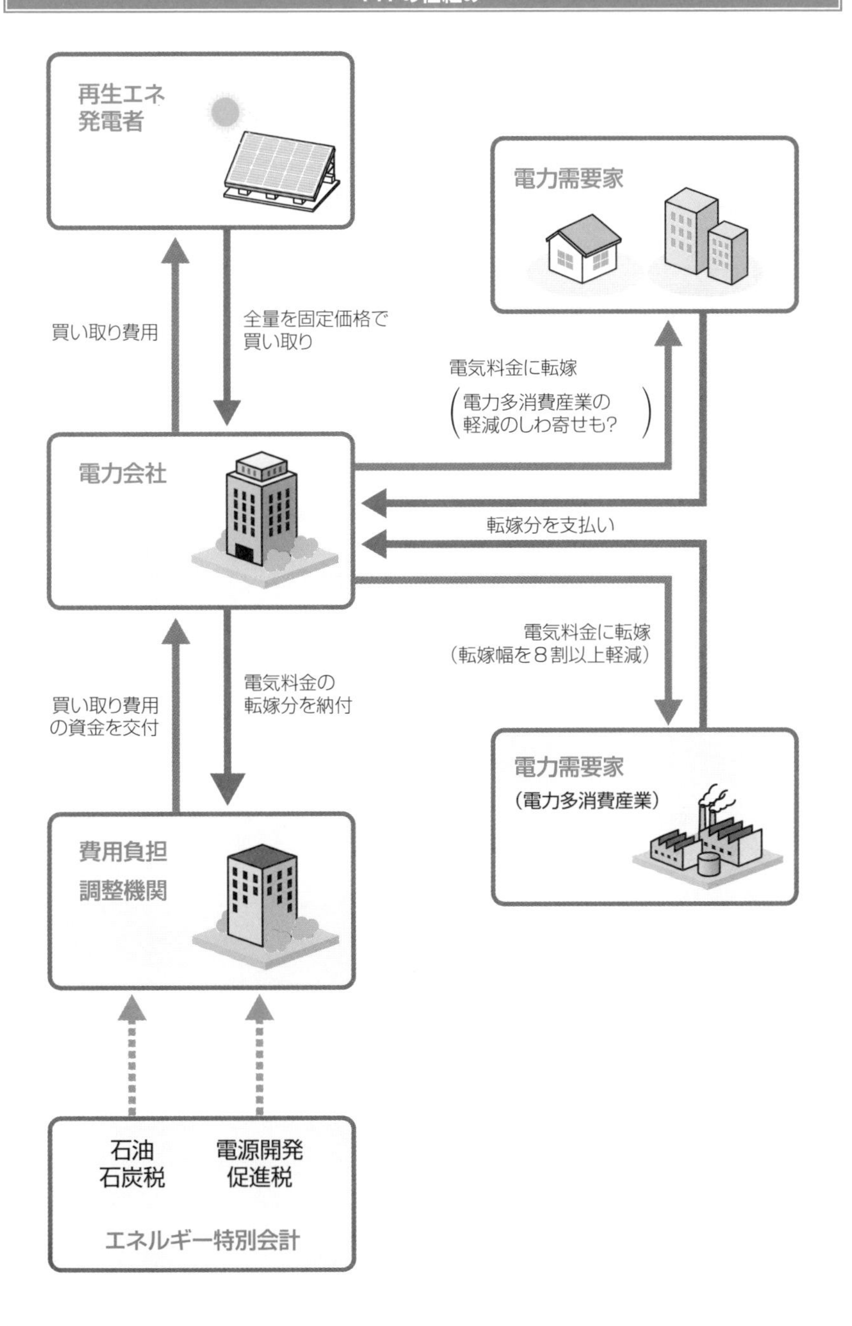
FITの仕組み
再生エネ
発電者
全量を固定価格で
買い取り
買い取り費用
電力需要家
電気料金に転嫁
（電力多消費産業の
軽減のしわ寄せも?）
電力会社
転嫁分を支払い
電気料金に転嫁
（転嫁幅を８割以上軽減）
電気料金の
転嫁分を納付
買い取り費用
の資金を交付
電力需要家
（電力多消費産業）
費用負担
調整機関
石油
石炭税
電源開発
促進税
エネルギー特別会計

4-4 FIT制度の見直し

FIT（固定価格買取制度）により再生可能エネルギーの導入量は飛躍的に拡大しましたが、一方で国民負担の増大など運用上の課題も顕在化しました。そのため入札制導入などの制度見直しが実施されています。

入札制度を導入

FITにより再エネ導入量は大きく増えています。認定設備の容量は2022年度末時点で1億kWを超えました(FIP含む)。稼働済みの設備はそのうちの約66%です。これに伴い、再生可能エネルギー発電促進賦課金の額も増えており、小売負担分を含めた買取総額は23年度には4.7兆円に達する見込みです。政府は従来、30年度の買取総額を最大4兆円に抑える方針でしたが、再エネ導入目標の上方修正を受けて5.8兆～6兆円に再設定されました。

国民負担の抑制は一貫して重要課題で、17年度には入札制度が導入されました。発電コストが安価な案件から優先的に認定する仕組みで、発電事業者間に競争原理を働かせています。導入が進んでいる電源種が対象で、まず2000kW以上の事業用太陽光で始まり、対象となる電源の種類や規模は段階的に拡大しています。

運開の見通しが立たない設備の認定を取り消す措置も施されています。高い買取価格で認定を得たうえで、太陽光パネルなどの価格低下を待ち過大な利益を得ようという悪徳業者を排除するためです。事業用太陽光で先行的に対策が講じられ、22年度から全認定設備を網にかける仕組みが導入されました。運転開始期間後1年を経過しても送電線への連系工事の着工申し込みが行われていない案件は、その時点で認定が失効となります。22年度末に初めて運用され、約5万件（400万kW）の認定が取り消されました。

太陽光ではコスト低減が着実に進む一方、地熱や中小水力のようにFIT導入後も導入量がなかなか増えず、コスト低減も限定的な電源種もあります。単純な経済性の観点では難しい状況ですが、地域のレジリエンス強化などの観点からは引き続き導入が望まれます。そのため、これらの電源種は電気の自家消費や地域消費がFIT認定の条件に加えられました。市町村の防災計画等に非常時の供給力として位置付けられることも必要です。

入札制度の仕組み

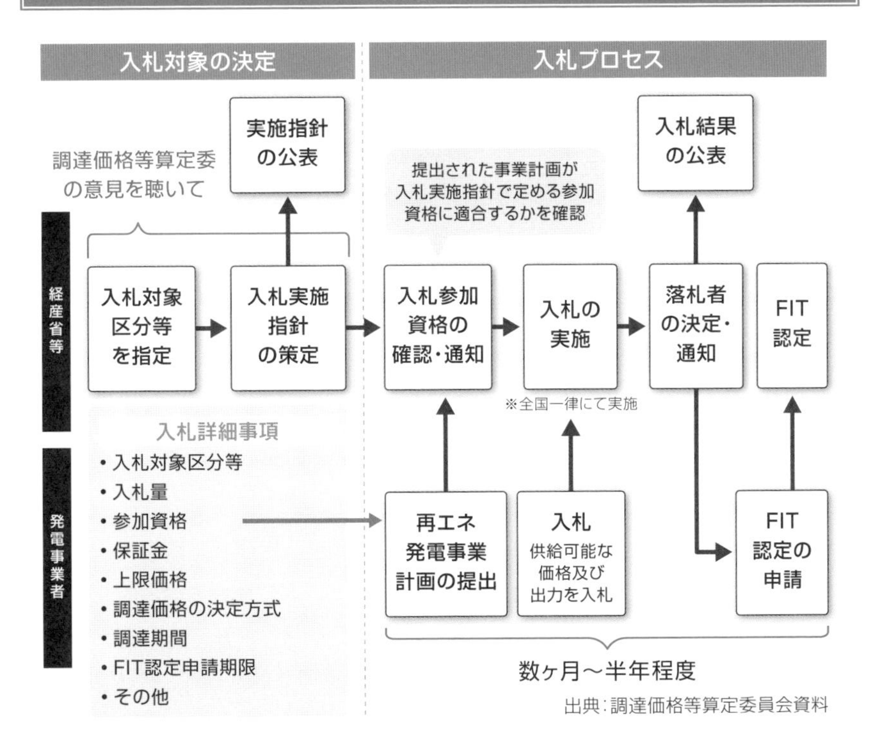

出典：調達価格等算定委員会資料

FIT認定失効の仕組み

●基本…改正法施行日後に運開期限を迎えるケース

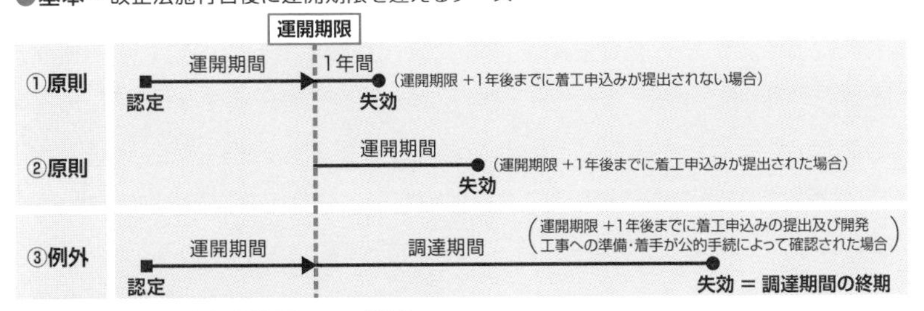

●FIT認定から運転開始期限までの期間

電源	運転開始期間
太陽光	3年間（法アセス対象案件は+2年）
風力	4年間（法アセス対象案件は+4年）
地熱	4年間（法アセス対象案件は+4年）
バイオマス	4年間
水力（多目的ダム併設型はダム建設の遅れを考慮）	7年間

出典：資源エネルギー庁資料

4-5 FIP

2022年4月にFIP（フィード・イン・プレミアム）という新制度が導入されました。再生可能エネルギーをFIT（固定価格買取制度）依存から脱却させて、自立した主力電源へと成長させるための橋渡し的な仕組みです。

主力電源へ過渡的な仕組み

電力コストの適切な水準を維持しつつ脱炭素化を実現するには、再エネの主力電源化が至上命題です。主力電源の定義は必ずしも明確ではないですが、再エネが市場において十分に競争力を持つことは必須です。FITに依存している限りは、主力電源を名乗ることは許されません。こうした問題意識に基づき、FIT後継の新制度**FIP**が導入されました。

発電事業者の収益性に引き続き配慮する一方、再エネ電源を市場取引の中に組み込む過渡的な仕組みです。FITと最も異なる点は、一般送配電事業者の買取義務がなくなることです。そのため､発電事業者は売電先を確保する必要がありますが、一定額のプレミアムを受け取れます。プレミアムは従来のFIT価格に該当する基準価格と参照価格の差額として算出されます。参照価格は、前年度の平均市場価格に月ごとの補正を加えて決まります。こうした仕組みにより、発電事業者には夏冬など市場価格が高い時期に積極的に発電する誘因が生まれます。

FITとのもう一つの違いは、インバランス管理の主体です。FITでは、発電事業者が本来負うリスクを一般送配電事業者が肩代わりしており、発電事業者は太陽光や風力の不規則な発電量を何も考えずに系統に流せました。ですが、再エネが主力電源として認められるには、他の電源種と同様に発電事業者が発電量を管理することが不可欠で、FIPではFITのような特別扱いはなくなりました。

一定規模以上の事業用太陽光や陸上風力の新設案件などはFIPに移行していますが、再エネの主力電源化のためにはFITの既設電源がFIPに移行することも重要です。発電事業者は、小売事業者と**PPA**（電力購入契約）を結ぶことでFIP移行に伴うリスクを大きく低減できます。一方、小売にとっても、FIT電気の場合は調達単価である**回避可能費用**が市場価格連動であるのに対し、FIP電気であればPPAにより調達コストを固定化できるメリットがあります。

FIPの仕組み

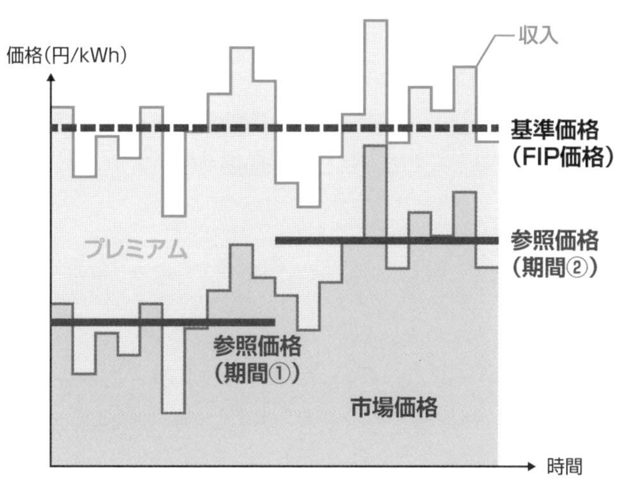

出典:資源エネルギー庁資料

FIP電気の供給パターン

①卸電力取引市場に売電するケース

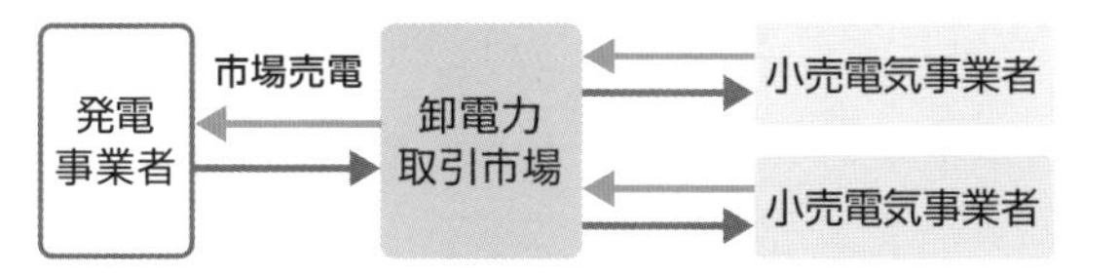

②小売電気事業者と相対契約を結ぶケース

③アグリゲーターが仲介するケース

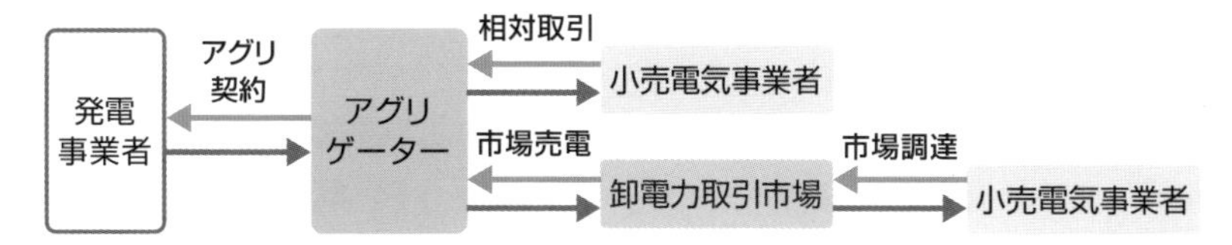

出典:資源エネルギー庁資料

4-6 PPA（電力購入契約）

再生可能エネルギー発電事業者がFIT（固定価格買取制度）に依存せずに投資コストを回収する新たな事業モデルであるPPA（電力購入契約）。脱炭素化が課題の大口需要家のニーズも高まっており、締結事例は増えています。

環境価値のみの契約も

PPAは文字通りには、あらゆる電力の一定期間の売買契約を意味しますが、日本で近年件数が増えているPPAとは、需要家が発電事業者と太陽光の電気を長期間購入する契約です。売電収入を長期にわたって安定的に確保できるFIT代替の仕組みとして再エネ発電事業者が着目しています。需要家にとっても初期投資コスト不要で再エネの電気を確実に確保できる利点があります。また、小売事業者が再エネ限定メニュー用の供給力などとして発電事業者とPPAを結ぶケースもあります。

需要家の敷地内に発電設備を設置するオンサイト型がまず普及されました。これは物理的な電気の消費形態としては自己発電です。以前から存在する屋根借しモデルと一見似ていますが、似て非なるものです。屋根貸しモデルでは発電した電気はFITにより売電されていたので、需要家はこれまで同様、系統電力を購入していました。オンサイト型の導入拡大の背景には、太陽光のコスト低減により、需要家にとっても自家消費することの経済合理性が生まれていることがあります。

敷地内にスペースがない需要家向けに、離れた場所に設置した太陽光の電気を、送配電網を介して送るオフサイト型も増えてきています。21年にNTTグループが千葉県内の太陽光発電の電気を首都圏のセブンイレブンの複数店舗に供給し始めたのが日本初の事例です。厳密に言えば、日本では制度上、送配電網を介して電気を小売供給する場合、小売事業者が発電事業者と需要家の間に入る必要があり、この場合もNTTグループの小売事業者エネットが契約上は介在しています。

再エネ電気に付随する環境価値だけを需要家が発電事業者から購入し、普通の系統電力と組み合わせてCO_2フリーとする**バーチャルPPA**の仕組みも22年から制度上可能になりました。23年には東急不動産と高島屋が2年間の短期契約を結ぶなど、PPAにもいろいろなバリエーションが生まれてきています。

オンサイト型

出典：資源エネルギー庁資料

オフサイト型

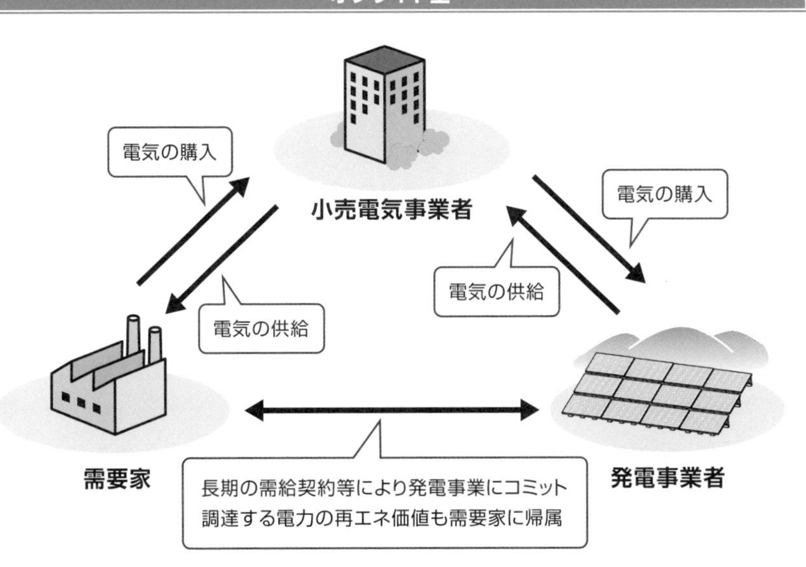

電気を使用する需要家が長期にわたって電気を買い取ることで発電事業にコミットし、需要家主導による導入を進めるモデル。

出典:資源エネルギー庁資料

4-7 地域共生

太陽光を中心に再生可能エネルギーの開発が全国各地で広がる中、地元住民との間にトラブルが発生するケースも出ています。地域社会に広く受け入れられることも、再エネの主力電源化に向けた重要な課題です。

発電事業の長期継続も課題

再エネの導入拡大に伴い、発電設備の安全性や周辺環境への影響、発電終了後の設備の不法投棄などを懸念する声が高まっており、地域住民による反対運動が起きるケースも出ています。再エネの一層の導入拡大を目指す経済産業省は、強い問題意識のもと、発電事業者への規制強化に乗り出しています。

例えば、運転終了後の太陽光設備が放置されることを防ぐため、発電事業者に廃棄費用の積み立てを義務づける制度が導入されました。FIT認定を受けた10kW以上の太陽光設備が対象で、FIT買取期間の最後の10年間、売電量に応じて毎月一定額を積み立てます。

24年4月に施行された改正FIT法でも、地域共生を目的とした規制強化が行われました。例えば、従来は努力義務だった住民説明会の開催がFIT認定要件に加えられました。原則的に高圧以上の大規模案件が対象ですが、低圧接続でも土砂災害警戒区域など災害の危険性が高いエリアは含まれます。発電事業者は説明会終了後も含めて地域住民の質問への丁寧な回答など誠実な対応が必要です。

設備運開後に関連法令への違反など問題を起こした事業者に対し、FIT交付金を留保する新制度も創設されました。従来は問題が確認されても速やかな対応を取れず、悪徳事業者が収入をもらい続けていました。違反状態が解消されれば留保した交付金は支払われます。

トラブル発生の背景には、FITにより再エネ開発が低リスクで魅力的な事業になったことで、さまざまな事業者が玉石混合で参入したことがあります。太陽光は運開済みの設備が売買されるケースも増えており、今後は優良事業者に発電設備が集約されていくことも期待されています。その結果、FIT買取期間終了後も地域の理解を得ながら長く発電事業が営まれることが、脱炭素社会への早期移行にもつながっていくはずです。

住民説明会の実施タイミングの例

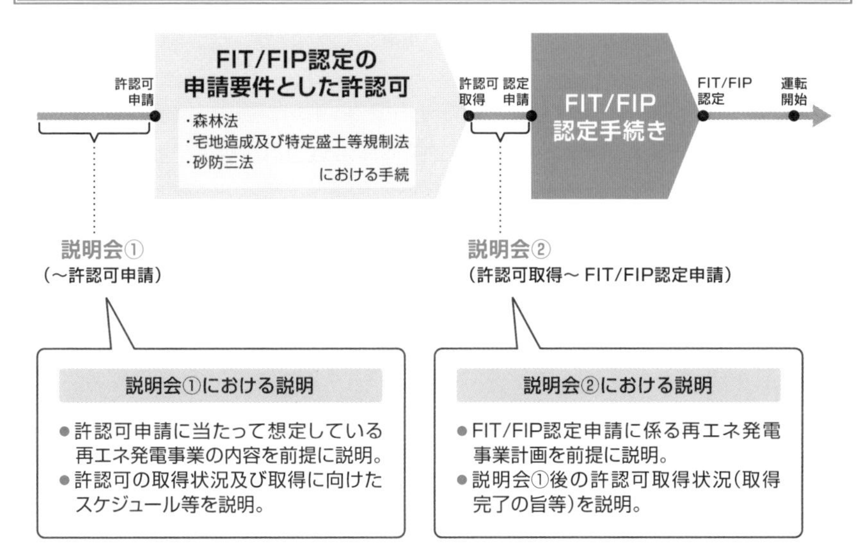

出典:資源エネルギー庁資料

FIT交付金留保の仕組み

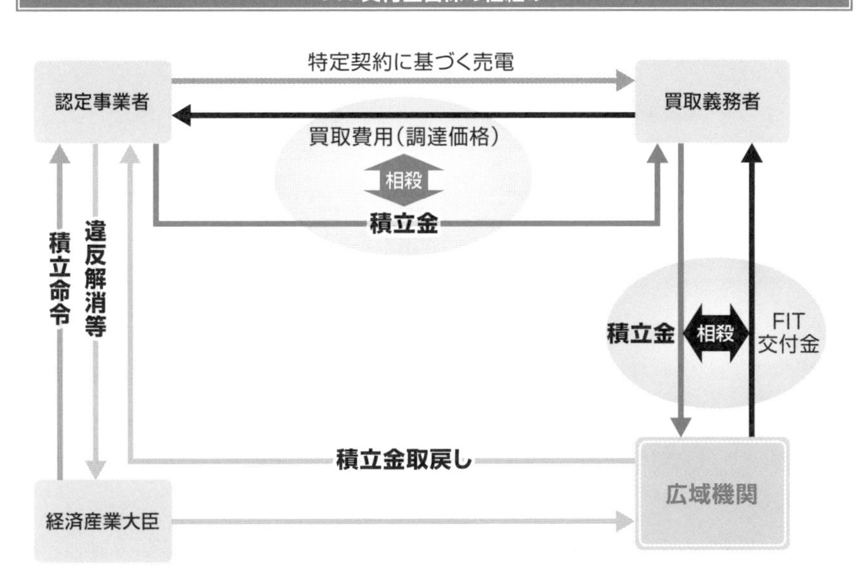

出典:資源エネルギー庁資料

4-8 事業用太陽光発電

FITを利用した再生可能エネルギーの導入量の8割弱が事業用太陽光発電です。FITによる支援を受けなくても市場の中で価格競争力のある電源になることを、他の電源種に先駆けて求められています。

立地場所の確保が課題

FIT開始後、遊休地や倉庫など建物の屋上に太陽光発電を備える動きが広がりました。FIT導入初年度である12年度の買取価格を40円/kWhと非常に高い水準に設定したことが、一種のバブル状態を引き起こしました。その結果、**事業用太陽光発電**の導入量は、2022年度末までで累計約5600万kWに達しています。FIT開始後の再エネ導入量全体の75%程度を占めており、住宅用設備を含めれば太陽光発電の比率は約9割です。

とはいえ、電源構成全体に占める太陽光の比率はまだ8%程度です。30年の新たな電源構成目標における比率は14～16%で、達成に向けては発電容量ベースで導入量を2倍近く増やす必要があります。

ただ、野立てで1,000kW級の設備を設置できる適地は国内で少なくなっています。条件の悪い雑木林や斜面での開発により、環境破壊や二次災害誘発といった懸念が生じる案件も出ています。そのため、立地場所を確保すること自体が大きな課題になっており、農地を活用する**営農型太陽光**や、鉄道の駅や線路沿い、建物の屋根などが今後の有望な候補地として挙げられています。

特に電力需要が多い都市圏の建物の屋根への設置は電力の地産地消につながり、電力システムの効率性向上にもなるという利点があります。そのため、屋根設置設備はFIT入札を免除されるなどの優遇措置が講じられています。建物の壁面にも設置可能なフィルム型の**ペロブスカイト太陽電池**の商用化も近づいています。

発電コストは着実に低減しており、250kW未満の地上設置設備のFIT価格は10円を切る水準にまで下がっています。需要家にとっては、系統電力よりもオンサイトPPA（電力購入契約）による太陽光導入に経済合理性が生まれています。とはいえ欧州などよりはまだ高い水準にあり、経済産業省は28年に7円とする目標を掲げています。

事業用太陽光の導入状況

認定件数（計78万件）

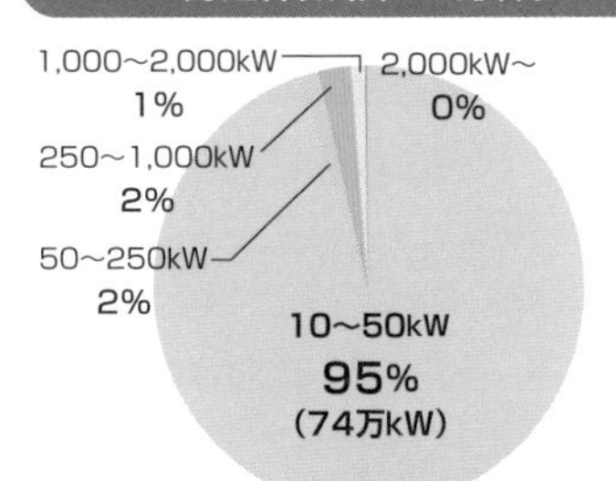

認定容量（計6,759万kW）

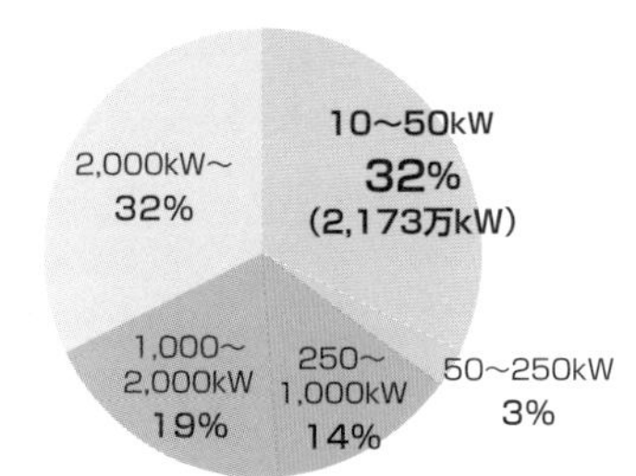

導入件数（計67万件）

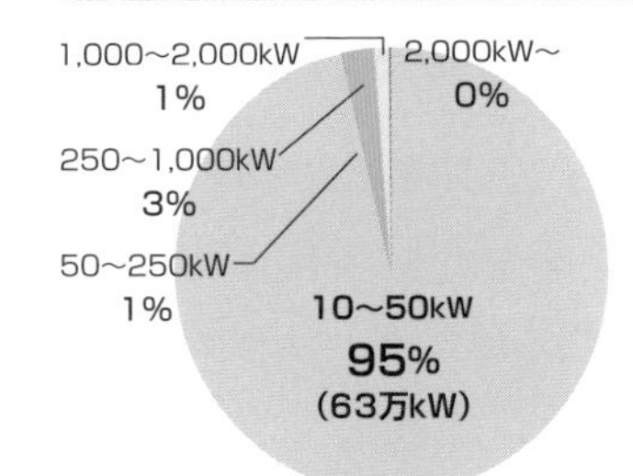

導入容量（計5,010万kW）

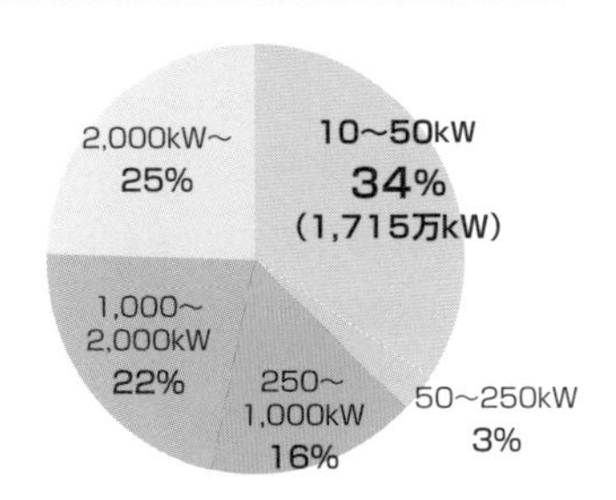

出典:資源エネルギー庁資料

国土面積当たりでは世界一

国土面積あたりの太陽光設備容量

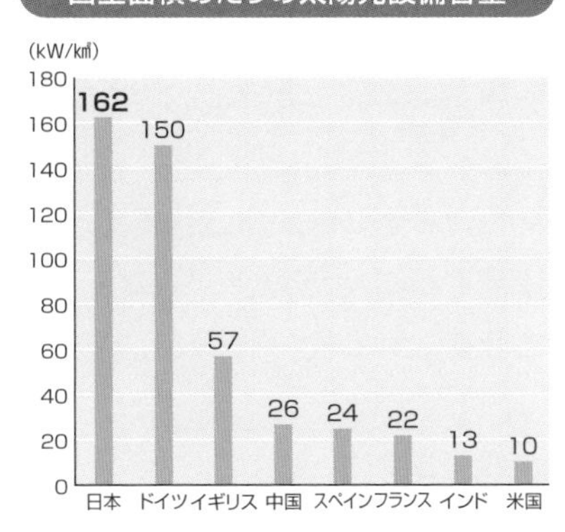

平地面積あたりの太陽光設備容量

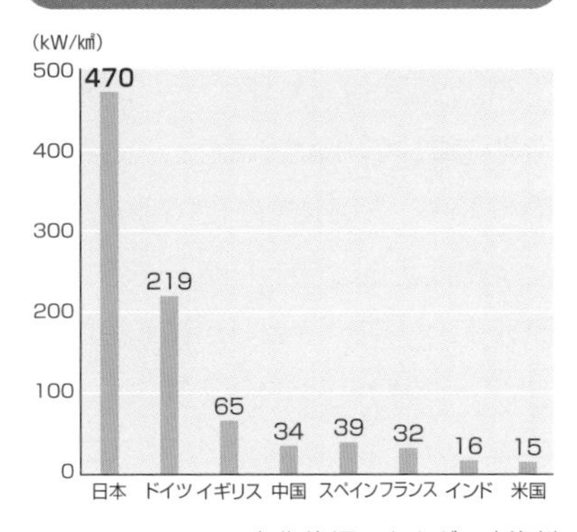

出典:資源エネルギー庁資料

4-9 住宅用太陽光発電

一足早くFITが導入された住宅用太陽光発電。導入量の拡大により機器コストは着実に下がっており、家庭向け電気料金の水準に並ぶ状況になってきています。災害時の非常用電源としての機能も発揮しています。

28年の「自立」目指す

住宅用太陽光発電は一般的に、発電容量が10kW未満の設備を指します。住宅用を含む500kW未満の太陽光発電は他の再生可能エネルギーより一足早く、2009年からFITが導入されました。これにより導入拡大に弾みがつき、FIT開始後に稼働を開始した設備量は22年度末時点で約960万kWです。

買取対象は発電量全量ではなく自家消費できなかった余剰電力である点が、他の電源種と異なります。買取期間は10年と短いため、19年11月から事業用太陽光など他の電源種に先駆けて買取期間が終了した設備が登場しています。俗に**卒FIT太陽光**と呼ばれており、小規模ながら貴重なCO_2フリー電源として多くの小売事業者が余剰電力の買い取りを行っています。

FITの買取価格は、最初の2年度は48円/kWhという高い水準に設定されました。その後、段階的に下げられており、11年度42円/kWh、15年33円/kWh、20年度21円/kWh、23年度16円/kWhです。経済産業省は、28年の売電価格が卸市場並みという目標を設定しています。この目標の達成は、FITに頼らなくても導入が進む電源としての「自立」を意味すると考えられます。

30年の電源構成目標の達成に向けて、政府は30年に新築戸建て住宅の6割に太陽光発電設備が設置されることを目指しています。ただ、足元では住宅用太陽光の導入ペースは鈍化しています。そんな中、自治体の中から、新築戸建て住宅への設置義務化の動きも出ています。住宅を建てる個人への規制ではなく、一定規模以上の住宅メーカーが義務の対象になります。例えば、東京都では周知期間を経て25年度から制度が動き出します。

住宅用太陽光は停電時に自立運転を行う機能を基本的に備えており、自然災害など系統電力が途絶えた際の非常用電源としても力を発揮します。今後は**VPP(仮想発電所)**のリソースとしての役割も期待されています。

住宅用太陽光の導入量推移

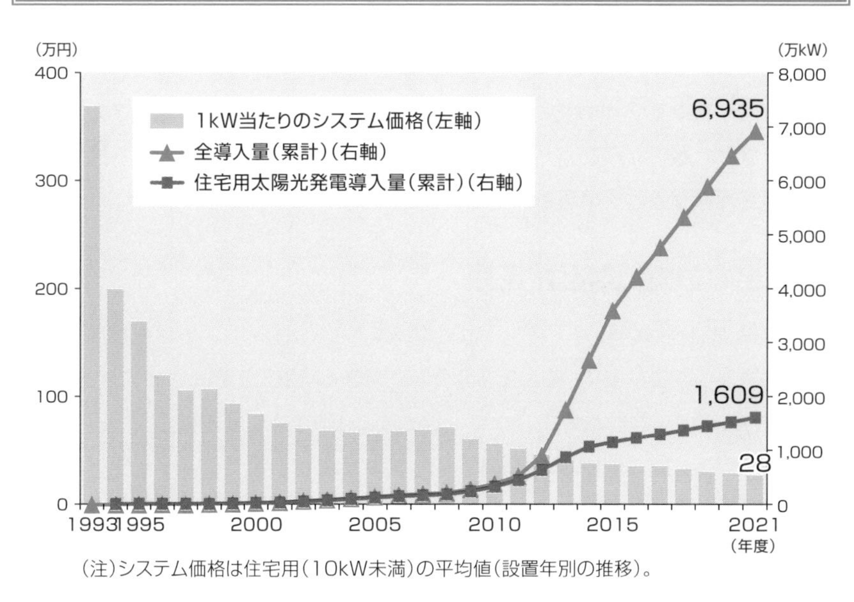

(注)システム価格は住宅用(10kW未満)の平均値(設置年別の推移)。

出典:エネルギー白書2023

卒FIT太陽光の買取価格の分布

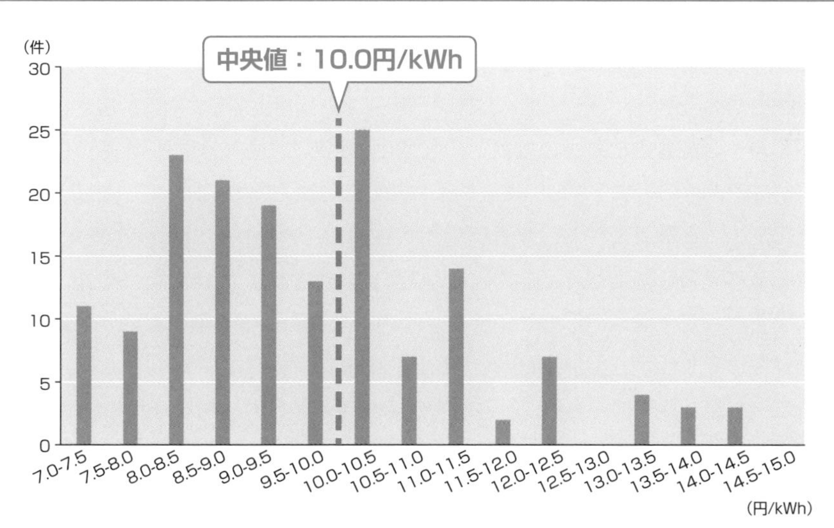

出典:資源エネルギー庁資料

4-10 陸上風力発電

風の力で電気を作る風力発電。陸上設備は太陽光と並ぶ再生可能エネルギーの二本柱ですが、導入量では後塵を拝しています。導入拡大と発電コスト低減の好循環が着実に進むことが期待されています。

設備利用率の向上などが課題

風力発電の原理は単純で、風を受けて回った風車の運動エネルギーが発電機に伝わって電気が作られます。風のエネルギーの40%が電気エネルギーに変換でき、風の強さが2倍になると風力エネルギーは8倍になります。夜間は全く発電できない太陽光に対し、風が吹けば24時間発電可能な風力は、電力システム全体の脱炭素化と安定供給の両立の点からも一層の拡大が期待されています。

国内で稼働中なのはほぼ全て陸上設備で、累計の設備導入量は2022年度末で520万kW弱です。FIT制度開始後の導入量はそのうち260万kW程度にとどまります。電源構成全体に占める比率はまだわずか1%程度です。

30年の導入目標は、2,360万kWという非常に高い値です。洋上風力の本格導入は30年代になるため、そのほとんどは陸上設備でまかなう必要があります。目標を達成できれば、電源構成比率は5%程度に上がります。

陸上風力は設備の大型化が進んでおり、3,000kW級が実用化されています。ただ、周辺環境への配慮などからこれ以上の大型化は困難とも言われています。平地が少ないなど改善のしようがない地理的条件もコスト増の要因になっています。

そのため、発電コストは21年下半期実績で11.9円/kWhで、世界平均の5.0円/kWhに比べて2倍以上という高水準にあります。経産省は30年に8～9円/kWh程度まで下げることを目標にしています。国内にも10円/kWh未満という水準の案件が存在しており、こうした優良事例の水平展開を促しています。

低コストの案件では具体的に、発電設備の建設工事で発注先を細かく分けたり、設備利用率の向上のため現地にスタッフを常駐させたりするなどの対策が講じられているそうです。日本の設備利用率は25%程度で、この数値の向上も発電コスト低減に直結します。部品寿命やメンテナンス時期を予測する技術開発なども課題として指摘されています。

風力発電の導入量

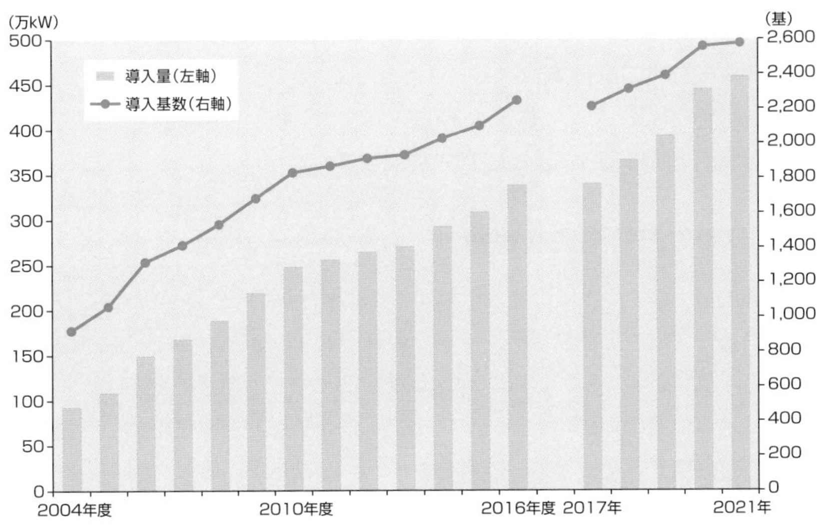

※2016年までは年度単位、2017年からは暦年単位の累計導入実績。

出典:エネルギー白書2023

発電コストの推移と目標

世界と日本の陸上風力発電のコスト推移

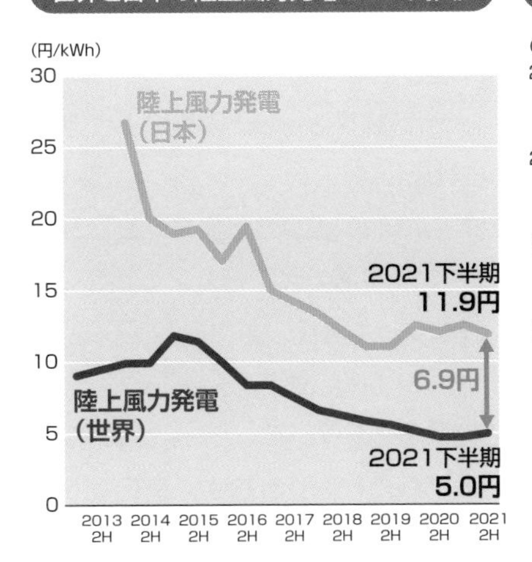

陸上風力発電の価格目標のイメージ

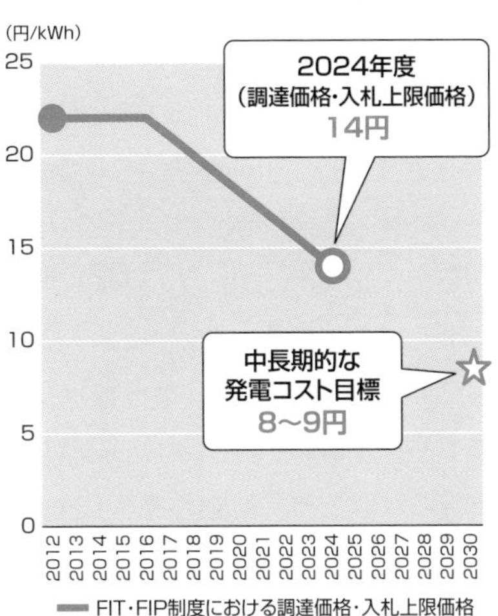

出典:資源エネルギー庁資料

4-11
洋上風力発電

四方を海に囲まれた日本にとって、洋上風力は大きな開発可能性があります。イギリスなど他の島国と比べて導入は遅れていますが、制度が整備されてきたことで、本格的な商用化段階にいよいよ入りつつあります。

国が30年の占有期間を保証

洋上風力は、陸上ほど周辺環境に配慮する必要がないことから設備の一層の大型化が可能で、日本の開発ポテンシャルは16億kWもあるとの試算結果もあります。政府は2040年に最大4,500万kWの案件形成という目標を設定しています。

着床式と**浮体式**の2種類があります。水深50m程度までの浅い地点では機器を海底に直接設置する着床式が一般的ですが、さらに深い地点では機器全体を海に浮かべる浮体式になります。遠浅の海域が少ない日本では、浮体式を有望な次世代の再エネ発電方式の一つに位置づけています。

地理的条件に恵まれながら、日本で洋上風力の導入が後れていた要因として、制度面の問題がありました。特に大きかったのが海域の占有権の問題です。風力発電事業は20年以上の長期にわたるのに対し、一般海域における都道府県の占有許可の期間は概ね3～5年しかなく、発電事業者が事業実施を躊躇する要因になっていました。この問題の解消のため、設備設置の工事期間も含めて30年という占用期間を保証する促進地域を国が領海内の一般海域で指定し、入札により発電事業者を選定する仕組みが2019年度に導入されました。

21年度に実施された入札第1ラウンドでは、4エリアのうち浮体式である五島市沖以外の3エリアについて、三菱商事のグループが事前の想定を大きく下回る価格で落札しました。それに続く23年度の第2ラウンドでも4エリアのうち3エリアがFIPによる国の支援が不要な価格水準で落札されました。落札した企業グループはいずれも長期間のPPA（電力購入契約）で売電先を確保しているもようです。

つまり、洋上風力は自然条件にある程度恵まれた地点であれば、すでに市場原理のもと開発が進む電源種になっているのです。国はさらに効率的な事業実施を可能とするため、従来は個々の事業者が行っていた入札参加前の海域調査を政府が一元的に行う**日本版セントラル方式**の導入も進めています。

一般海域における促進区域などの現状

●促進区域、有望な区域等の指定・整理状況（2024年3月31日時点）

区分	区域名	万kW
促進区域（事業者選定済）	①長崎県五島市沖（浮体）	1.7
	②秋田県能代市・三種町・男鹿市沖	47.88
	③秋田県由利本荘市沖	81.9
	④千葉県銚子市沖	39.06
	⑤秋田県八峰町能代市沖	36
	⑥長崎県西海市江島沖	42
	⑦秋田県男鹿市・潟上市・秋田市沖	31.5
	⑧新潟県村上市・胎内市沖	68.4
促進区域（事業者公募中）	⑨青森県沖日本海（南側）	60
	⑩山形県遊佐町沖	45
有望区域	**⑪北海道石狩市沖**	**91～114**
	⑫北海道岩宇・南後志地区沖	**56～71**
	⑬北海道島牧沖	**44～56**
	⑭北海道檜山沖	**91～114**
	⑮北海道松前沖	**25～32**
	⑯青森県沖日本海（北側）	30
	⑰千葉県九十九里沖	40
	⑱千葉県いすみ市沖	41
準備区域	⑲青森県陸奥湾	
	⑳岩手県久慈市沖（浮体）	
	㉑富山県東部沖（着床・浮体）	
	㉒福井県あわら沖	
	㉓福岡県響灘沖	
	㉔佐賀県唐津市沖	

※容量の記載について、事業者選定後の案件は選定事業者の計画に基づく発電設備出力量、それ以外は系統確保容量又は、調査事業で算定した当該区域において想定する出力規模。

出典:資源エネルギー庁資料

4-12 地熱発電

日本は世界の3大地熱資源国の一つで、地熱発電の開発ポテンシャルは非常に高いものがあります。ただ、初期投資のリスクが大きいことなどで、開発は期待するほど進んでおらず、導入量はまだまだ多くありません。

試掘に高額の費用

地熱とは地球の内部に蓄積している熱エネルギーのことです。地熱資源の量は、活火山の数と相関関係にあります。火山がない国には**地熱発電**の可能性はないのです。世界の3大地熱資源国と呼ばれるのが、米国、インドネシア、そして日本です。石油や天然ガスといった化石資源をほとんど持たない日本ですが、実は地熱については世界有数の資源国なのです。産業技術総合研究所などの調査結果によると、日本の地熱資源量は約2,300万kWにのぼります。

地熱発電に対する期待は小さくありません。太陽光発電や風力発電と違って、天候等による出力の変動はなく、24時間365日安定した発電が可能という利点もあります。そのため、中長期的には中規模の**ベースロード電源**としての活用が期待されています。にもかかわらず、国内の設備容量はまだ、わずか60万kW程度です。ほとんどの設備を保有しているのは、九州電力と東北電力の2社です。FITが始まった時点の導入量が52万kWですから、FIT導入の効果は今のところ極めて限定的だと言わざるを得ません。

地表や掘削の調査段階にあるプロジェクトは複数ありますが、2030年度の導入量目標は148万kWで、達成が危ぶまれています。環境省は自然公園法の運用見直しなど環境保全と両立しつつ地熱開発を円滑に進める施策に乗り出しており、全国の設備数を30年までに現在の約60から倍増させる方針です。

開発がなかなか進まない要因として、商業化可能な熱源を掘り当てるための試掘に高額の費用がかかるなど、他の再エネに比べて初期投資が高額になることが挙げられます。一方、こうしたリスクをなくすことができる革新的な技術開発も進んでいます。地下に設置したループに地上から注入した水を介して地熱を取り出す仕組みで、カナダ企業が商用化に取り組んでいます。日本では中部電力が同社に出資し、国内でのプロジェクトも検討されています。

主要国の地熱資源量

国名	地熱資源量（万kW）	地熱発電設備容量（万kW）2021年末時点
米国	3,000	389
インドネシア	2,779	228
日本	2,347	48
ケニア	700	86
フィリピン	600	193
メキシコ	600	98
アイスランド	580	76
ニュージーランド	365	98
イタリア	327	80
ペルー	300	−

出典:エネルギー白書2023

3万kWの地熱発電所建設に係る費用試算例

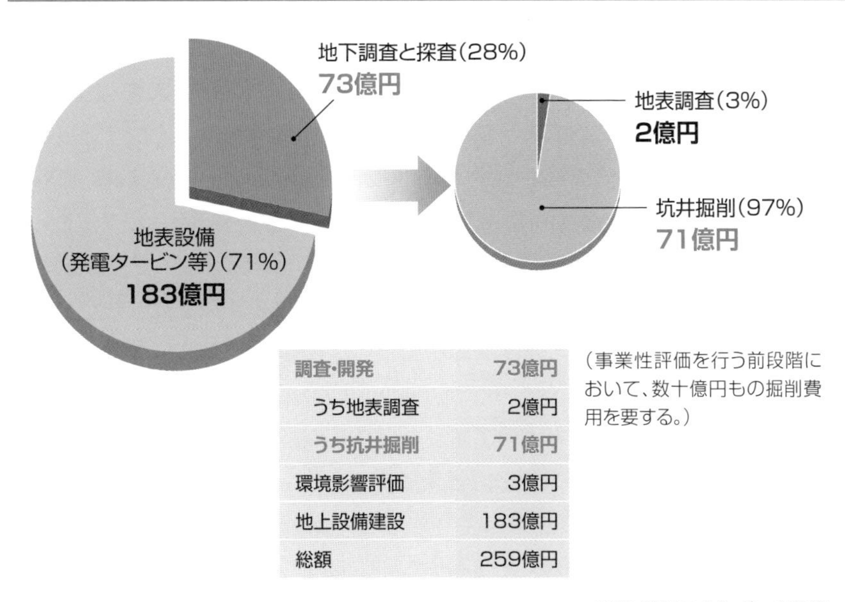

調査・開発	73億円
うち地表調査	2億円
うち抗井掘削	71億円
環境影響評価	3億円
地上設備建設	183億円
総額	259億円

（事業性評価を行う前段階において、数十億円もの掘削費用を要する。）

出典：資源エネルギー庁資料

4-13 バイオマス発電

生物に由来するエネルギーであるバイオマス。十分に活用されないまま眠っている資源が全国には多くあります。それらをうまく利用することで、農村部における新たな循環型社会の実現も期待されています。

種類は多種多様

バイオマスは生物に由来する有機性のエネルギー資源のことです。もともと動植物の一部ですから資源は再生可能で、燃やしても地球上のCO_2の量を増やしません。**バイオマス発電**の累積導入量は約690万kWで、そのうちFIT開始後が約470万kWです。種類は多様で、木材、穀物、動物の糞尿、生ゴミなどすべてバイオマスです。カーボンフリーの火力発電燃料であり、専焼発電だけでなく、石炭火力との混焼発電も行われています。

燃料種の多さは太陽光や風力と比べてFITの仕組みを複雑にしています。買取価格は燃料種や発電容量によって細かく分かれているからです。2023年度の買取価格で最も低いのは建設機材廃棄物の13円/kWh、最も高いのは間伐材由来の木質バイオマス（2,000kW未満）の40円/kWhです。導入量の大半を占める一般木材（1万kW以上）と液体燃料は18年度から入札制に移行しています。

太陽光や風力のように自然条件によって不規則に出力変動するという弱点はない一方、中長期的な供給安定性の確保が、各燃料共通の課題と言えます。燃料となるバイオマス資源を一定の規模、コンスタントに集め続けることは必ずしも容易ではないのです。一部の資源には、食糧との競合という問題もあります。安定供給確保のため、海外から燃料を輸入するプロジェクトも多いですが、石油系燃料を燃やして走る船に積まれて運ばれてくるバイオマス資源が本当に環境性に優れているかは議論があります。

バイオマスも本来は地産地消のエネルギーであるべきでしょう。実際、バイオマス資源の利用は、農業政策や地域経済活性化の観点からも注目されています。燃料を燃やす際に生まれる熱エネルギーも含め、農村部などの貴重なエネルギー源となることが期待されています。農林水産省は全国101市町村をバイオマス産業都市として選定し、バイオマス産業の育成を後押ししています。

バイオマス資源の種類

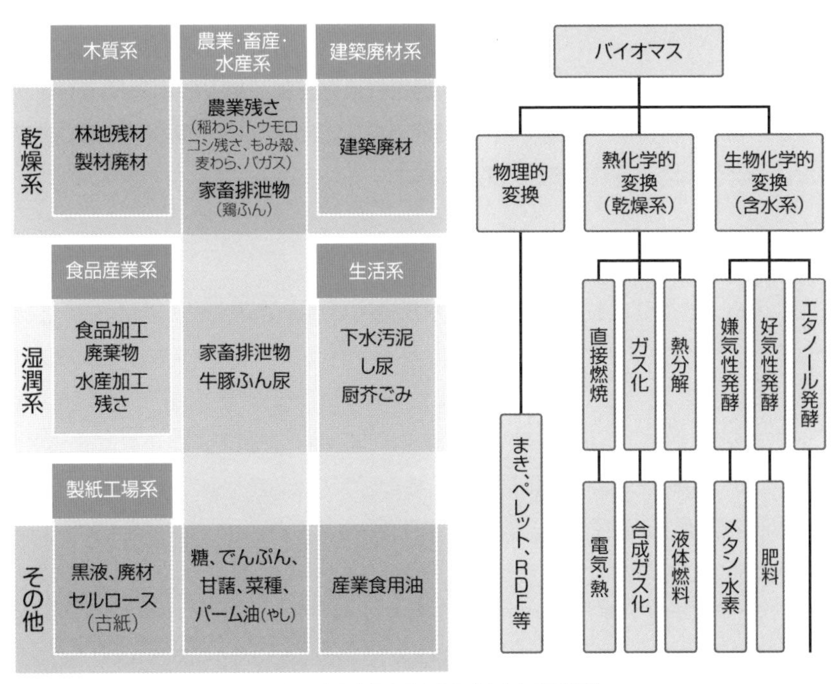

※RDF：Refuse Derived Fuelの略で、廃棄物（ごみ）から生成された固形燃料

出典：エネルギー白書2021

FITによる導入量の推移

※「RPS制度からの移行導入量」は2014年度以降の数値のみ掲載している。

出典：エネルギー白書2023

4-14 中小水力発電

経済性の観点から従来はほとんど無視された存在だった中小水力発電ですが、地球温暖化やエネルギー地産地消への関心が高まる中で、注目度が増しています。自治体や企業が開発に乗り出しています。

新規開発は限定的か

国内の水力発電は、ある程度の規模が見込める地点は高度経済成長の時代に開発し尽くされてしまいました。技術的に利用可能な水力はまだ全国に約1,200万kW分あると言いますが、その9割以上は1万kW未満の中小設備です。FITでは、3万kW未満の中小設備を対象にしています。経済性の観点でこれまでは開発が進んでいなかった中小規模の発電量が見込める地点の開発を促進する狙いです。

一般的に規模が小さくなるほど経済合理性は失われるため、買取価格は発電容量によって細かく分かれています。1000kW以上の新設案件は完全にFIPに移行しており、24年度の基準価格は5,000kW以上3万kW未満が16円です。一方、FITとFIPが選択可能な200kW以上1,000kW未満の価格は29円です。

ただ、FIT導入後も中小水力の新規開発は限定的な規模にとどまっています。FITに基づく導入量は2023年3月末時点で約111万kWです。その大半はFIT開始以前に開発された設備の更新分です。純粋に技術的な観点では莫大な開発ポテンシャルが存在する水力ですが、地元との関係で開発が困難な地点も少なくありません。政府は新規開発を検討する事業者向けに相談窓口を設けるなど支援体制を強化しています。

中小水力発電はCO_2フリーという環境性だけでなく、エネルギーの地産地消を実現する地域の貴重な資源という観点でも再評価されています。過疎化や高齢化に悩む全国の農山村の多くは農商工連携によって地域経済の活性化を模索しており、地方自治体が中小水力の運営主体になるケースは少なくありません。

1,000kW未満の設備に限定すれば4割程度が自治体によるものです。先駆的な事例としてよく知られるのは、山梨県都留市です。同市は「元気くん」の名称で小水力発電機を設置。売電収入を得ているほか、市民の環境意識の啓発という役割も担っています。中小水力を観光の目玉にする自治体もあります。

中小水力の導入量

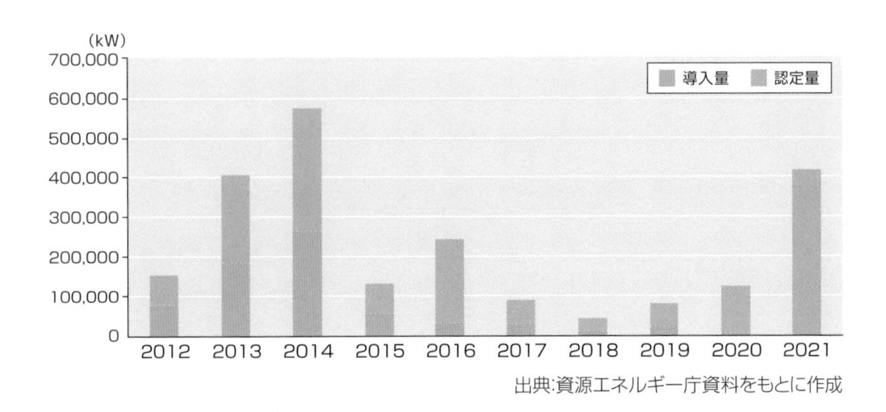

出典:資源エネルギー庁資料をもとに作成

開発プロセス

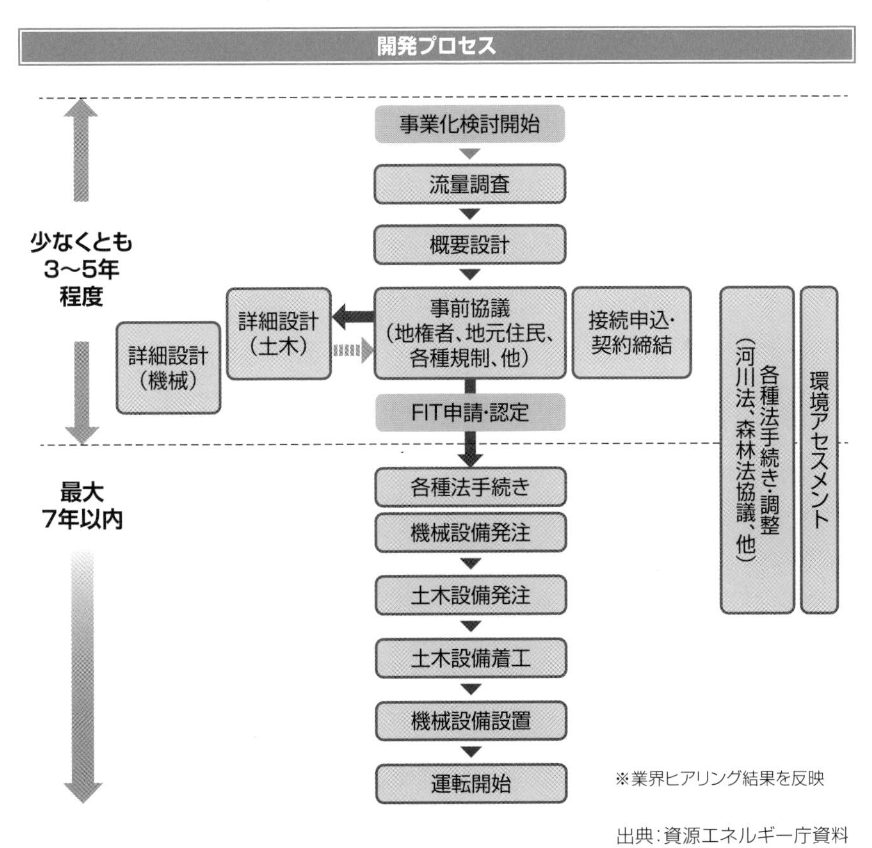

出典：資源エネルギー庁資料

電気はトラックで運べないから

過疎化が進む地方での生活インフラの維持が大きな課題になっています。先行して問題が顕在化しているのが、ガソリンスタンドです。自動車の燃費性能の向上や若者の自動車離れといった要因で、国内のガソリン販売量は減少の一途を辿っています。それに合わせてガソリンスタンドの数も減ってきています。経済産業省はスタンドの数が3カ所以下の自治体を「SS（サービスステーション）過疎地」と定義づけていますが、その数は2016年度末時点で302市町村にものぼります。

人口減少により営業効率が落ちることで、路線バスやLPガス、郵便、宅配便など他の生活インフラの維持も多くの地域で困難になっていると言われます。そのため、別々の事業者が営んでいるこれらインフラサービスを地域ごとに集約して事業性を高めることなどが検討されています。例えば、高齢化が進む自治体で病院の周辺にインフラ拠点をまとめて整備すれば、利用者の利便性が高まることが期待できます。

こうした動きと電力インフラは直接的には関係しそうにありません。電線を通って送られる電気は、他の商材と一緒にトラックに載せて運ぶことで輸送コストを削減するなどといった工夫はできないからです。

とはいえ、電気事業が地域の生活インフラ維持に何も貢献できないわけではないはずです。輸送コストの点から言えば、全国のどこから電気を買っても託送料金は変わらないことが電気の特徴です。そのことはバイオマスや中小水力など地域に存在する再生可能エネルギーで発電した電気を全国の需要家に販売することのハードルは高くないということです。大都市圏への交通網が脆弱な地域であれば通常の産品の価格競争力に影響があるわけですが、電気の場合は関係ないわけです。

売電収入は、他のインフラ事業の赤字の穴埋めに役立てられるでしょう。物理的な電気の地産地消は送電ネットワークのスリム化につながりますが、経済取引としてはより高い価格で電気を買ってくれる需要家が遠く離れた場所にいれば、必ずしも「地消」にこだわる必要はないわけです。

第5章

送電

日本では送電網は、大手電力のエリアごとに整備されてきました。全国10エリアごとに一般送配電事業者が設備の管理・運用を担い、電力の安定供給を最終的に維持しています。東日本大震災後には、電力広域的運営推進機関という日本全体の安定供給に責任を持つ組織も発足しました。発電設備に比べると地味な存在でニュースになりにくいですが、送電網の整備・利用のルールも現在、脱炭素化に向けた大きな変革の渦中にあります。再生可能エネルギーの導入拡大などに対応して、進化させる必要があるのです。

5-1 送電の仕組み

従来型の電力システムでは、電気は海沿いなどにある大型の発電所から大消費地である都市部まで、送電線を通って数百キロもの距離を運ばれています。電圧は、需要家のニーズに合わせて段階的に下げられます。

電圧により三層で構成

従来の電力システムにおける送電の特徴を一言で言えば、長距離化です。技術開発により大型化した発電所の多くが人口密度の低い海沿いや山間部に立地するのに対し、電気の主な消費地は大都市圏です。そのため、電気は長距離を運ぶ必要がありました。こうしたシステムの象徴が、100万kWを超える規模の原子力発電所です。東日本大震災前までは、福島県や新潟県にある原発の電気は首都圏まで運ばれていました。関西で消費される電気の多くは福井県にある原発に依存しています。

発電所の段階では、電圧は数千V～2万Vの間です。それを発電所に併置された変電所で、50万Vもしくは27万Vという超高電圧に昇圧します。その方が大量の電力を送ることができ、かつ送電ロスが少ないからです。送電能力は電圧の2乗におおよそ比例し、送電ロスは電圧の2乗に反比例します。つまり、長い距離を送電する際、消費される直前まで可能な限り高い電圧で送った方が経済的なのです。

電気は消費されるまでに、何カ所か変電所を経由します。変電所で電圧を下げるのは、需要家それぞれのニーズに合わせた電圧で供給するためです。最初の変電所は超高圧変電所と呼ばれ、電圧は15万4,000Vに下げられます。大規模工場など一部の大口需要家にはこの段階で電気が届けられます。その後も変電所を通る度に、電圧は6万6,000V、2万2,000V、6,600Vと下げられます。6,600Vの段階では工場など産業用需要家だけでなくビルなど商業施設の需要家にも届けられます。最も末端の一般家庭に届けられる際の電圧は100Vか200Vです。直前まで6,600Vで運ばれ、電柱の上に設置された柱上変圧器で降圧されます。

大手電力のそれぞれの旧供給エリアで上位2電圧の送電設備を**基幹系統**と呼びます。その下位に特別高圧の**ローカル系統**があり、配電用変電所の先の**配電系統**につながります。送配電ネットワークはこのように三層で構成されています。

送電の仕組み

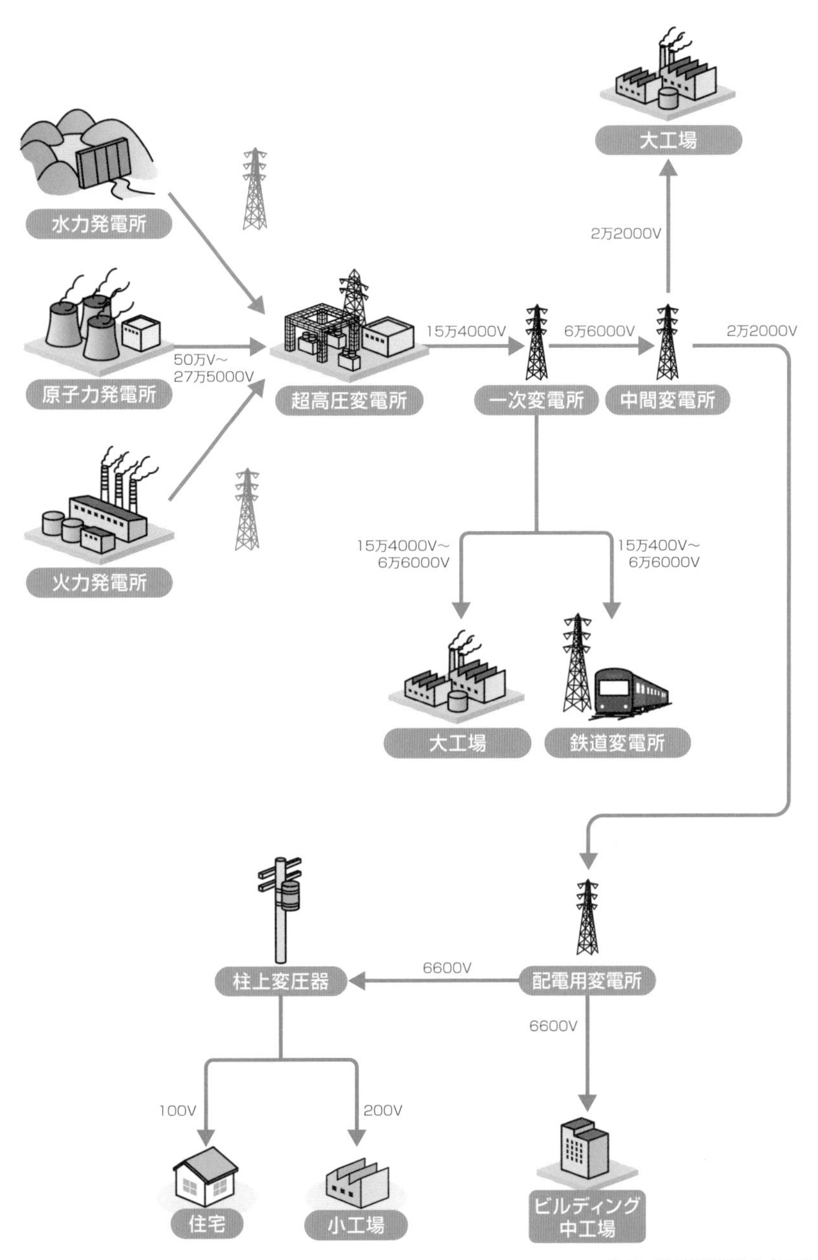

出典：電気事業連合会HP

5-2 串刺し型ネットワーク

広いとはいえない日本列島は、10の小さな送電ネットワークに分かれています。沖縄以外の9つのネットワークは隣同士がつながっていますが、全国大でたくさんの電気を融通し合うことには限界があります。

大手電力ごとの小さな「団子」

送電ネットワークの形状は国や地域によって異なります。例えば、網の目のよう張り巡らされている欧州のネットワークがメッシュ型と呼ばれるのに対して、日本のネットワークは**串刺し型**と呼ばれる独特の形状をしています。

日本のネットワークは、近隣の他国のネットワークとはつながっていない一方、沖縄を除いた全ての地域は物理的につながっています。とはいっても、北海道から九州まで日本列島全体がひとつのネットワークとして運用されているわけではありません。ネットワークは、9つの**一般送配電事業者**（大手電力グループの送配電会社）がそれぞれ個別に管理しているのが大きな特徴です。

戦後日本の電力産業構造は俗に**9電力体制**と呼ばれています。地域別の9つの電力会社が発電から小売まで垂直一貫の事業体制で、供給エリア内で独占的に電気事業を営んでいたからです。その産業構造が送電ネットワークのあり方にも反映されているのです。

串刺し型の「串」に刺さった「団子」の部分が、各社のネットワークです。それ自体が閉じたひとつの円で、団子は9つあります。その団子をつなげる「串」が各社の供給エリアを結ぶ送電線で、**地域間連系線**と呼ばれます。連系線の容量はそれほど大きくありません。自由化以前の地域独占の時代には、各大手電力は原則的に各エリア内で自給自足しており、連系線を通して恒常的に大量の電気をやりとりすることは想定していませんでした。

ですが、自由化により、串刺し型ネットワークは競争活性化の阻害要因として認識されました。また、東日本大震災直後に首都圏が計画停電になった際には、西日本では供給力に余裕があったものの、連系線の容量が制約になり電気を十分に送れなかったことが問題視されました。供給安定性の点からもネットワークの在り方は問われるようになり、電力システム改革の主要課題のひとつになっています。

10のエリアに分かれる

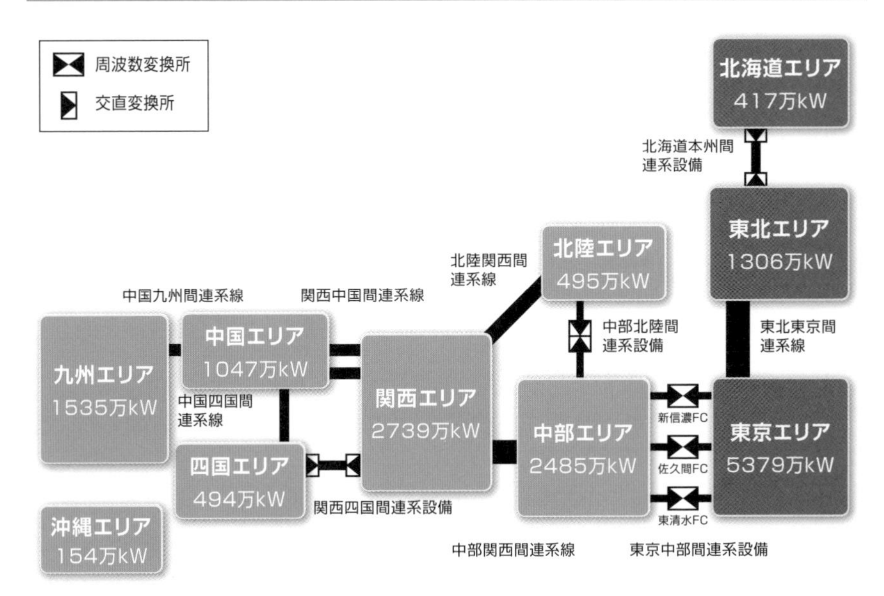

出典：資源エネルギー庁資料

欧州の送電網（メッシュ型）

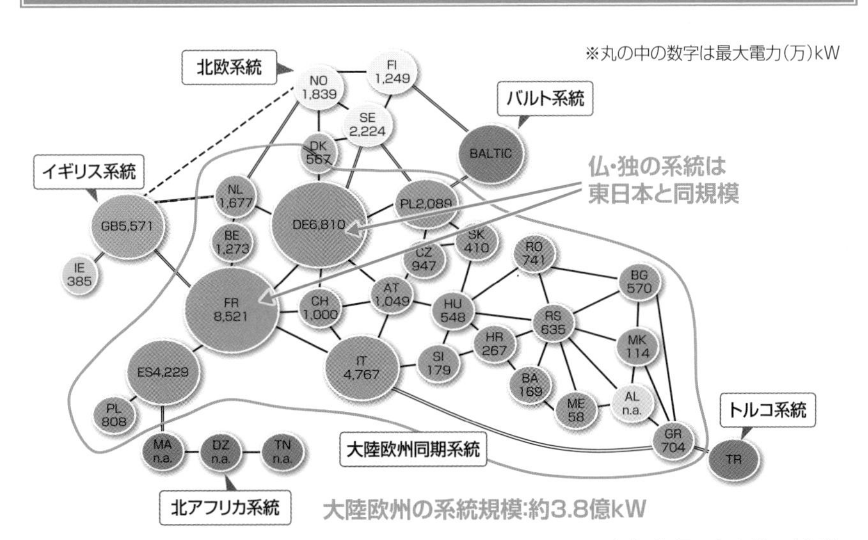

出典：資源エネルギー庁資料

5-3 地域間連系線・周波数変換所

複数の地域間連系線で送電容量の増強計画が進んでいます。エリアを越えて送れる電気の量が増えることで、供給安定性の向上や競争促進、あるいは再生可能エネルギーの導入拡大などさまざまな効果が期待できます。

東京―中部間は大震災前の3倍に

大手電力の旧供給エリアを結ぶ**地域間連系線**は全国に10本あります。そのうち少し特殊なのが、中部電力と東京電力の旧供給エリアを結ぶ連系線です。日本は東と西で周波数が異なるのですが、その変わり目にあるからです。そのため、両エリアを結ぶ連系線は**周波数変換所**（**FC**）と呼ばれます。ちなみに周波数は北海道、東北、東京の3エリアが50Hz、中部、北陸、関西、中国、四国、九州の6エリアが60Hzで、独立系統の沖縄も60Hzです。

東京と中部の両エリア間には東電の新信濃変電所（長野県朝日村）、中部電の東清水変電所（静岡市）、Jパワーの佐久間周波数変換所（浜松市）という3設備があります。東日本大震災時点では、合計でも送電容量は100万kWしかありませんでした。それが首都圏での計画停電を防げなかった要因になった反省から、FCの容量は段階的に増強されています。

まず東清水が2013年に20万kW増強されました。新信濃でも90万kWが増強され、21年3月から飛騨信濃FCとして運用されています。さらに27年度までに佐久間を30万kW、東清水を60万kW増強することが決まっています。これらの工事が全て完了すれば、FC全体の容量は300万kWにまで拡大します。

増強の計画が進行中の連系線は他にもあります。例えば、北海道と東北を結ぶ北本連系線は19年3月に60万kWから90万kWに増強されましたが、18年9月の北海道でのブラックアウト発生を受け、さらに30万kWの容量増強が決まりました。東北と東京の両エリアを結ぶ連系線も工事中です。27年11月までに455万kWの増強が実現する予定で、運用容量は1,028万kWになります。

連系線の容量は今後さらに大きく増強される方向です。再エネの適地である北海道や東北から首都圏へ多くの電気を送るニーズなどに対応するためで、23年3月に策定された**マスタープラン**で具体的な方針が示されました。

FC設備容量

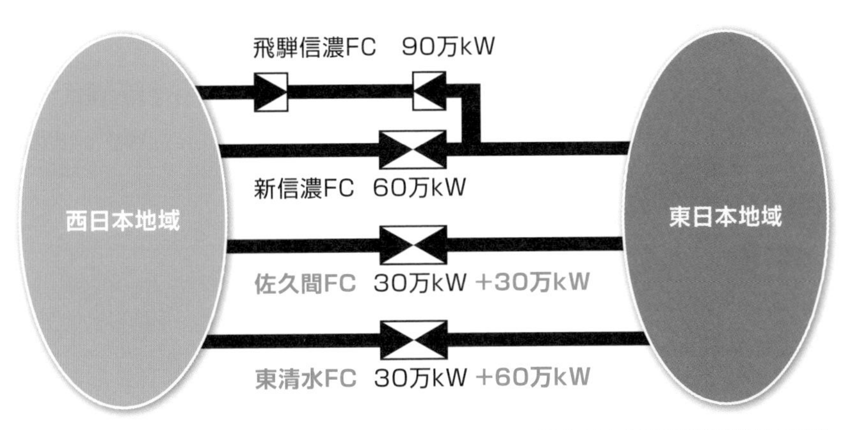

出典：電力広域的運営推進機関資料

北本連系線の増強

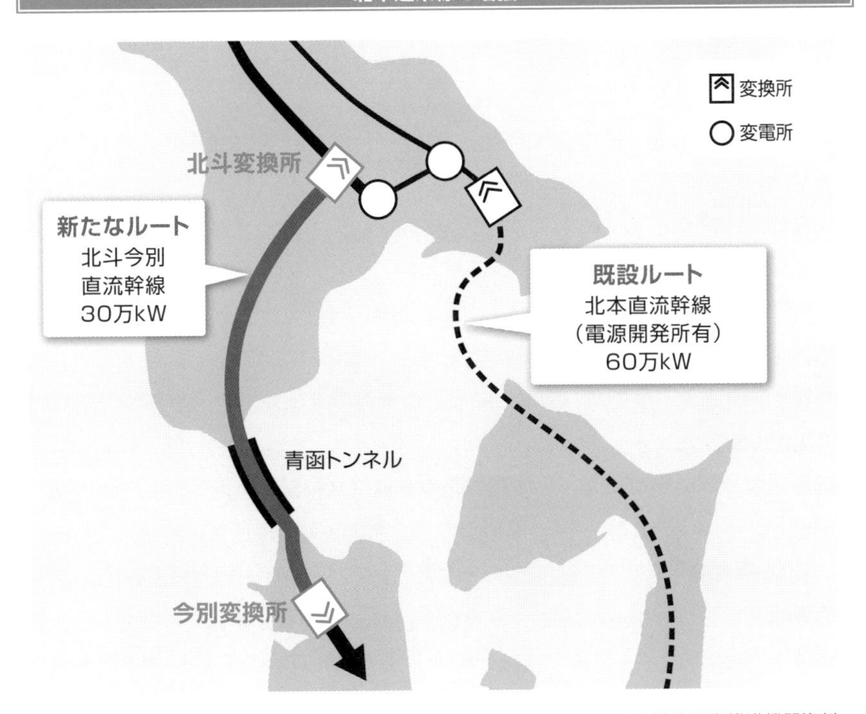

出典：電力広域的運営推進機関資料

5-4 電力広域的運営推進機関

電力広域的運営推進機関は、日本全体の電気の安定供給に責任を持つ機関として2015年4月に発足しました。全国大で電気が効率的かつ公正に流通する仕組みを整えており、担当業務や責任の重さは増す一方です。

全ての電気事業者に加入義務

電力広域的運営推進機関は政府の認可法人で、発電、送配電、小売など全ての電気事業者に加入義務があります。東日本大震災後に決まった電力システム改革の1段階目の目玉として、**電力系統利用協議会**（ESCJ）と入れ替わる形で創設されました。あらゆる時間軸で日本全体の電気の安定供給に目配りする組織で、ハード、ソフトの両面で全国大の安定供給確保のために必要な対応を取っています。

短期的な視点では、24時間365日、全国の需給状況を監視し、想定外の気温上昇や自然災害などにより安定供給に支障が起こりかねないと判断した場合には、供給力不足のエリアに電気を融通するよう事業者に指示する権限があります。例えば、22年3月に史上初めて**需給逼迫警報**が発令された時も大手電力各社に融通指示を適宜行いました。

中長期的な視点では、10年先まで射程に入れた日本全体の**供給計画**を取りまとめています。全国大の電力系統の将来的な在り方も検討し、地域間連系線の増強でも主導的な役割を果たしています。事業者や国から要請があった場合、工事費用の負担割合など増強工事の具体的な計画を立案します。こうした役割の延長線上として、全国大で最適なネットワーク形成を実現する**マスタープラン**を23年3月に策定しました。

容量市場や需給調整市場、**日本版コネクト＆マネージ**など電力システム改革の諸制度も、資源エネルギー庁と連携しつつ、技術的な側面から検討しています。2018年9月に発生した北海道のブラックアウトの原因究明も担当しました。

広域機関が担う仕事は、増える一方です。例えば、再生可能エネルギーの固定価格買取制度（FIT）交付金や太陽光パネル廃棄費用の積立金の管理業務も任されました。23年の電気事業法改正により、政府が認定した送電線の整備工事に要する費用の貸付業務も新たな仕事として加わりました。

他の組織との関係

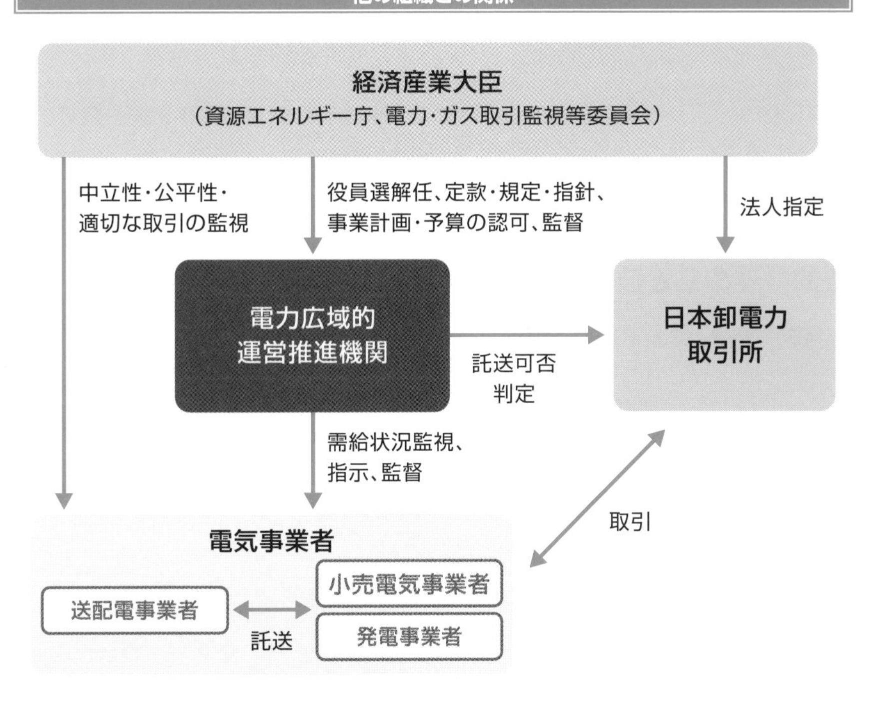

広域機関の組織図

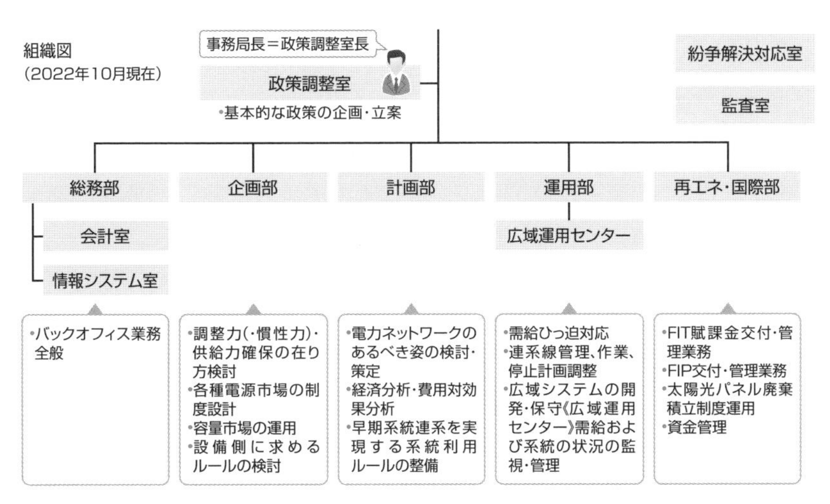

出典:電力広域的運営推進機関資料

5-5 発送電分離

送配電ネットワークが発電や小売の全ての利用者に対して公平に開かれていることは、電力システムの効率性や安定性の観点から極めて重要です。そのため、2020年4月に大手電力の送配電部門は分社化されました。

法的分離のもと情報漏洩発覚

発送電分離とは大手電力の中での送配電部門の独立性を高めるものです。発電・小売部門が市場原理に委ねられたのに対し、非競争財である送配電部門は自由化後も地域独占が認められています。全国を網羅する送電線ネットワークが整備済みなのに、他の企業が新たに別の送電線を引くことは非経済的で無意味だからです。そのため、一般送配電事業者の競争中立性を確実に担保することは、自由化政策において極めて重要な課題です。

小売部分自由化後の2003年には**会計分離**が行われるとともに、送配電部門が業務を通じて知った情報を社内の他部門に伝えることを禁じるなどの措置が講じられました。東日本大震災後の電力システム改革ではさらに踏み込み、2020年4月に大手電力送配電部門の分社化が実現しました。沖縄電力は会社規模が小さいことから対象外になる一方、地域間連系線を複数所有するJパワーは対象に含まれました。なお、国有化された東京電力は16年4月に他社に先駆けて自主的に分社化を実施しました。

大手電力グループには、独立性確保のための規制がかけられています。例えば、発電・小売会社と送配電会社が同一視されるおそれのある社名や商標の使用は禁じました。発電・小売会社の取締役などが送配電会社の取締役や従業員を兼職することも原則禁止です。

情報流出防止のため、送配電会社には入室制限や情報システムへのアクセス制限などの措置も講じさせました。ところが22年度にこの行為規制が機能していなかったことが明らかになりました。大半の送配電会社で、グループの小売会社に対して新電力の顧客情報などが漏洩していたことが発覚したのです。小売事業者から情報提供を依頼していたケースもありました。自由化の根幹を揺るがす深刻な事態といえ、送配電部門の分離形態への関心が改めて高まっています。発電・小売部門との資本関係まで解消する**所有権分離**を求める声も一部にあります。

分離形態の種類

【会計分離】

発電・小売 ｜ 送配電

- 「発電・小売」「送配電」の各部門が同一法人に属する。
- 「送配電」部門の会計を他部門の会計から分離、公表。

【法的分離】

（持株会社方式）

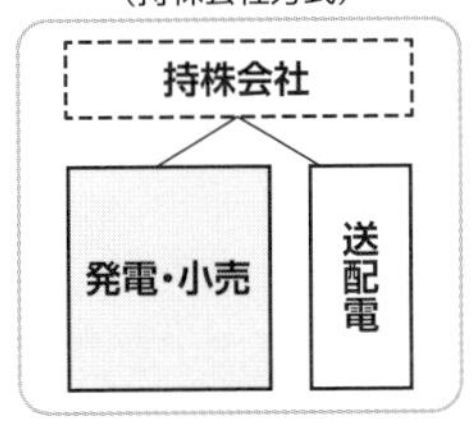

- グループ経営が可能。
- 持株会社（自らは電気事業を行わない）の下に各事業会社を設置。

（発電・小売親会社方式）

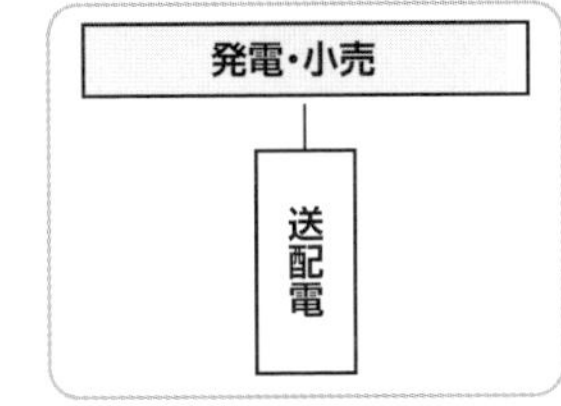

- グループ経営が可能。
- 発電・小売事業会社の下に送配電事業会社を設置。

【所有権分離】

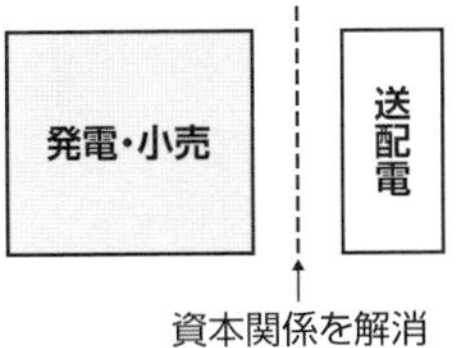

- 「発電・小売」「送配電」を別会社化し、それぞれの資本関係を解消。

出典:資源エネルギー庁資料

行為規制の一例

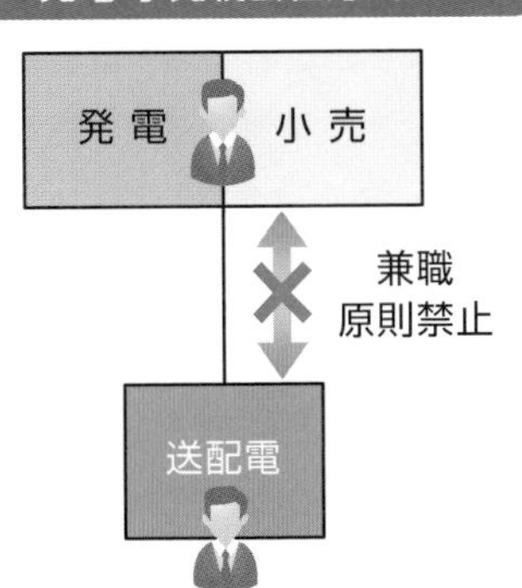

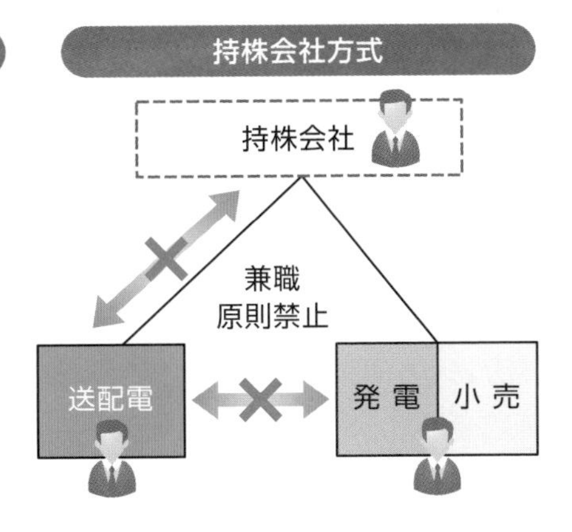

出典：電力・ガス取引監視等委員会資料

5-6 送電事業の資格

送配電事業には、大手電力の送配電部門である一般送配電事業以外にも3種類のライセンスがあります。送電と配電の両部門は従来、大手電力が一体的に運用してきましたが、そんな常識も今後は変わっていく方向です。

4つの事業区分

2020年度に分社化された大手電力グループの送配電会社に付与されたライセンスは**一般送配電事業者**です。二重投資防止の観点から政府の許可制になっています。エリア内の電圧・周波数の維持義務が課されており、安定供給の最終的な責任を負います。各エリアで**ゲートクローズ**後の需給調整を一手に引き受けます。

送配電事業者と言えば普通はこの各エリアの10社を指します。大手電力グループの中で地域独占が続く送配電部門は“平和”な状況を享受し続けると一見思われがちですが、ネットワークの次世代化など課題は少なくありません。**送配電網協議会**という団体を結成し、各社共通の課題に連携して対応しています。

一般送配電事業者は、停電発生時の復旧作業の実施主体にもなります。19年9月の千葉大停電の反省を踏まえ、停電解消迅速化のために10社が従来以上に連携する仕組みも導入されました。各社の事前の備えや災害発生時の対応を整理した**災害時連携計画**が策定された他、復旧作業に要した費用を各社の拠出金で賄う相互扶助制度も創設されました。

送配電関連の事業ライセンスは他に3種類あります。**送電事業者**と**特定送配電事業者**、**配電事業者**です。送電事業者は「一般送配電事業者に電気の**振替供給**を行う者」で、政府の許可制です。地域間連系線を保有するJパワーがその代表です。再エネ拡大のため独自に送電線を整備している北海道北部送電や福島送電合同会社も、電気をエリアの一般送配電事業者へ振替供給するので、送電事業者です。

特定送配電事業者は、全面自由化以前の事業区分での特定電気事業（特電）の送配電部門などが含まれます。特電とはコージェネレーションなどの分散型電源を活用して特定エリアに電力を供給する事業者で、東京の六本木ヒルズへの供給を担う六本木エネルギーサービスなどが該当します。配電事業者は22年度の創設された新たな資格で、6章の**マイクログリッド**の項目で詳しく取り上げます。

一般送配電事業者の一覧

●分社化後（2020年4月～）

分社方式	送配電会社名	ロゴマーク（商標）
発電・小売親会社方式	北海道電力ネットワーク	ほくでんネットワーク
発電・小売親会社方式	東北電力ネットワーク	より、そう、ちから。東北電力ネットワーク
持株会社方式	東京電力パワーグリッド（2016年4月分社化済）	東京電力パワーグリッド
持株会社方式	中部電力パワーグリッド	中部電力パワーグリッド
発電・小売親会社方式	北陸電力送配電	未来へ、めぐらせる。北陸電力送配電
発電・小売親会社方式	関西電力送配電	関西電力送配電
発電・小売親会社方式	中国電力ネットワーク	中国電力ネットワーク
発電・小売親会社方式	四国電力送配電	YONDEN T&D
発電・小売親会社方式	九州電力送配電	九州電力送配電

ゲートクローズを挟んで需給調整の主体が変わる

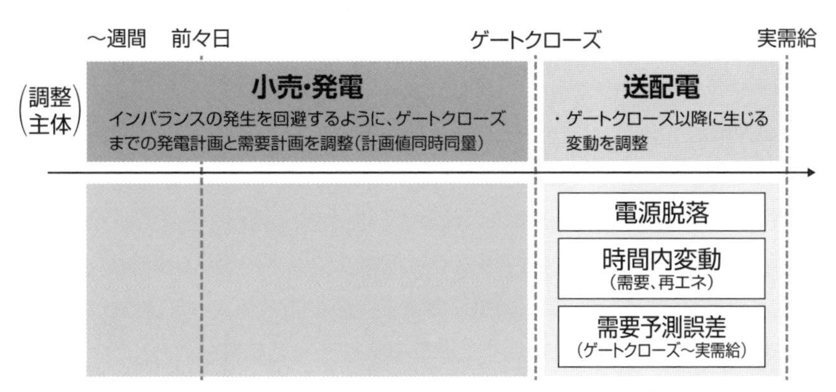

出典：電力広域的運営推進機関資料

5-7 託送制度・自己託送

送配電事業は自由化後も地域独占が続きます。小売事業者が電気を需要家に届けるためには、一般送配電事業者が所有する送配電ネットワークを使わせてもらう必要があります。それが託送という仕組みです。

送電インフラは公共財

大手電力が長年かけて整備してきた送配電ネットワークは、極めて公共性が高い社会インフラです。各エリアの一般送配電事業者は、ネットワーク設備の保有者であると同時に運用者でもあります。小売事業者は自社の顧客に販売する電気を遠く離れた需要場所まで「送る」ことを一般送配電事業者に「託す」ことになり、これを**託送**といいます。

小売事業者が託送をお願いするためには、一般送配電事業者との契約が必要です。もちろん大手電力の小売部門も、グループ内で別会社になった送配電会社と同様の契約を結びます。日本全国で事業を展開している小売事業者であれば、北海道から沖縄まで10の送配電事業者と契約することになります。

託送契約を締結するためには原則的に小売事業など電気事業のライセンスが必要ですが、例外的にライセンスが不要な**自己託送**という仕組みも託送制度の一形態として2014年に導入されています。もともとは、自家発電設備の有効活用を促すために送配電事業者が提供するサービスでした。工場等の自家発の発電能力に余裕がある場合、企業は自社の他の工場の需要も賄いたくなりますが、大手電力の送配電ネットワークを使うことになるため、小売電気事業などのライセンスを取得する必要が生じます。自社内での電気のやり取りにそこまで手間をかけるのは企業にとって負担です。そこで自己託送として制度化されたわけです。

最近では、事務所などから離れて設置された太陽光発電を企業が「自家消費」するケースが増えています。需要家の再生可能エネルギー導入の有力な選択肢として重宝がられています。ただ、電気事業法上の小売供給ではない自己託送にはFIT賦課金がかからないことに目をつけた悪質なケースもあったことから24年に規制強化が行われました。例えば、発電設備の建設・運用への需要家の関与が形式的な場合は自己託送と認められなくなりました。

託送制度の概要

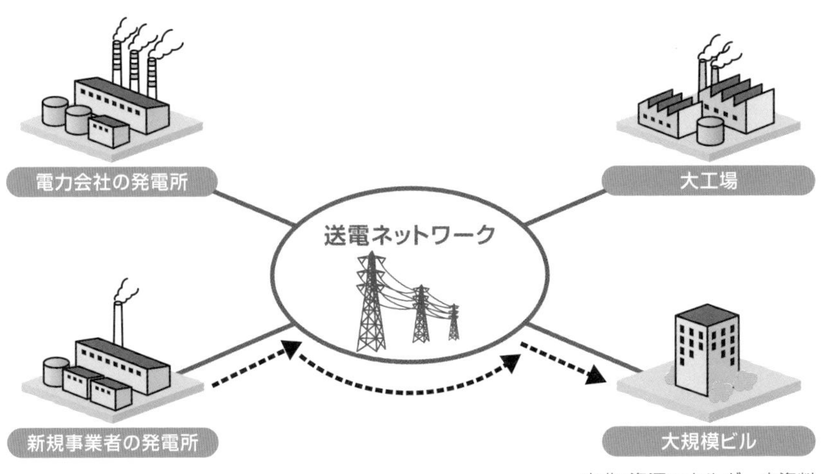

出典：資源エネルギー庁資料

自己託送の趣旨に反する事業のイメージ

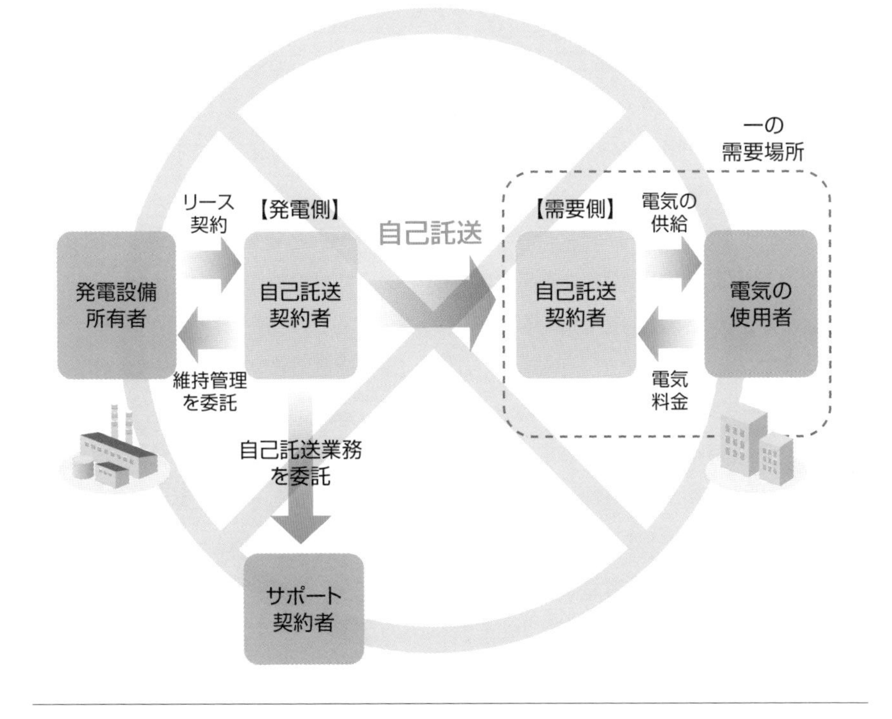

5-8 同時同量の原則

電力システムについて理解する際に欠かせない基本的な特徴の一つに「同時同量の原則」があります。電気の品質維持のため、ネットワーク内で発電される電気の量と消費される電気の量は常に一致している必要があります。

安定供給の生命線

一つの送配電ネットワークの中で発電される電気の量と消費される電気の量は常に一致していなければなりません。それが**同時同量の原則**です。需要と供給のバランスが大きく崩れると、最悪の場合、停電が起きてしまいます。停電にまでは至らなくても、半導体などの精密品を扱う工場では微妙な周波数の乱れも製品の質に影響を及ぼすと言います。需給バランスの維持は、一般送配電事業者にとって最大の使命だと言えます。

とはいえ、事前に行われる需要の予測が完全にあたることはあり得ませんし、そもそも天気予報が外れるなど予測の前提条件が変わる事態はいくらでも起こります。そのため、送配電事業者は**中央給電指令所**という施設で刻々と変わる需要にあわせて供給量の微調整を繰り返しています。実際の運用をより正確に言えば、周波数が決まった値からズレないように調整しています。東日本では50Hz、西日本では60Hzを維持し続けています。

地域独占の時代には基本的に大手電力自身の発電量と需要だけを管理していればよかった中央給電指令所の業務は、自由化により小売事業者や発電事業者の数が増えたことで複雑化しています。さらに言えば、同時同量の維持にかかる手間は今後ますます増えていくことが確実です。太陽光発電など出力が不安定な再生可能エネルギーの導入量が拡大して、発電量全体に占める比率が高まるからです。

とはいえ、脱炭素化に向けて、再エネの飛躍的な導入拡大は至上命題です。電源構成の占める再エネの比率が大きく高まる中で、同時同量を確実に維持する仕組みの設計は、電力システムの次世代化に向けた大きな課題の一つです。もちろん同時同量維持の努力は送配電部門だけに押しつけられているものではありません。小売事業者と発電事業者を含めて各事業者がそれぞれの役割を全うすることで、システム全体の安定供給が保たれます。

同時同量の原則

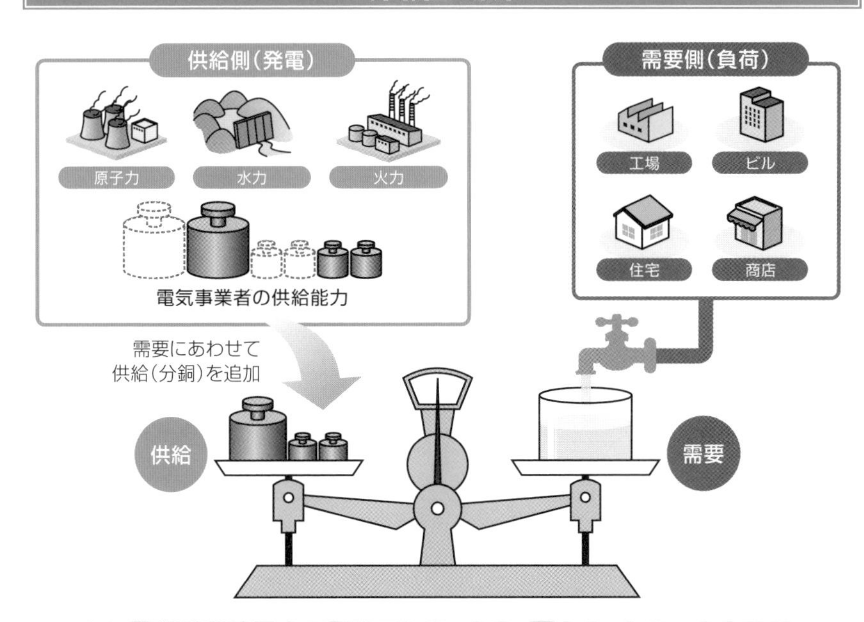

もし需要が供給能力を超えてしまったら、電力ネットワーク全体が維持できなくなり、予測不能な大規模停電を招いてしまう。

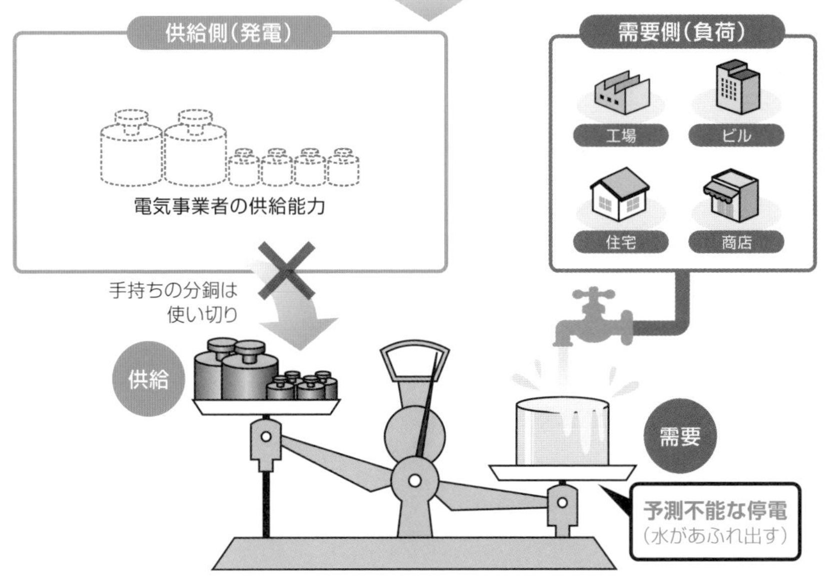

出典：資源エネルギー庁資料より

5-9 計画値同時同量

同時同量維持のために小売事業者と発電事業者が課された責務は、全面自由化とともに大きく変わりました。小売事業者は販売量について、事前に策定した計画値と実績値の一致を求められるようになりました。

発電事業者も計画を提出

小売部分自由化の時代に、新電力に課せられていた同時同量の義務は、30分間のなかで需要と供給の差を需要の±3%以内に収めることでした。実際の需給を30分ごとに一致させていたことから実30分同時同量と呼ばれています。供給力が需要を3%以上下回った場合は、足りない分は大手電力が自社の発電所の出力をあげて、代わりに需要家に供給していました。

同時同量制度は2016年4月の小売全面自由化に合わせて大きく見直されました。新たな仕組みは**計画値同時同量**と呼ばれます。新制度では小売事業者が同時同量に努める2つの要素が変わりました。これまでは実際の発電量と販売量の一致が求められていたのが、事前に計画した販売量と実際の販売量の一致が必要になりました。では、発電量の方はどうなるかというと、発電事業者も新たに制度に組み込まれ、計画した発電量と実際の発電量の一致を義務づけられました。

小売事業者と発電事業者はともに、電気の実際の受け渡しの1時間前の時点で、計画値を最終的に確定します。このタイミングで計画変更を受けつける「門」が閉まることから**ゲートクローズ**と呼ばれます。その後の同時同量の維持には一般送配電事業者がエリアごとに一元的に対応します。事前に確保している調整用の電源等に指令を出して、需給バランスを保ちます。小売・発電事業者の計画値と実績値のズレは事後的に確認されます。

計画値同時同量制度に移行した背景には、全面自由化に伴うライセンス制の導入もあります。需給調整業務における大手電力内の各部門の役割分担はこれまで必ずしも明確ではありませんでした。小売部門は新電力と同じように実30分同時同量を維持する努力はしていませんでしたし、最終的な需給調整も送配電部門と発電部門がいわば一体で行っていました。新電力との公平性の観点から、制度を見直す必要がありました。

同時同量制度の見直し

実同時同量におけるインバランス

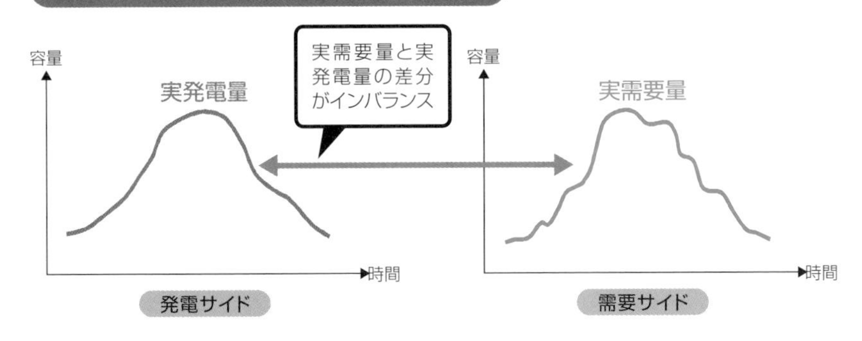

計画値同時同量におけるインバランス

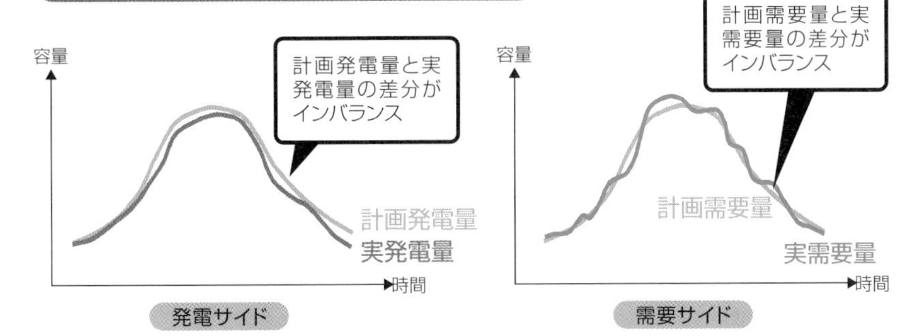

出典：資源エネルギー庁資料より

小売全面自由化後のインバランス調整

発電計画とインバランス

余剰
インバランス
不足
インバランス
発電計画　実績例①　実績例②

需要計画とインバランス

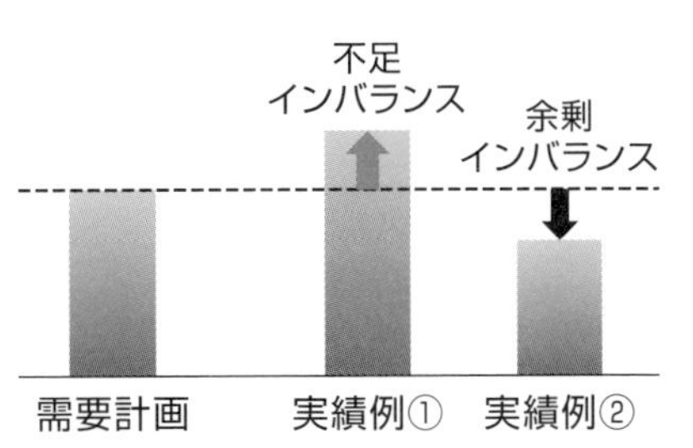

出典：資源エネルギー庁資料より

5-10 インバランス料金の試行錯誤

インバランスとは、小売事業者や発電事業者が事前に計画した販売量や発電量が実績値とズレることです。一般送配電事業者と事後的に料金精算が行われます。料金算定のルールは、試行錯誤が続いています。

安定性と効率性の両立の「肝」

同時同量の維持は電気の安定供給上、極めて重要です。とはいえ、例えば小売事業者は顧客の電気の使用量を正確に予測できませんから、実績値と計画値のかい離は不可避的に起こります。実績値が計画値を上回った場合、その分は送配電事業者が補填し、小売事業者は事後的に代金を支払います。それが**インバランス料金**です。逆の場合は、送配電事業者が余った電気を買い取るかたちになります。

電力システムの安定性の観点から、インバランス量は少ないに越したことはありません。そのため、インバランス料金は、小売事業者や発電事業者にとって同時同量の達成が最も経済合理的になる仕組みである必要があります。インバランス料金制度の適切な設計が、市場原理の下、電力システムの供給安定性と効率性の同時達成につながるのです。

こうした問題意識から、インバランス料金制度は見直しが繰り返されてきました。全面自由化前は大手電力の発電原価に基づく固定価格でしたが、2016年4月の計画値同時同量への移行に合わせて料金の算定方法は、日本卸電力取引所（JEPX）の取引価格に連動するかたちに抜本的に見直されました。

ですが、この新制度はうまく機能しませんでした。インバランス料金がスポット市場価格を下回る状況が一部エリアで恒常的に発生し、市場調達せずに不足インバランスをわざと出すことに経済合理性が生まれたのです。実際、不足インバランスを意図的に大量発生させるモラルに欠けた小売事業者もいました。

その反省を踏まえた19年4月の制度見直しより、不足インバランス単価は基本的にスポット市場価格より高くなりました。ただ、この新たな仕組みが今度は21年度冬季の市場高騰を引き起こしました。市場価格がどんなに高くてもインバランス料金よりはましな新電力が、買い入札価格を競うように引き上げたからです。こうした中、22年度に再び抜本的な見直しが行われました。

インバランス料金制度の変遷

	制度創設当初 (2000~)	第3次制度改革 (2005~)	第4次制度改革 (2008~)	小売全面自由化 (2016~)
基本 コンセプト	変動範囲外は 事故扱い	事故時補給契約の 見直し	変動範囲外インバランスの対価を値下げ	市場価格連動 (2022年3月までの過渡的措置)
エリア要素	あり (基本)エリア別のコストから料金を計算	あり (基本)エリア別のコストから料金を計算	あり (基本)エリア別のコストから料金を計算	あり →料金に一部加味
変動範囲外 不足インバラ ※3%以上	事故時補給契約を結び、高額基本料金を別途支払	エリア内全電源 コスト平均 ※固定費分を20倍 (稼働率5%と想定)	変動内インバラの3倍 (適切なインセンティブの検討の結果) ※夜間は2倍	下記①、②の和。 ①エネルギー市場価格に、全体の需給状況を踏まえた調整項を乗じた一律料金 ②各エリアの需給調整コストの平均との差分。
変動範囲内 不足インバラ	エリア内全電源コスト平均に限界性を評価	エリア内全電源 コスト平均	エリア内全電源 コスト平均	
変動範囲内 余剰インバラ	各社自由設定	各社自由設定	各社自由設定 ※GLにより相場感を提示	
変動範囲外 余剰インバラ ※3%以上	無償	無償	無償	
価格差	系統利用者の実績に応じ余剰<不足	系統利用者の実績に応じ余剰<不足	系統利用者の実績に応じ余剰<不足	同一時間帯は余剰=不足 (19年に価格差設ける)
最高価格 (不足インバラ)		81.91円/kWh(夏期) ※各社平均	48.2円/kWh(夏期) ※各社平均	21.82円/kWh ※各社平均

出典:資源エネルギー庁資料

意図的にインバランスを発生させる事例

小売事業者X		
調達計画		需要計画
発電A	30	100
JEPX調達	70	
合計	100	
		需要実績
		110

不適切な計画①

小売事業者X		
調達計画		需要計画
発電A	30	100
JEPX調達	0	
合計	30	
		需要実績
		110

適切に調達せず、不整合分を放置

→不整合分(70)に調整力を行使

不適切な計画②

小売事業者X		
調達計画		需要計画
発電A	30	(本来の需要想定:100)
JEPX調達	0	調達出来た分に合わせて 30
合計	30	
		需要実績
		110

適切に調達せず、調達分に合わせて本来の需要想定と乖離した需要計画を作成

→実績との差分(80)に調整力を行使

出典:資源エネルギー庁資料

5-11 現在のインバランス料金

インバランス料金制度は2022年4月に抜本的に見直され、精算単価は需給調整市場での価格に基づいて決まるようになりました。自然災害などにより需給が逼迫した際は別の価格体系を用いて政策的に単価を引き上げます。

時々の需給状況を可視化

2022年度に導入された現在の制度では、**需給調整市場**の運用段階での価格が**インバランス料金**単価になります。別の言い方をすれば、一般送配電事業者が実際に用いた調整力の単価をもとに決まります。インバランス解消と同時同量維持は実質的に同じですから、こうした値決めが望ましいことは以前から明らかでしたが、需給調整市場が未整備だったため、次善の策としてスポット市場などの価格を参照していたのです。

これにより理論上は時々の需給状況がインバランス料金として可視化され、市場原理による供給安定性の確保が期待できるようになりました。例えば、供給力不足により調整力が大量に使われることでインバランス料金が上昇すれば、平時では経済性で劣後するデマンドレスポンス（DR）なども追加的に市場に投入されて需給改善につながるわけです。ただ、そのためには需給関連情報が即時的に出される必要があります。そこで制度見直しに合わせてインバランスの単価と量、各エリアの総需要量や総発電量などが30分以内に公表されています。

本格的な非常時には、より強力な価格シグナルが出る仕組みも導入されました。大地震等による大規模電源の脱落や異常な低気温による想定外の需要の伸びなどで需給が逼迫した際は、単価を政策的に上昇させるのです。需給逼迫の度合いは、一般送配電事業者が確保する調整力の余力で判断します。単価は余力が10%を切った段階で上げ始め、3%で上限価格に到達します。

なお、上限価格は原則600円/kWhとされましたが、インバランス発生が甚大な経営リスクになる新電力が強い懸念を表明したため、上限を低く抑える暫定措置が導入されています。24年度までは200円で維持されており、25年度以降の上限価格はあらためて検討される予定です。なお、**計画停電**実施時は200円、**電力使用制限**発令時は100円という固定価格になります。

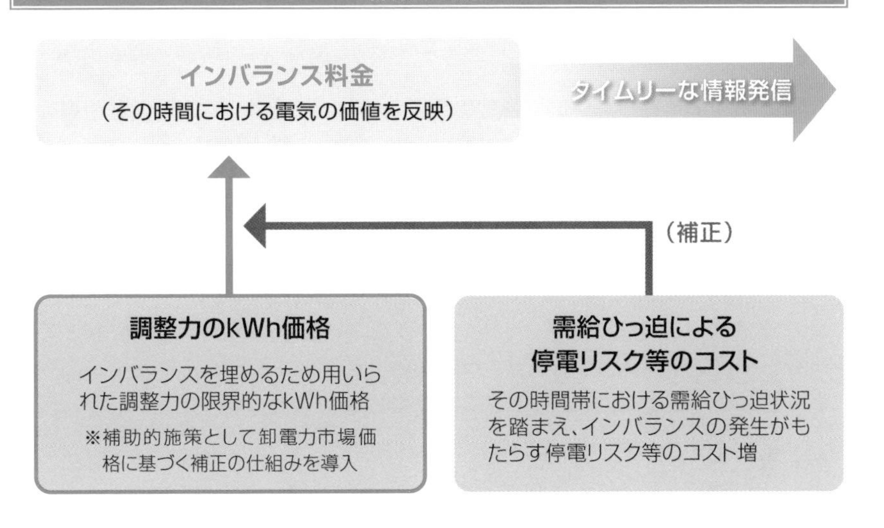

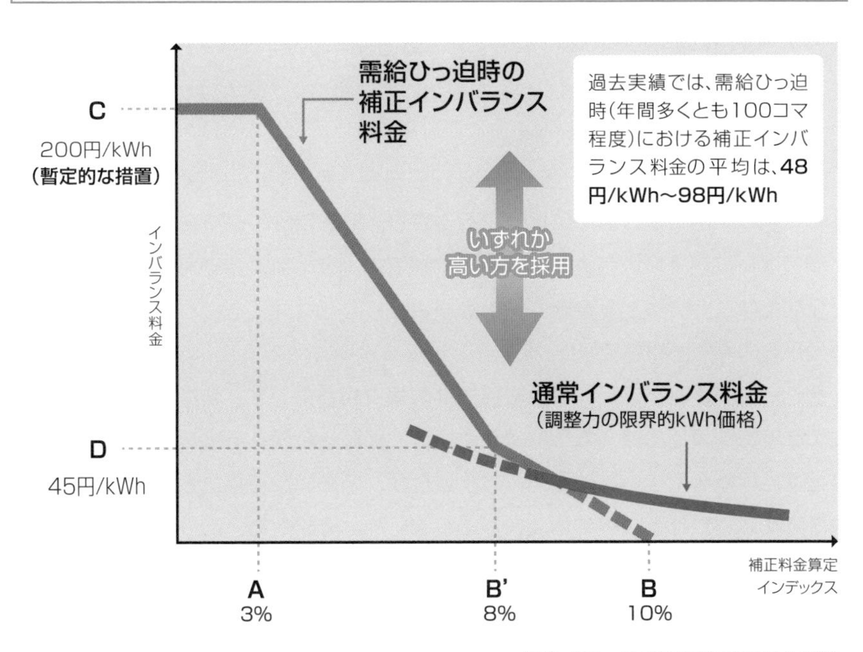

出典：電力・ガス取引監視等委員会資料

5-12 電源の接続ルール

一般送配電事業者が恣意的に特定の電源を排除・冷遇することは発電市場の公正競争上問題で、本来あるべき電源構成を歪めることにもなりかねません。そのため、電源の接続に関するルールが定められています。

発電主導から送配電主導へ

発電事業者は、発電設備の新設に当たって、一般送配電事業者に依頼して電力系統に接続する必要があります。その際には基本的に送電線の増強工事が必要になります。増強費用のうち、どれだけを発電事業者が自己負担し、どれだけを**一般負担**で賄うかはルール化されています。一般負担とは、託送料金原価に含めて全需要家から広く薄く回収することです。

基幹系統の増強費用はエリア全体の供給安定性向上に寄与するため、原則的に一般負担が認められていますが、費用対効果の観点から上限はあります。以前は電源種で異なりましたが、2018年に一律4.1万円/kWになりました。ローカル系統では、個別に送配電側のメリットを算出して一般負担の額を決めており、基幹系統より発電側の負担は重くなります。

送電線容量に空きがない地点での接続の場合、発電側の負担額は当然大きくなります。ルールに基づいた負担額であっても、電源新設の経済合理性を失わせる水準では特に再エネ大量導入の観点で問題です。どの新規接続案件により容量が足りなくなり、増強工事実施の引き金が引かれるかは運でもあり、発電事業者間の公平性の面でも問題でした。

そこで導入されたのが、**電源接続案件募集プロセス**です。発電事業者の負担が重くなる特別高圧のローカル系統を対象に、接続を希望する事業者が費用を共同負担する仕組みです。広く活用されましたが、発電側から辞退者が出ると検討をやり直す必要があるなどの煩雑さがありました。そのため、部分的に改良した**電源接続案件一括検討プロセス**という新制度に20年10月から移行しました。

電源の接続ルールは、こうした斬新的な改良と並行して、抜本的な見直しも進んでいます。**日本版コネクト&マネージ**という取り組みで、その名の通り、運用段階のルールとセットで電源接続の方針を大転換するものです。

接続問題が発生するケース

熱容量超過　送配電線や変電所の変圧器が受け入れ可能な電力が一定以上になると、送配電線や変圧器が受容可能な熱容量を超過し、適正な機能が喪失する。

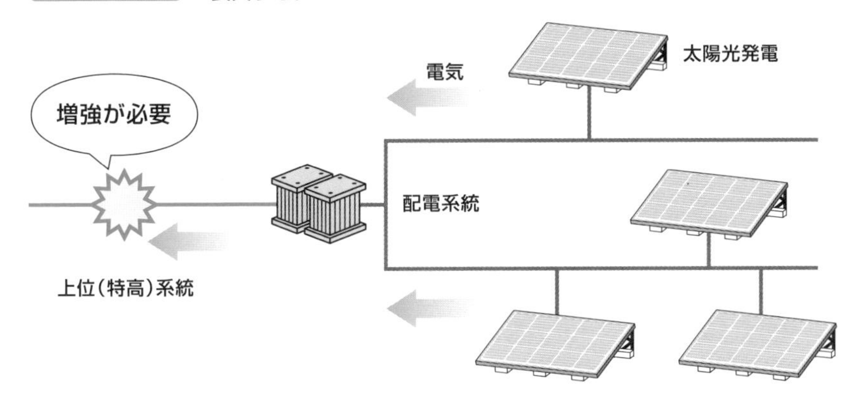

出典：資源エネルギー庁資料

発電事業者による特定負担と託送料金による一般負担の区分け

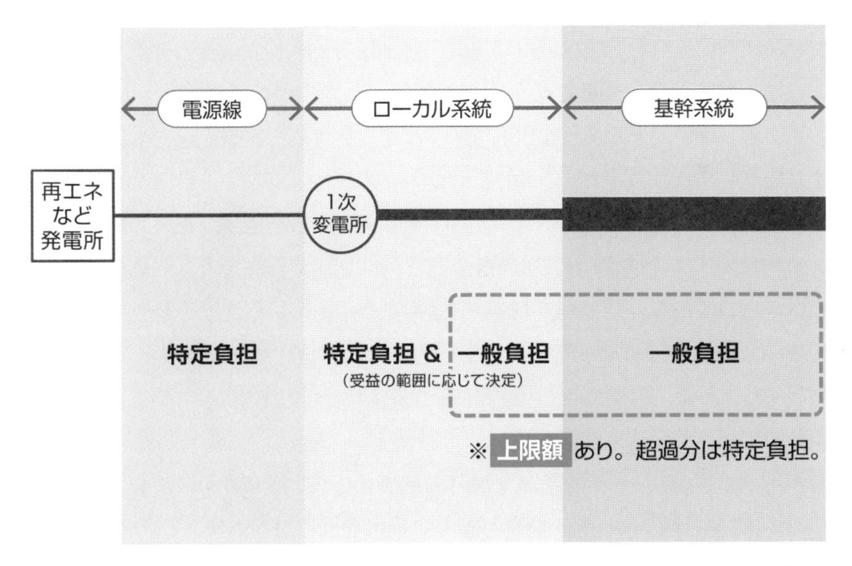

出典:資源エネルギー庁

5-13 日本版コネクト&マネージ

日本版コネクト&マネージは、再生可能エネルギーの円滑な系統への接続を可能にする新たな仕組みです。3つの新制度を一括りにした総称で、既存の送配電網を最大限有効活用することにもつながっています。

緊急時の空き容量を開放

一般論として、接続される電源が増えれば流れる電気の量は多くなるので、送電容量を増強する必要が生じます。容量の増強には当然コストが発生します。そのため、再エネ大量導入と電力システム全体の効率性を両立するには、現在の送電容量のままでできるだけ多くの電源が接続されることが望ましいです。

こうした問題意識から取り組みが進められているのが、**日本版コネクト&マネージ**です。英国の制度を参考にしたためこう呼ばれますが、日本独自の要素が少なくありません。具体的には、①**想定潮流の合理化**、②**N−1電制**の実施、③**ノンファーム型接続**電源の導入——という3つで構成されています。

想定潮流の合理化は2018年に実施済みです。一般送配電事業者は物理的な送電容量と送電線に流れると想定される電気の最大量を比較して増強の要否を判断します。安定供給に万全を期すため、従来は接続した全電源がフル稼働した場合を想定していましたが、そのような状況はまず起こりません。実際、空き容量ゼロと判断された送電線の利用率が10%台というケースもありました。そこで各電源の稼働実績に基づいて再算出した結果、全国で約590万kWも容量が拡大しました。

N−1電制とは、緊急時用の空き容量を平時に活用するものです。送電線は2回線で構成されており、1回線分は故障に備えて原則的に常に空けており、低い送電利用率の大きな要因になっていました。送電可能な物理量にこの半分の枠も含めることにしました。これにより**系統混雑**の頻度や程度が緩和され、再エネの有効活用につながると見込めます。

1回線故障時には、一部の電源を瞬時に系統から切り離すことになります。切り離す電源は一般送配電事業者が運用面の合理性を元に選定します。特別高圧以上に接続する新規電源のみをまず対象にして18年10月から運用が始まり、22年7月からは既設電源も切り離す候補とする本格適用が行われています。

日本版コネクト&マネージの進捗状況

	従来の運用	見直しの方向性	実施状況
①空き容量の算定合理化	全電源フル稼働	実態に近い想定（再エネは最大実績値）	2018年4月から実施 約590万kWの空容量拡大を確認
②N-1電制（緊急時用の枠を解放）	半分程度を確保	事故時に瞬時遮断する装置の設置により、枠を開放	約4040万kWの接続可能容量を確認 2022年7月から本格適用を実施
③ノンファーム型（出力制御前提）の接続	通常は想定せず	混雑時の出力制御を前提とした、新規接続を許容	全国で契約申し込み約900万kW、 接続検討約4700万kW （2023年1月時点）

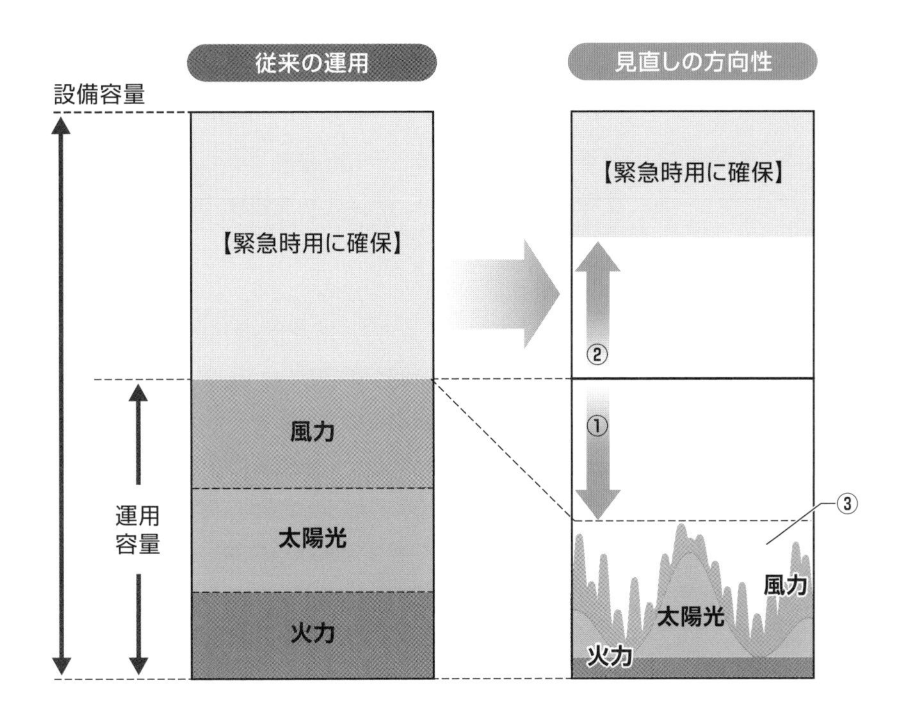

出典：資源エネルギー庁資料

5-14 ノンファーム型接続

日本版コネクト&マネージの最大の改革と言えるのが、ノンファーム型接続の導入です。系統混雑時に出力抑制される可能性があることを前提に接続されるもので、対象となる電源の範囲は段階的に拡大されています。

系統混雑時には出力抑制

従来は系統に接続された電源は24時間365日、最大出力で発電することが保証されていました。逆に言うと、そうした運用で支障がないだけの送電容量が物理的に確保されてきました。ただ、そのことは国民経済的に望ましいとは言えませんでした。高速道路にたとえれば、お盆や年末年始など交通量が大幅に増える時期にも渋滞が起きないだけの車線を整備していたわけで、その場合、道路はほとんどの期間ガラガラになります。

そこで**系統混雑**時の出力抑制を条件に系統接続を認める**ノンファーム型接続**という仕組みが導入されています。系統混雑とは、各電源の計画段階での発電出力の合計が送電容量を超過する状況のことです。発電事業者は出力制御という新たなリスクを抱える一方、送電容量に空きがない系統でも電源接続の手続きが円滑に進むようになります。

ノンファーム型接続を適用する送電線の範囲は段階的に拡大されています。基幹系統では、22年4月以降に接続検討を受けつけた電源は全てノンファーム型接続となりました。ローカル系統でも23年4月から接続受付が始まっています。これによりローカル系統以上では、発電事業者の接続希望をきっかけにした系統増強は基本的になくなりました。一般送配電事業者が系統混雑の発生頻度などに基づき費用対効果の観点から増強の必要性を判断することが原則になります。

系統混雑時に実際に出力抑制される電源を選ぶ仕組みも重要です。まず2022年から一般送配電事業者の調整用電源の中から選ぶ**再給電方式**が導入されました。ですが、これでは発電事業者が売電する量が減らず経済的な実害が発生しないため、電源新設の際に送電容量に余裕があるエリアを選ぶという立地誘導の効果は期待できません。そのため、しかるべきタイミングで**ノーダル制**という市場主導型の仕組みに移行する方向です。

ノンファーム型接続による送電線利用イメージ

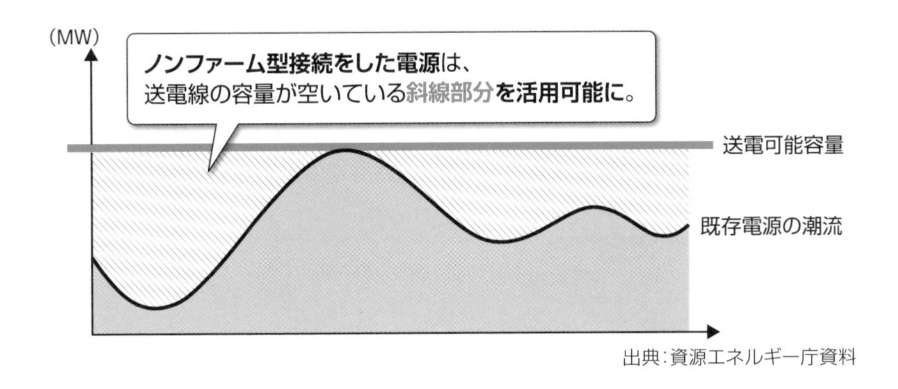

出典：資源エネルギー庁資料

ノンファーム型接続の適用範囲

	基幹系統混雑			ローカル系統混雑		
	①適用系統	②適用電源	③制御対象	①適用系統	②適用電源	③制御対象
基幹系統（上位2電圧）	2021.1 基幹系統	2022.4 全電源	（調整電源活用）2022.12 （一定の順序）2023.12			
ローカル系統 ※上位2電圧以外かつ配電系統として扱われない系統		2023.4 全電源	（調整電源活用）2022.12 （一定の順序）2023.12	2023.4 ローカル系統	2023.4 全電源	全電源
配電系統（高圧以上）		全電源	2023.12以降必要に応じて拡大		全電源	全電源
配電系統（低圧）		10kW未満	10kW未満		10kW未満	10kW未満
④制御方法	再給電方式			再給電方式（一定の順序）の出力制御順に基づく制御（一律制御の対象は計画値変更）		

出典：資源エネルギー庁資料

5-15 給電ルール・再エネ出力抑制

エリア全体の需給状況により、電源の出力抑制が必要になった際に参照されるのが給電ルールです。同ルールに基づいた太陽光発電と風力発電の出力制御は2018年から九州でいち早く始まり、全国に広がっています。

抑制量の低減が課題

ノンファーム型接続電源の出力抑制は、送電線の混雑というミクロ的要因に基づくものです。それに対して、エリア全体の発電量過剰というマクロ的要因に基づく出力抑制もあります。発電量が気象条件に左右される再生可能エネルギーの導入量が増えたことで、電力需要が比較的少ない快晴の休日などを中心に、抑制が実際に行われています。

一般送配電事業者の恣意性を排除するため、あらかじめ定められた**優先給電ルール**に基づいて出力抑制などの対応が取られます。供給が需要を上回ることが想定された場合、最初に実施されるのは、揚水発電の水の引き上げです。次は火力発電所の出力の制御ですが、あまり下げ過ぎると太陽光が発電を停止する日没時の対応が難しくなるので、一定の出力は維持されます。その次は地域間連系線を活用した他エリアへの送電です。

それでも電気が余る場合、再エネのうちバイオマス発電の出力を抑制します。次に来るのが太陽光発電と風力発電の出力抑制です。長期固定電源と位置づけられる水力、原子力、地熱の抑制は最後の最後です。このルール通りに実際に運用されたか、そもそも抑制が本当に不可欠だったかなど、送配電事業者の判断の妥当性は事後的に検証されます。

太陽光や風力の出力制御は2018年10月の土曜日に九州で初めて実施されました（離島を除く）。実施エリアは22年度から一気に広がり、首都圏を除く全国9エリアで実施済みです。それに伴い、制御量も飛躍的に増えています。

制御量の増加は再エネ電源の収益性を悪化させ、再エネ投資に水を差しかねません。そのことは電力の脱炭素化という至上命題の達成の観点からも由々しき問題です。そのため、火力電源の最低出力引き下げや**デマンドレスポンス**の強化など需給両面の対策が段階的に講じられています。

出力制御の指令順位

ⓐ 一般送配電事業者があらかじめ確保する調整力（火力等）及び一般送配電事業者からオンラインでの調整ができる火力発電等の出力抑制

ⓑ 一般送配電事業者からオンラインでの調整ができない火力発電等の出力抑制

ⓒ 連系線を活用した広域的な系統運用（広域周波数調整）

ⓓ バイオマス電源の出力抑制

ⓔ 自然変動電源（太陽光・風力）の出力抑制

ⓕ 電気事業法に基づく広域機関の指示（緊急時の広域系統運用）

ⓖ 長期固定電源の出力抑制

出典：資源エネルギー庁資料より

出力制御が発生するケース

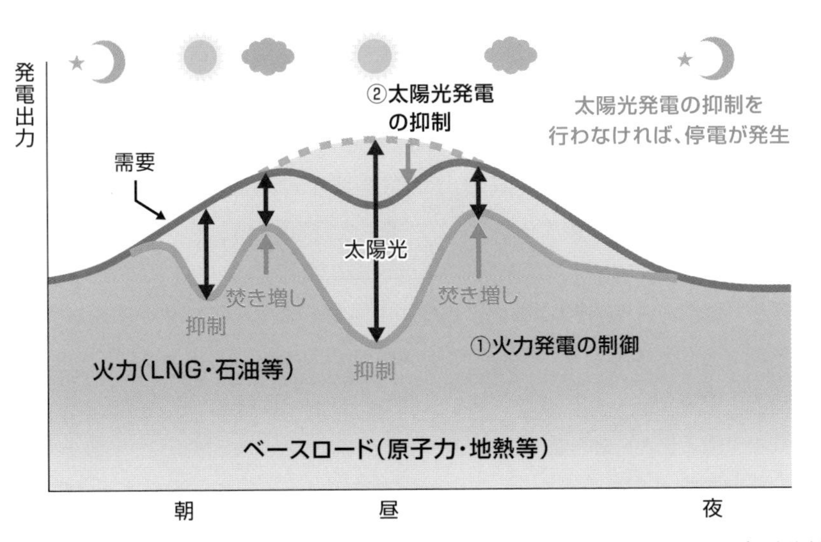

出典：資源エネルギー庁資料

5-16 連系線利用ルール

地域間連系線の利用ルールは2018年10月に大きく変わり、間接オークションという仕組みが導入されました。従来の先着優先ルールは、全国が一つのネットワークとして効率的に運用されることを妨げていたからです。

経済合理性のある仕組みに

設備増強が各地で進んでいるとはいえ、**地域間連系線**の送電容量は限定的です。その限られた枠を誰が使うかは、競争政策を含めた電力システム全体性の効率性の観点から重要な問題です。従来は利用登録を申請した時間が一秒でも先の事業者が自動的に利用権を得る**先着優先ルール**が採用されていました。

同ルールの下で、昔から連系線を利用している大手電力の利用枠が既得権化していました。後から市場参入した新電力が活用できる分は、もともと大きくない送電容量のさらに一部になっていたのです。

このことにより、日本全体で発電設備の最適な運用がなされる**広域メリットオーダー**の実現が阻害されていました。単純化して説明すれば、発電単価12円/kWhの電源が枠を抑えて電気を送っているため、10円/kWhの新しい電源に余力があっても送電枠を確保できず、結果として全国の発電単価が高止まりしていたわけです。

公正な競争環境の整備や広域メリットオーダーの実現という観点から、価格競争力のある電源が優先的に連系線を利用できることが望ましいことは確かです。こうした認識が広く共有され、18年10月に経済性の観点を組み込んだ新たな**連系線利用ルール**である**間接オークション**が導入されました。

間接オークションとは、連系線の利用容量の割り当てを日本卸電力取引所（JEPX）のスポット取引に連動させる仕組みです。スポット市場で連系線を介した取引が成立した事業者に、自動的に連系線の利用権が付与されます。これにより全ての市場参加者に利用機会が等しく開かれ、価格競争力のある電気から順番に連系線を通ることになりました。

自己託送を含めて連系線を介していた相対取引は全て、ルール変更後は現物の電気の受け渡しはスポット市場を通すようになりました。これによりスポット市場の取引量が増えるという副次的な効果も生まれました。

間接オークションについて

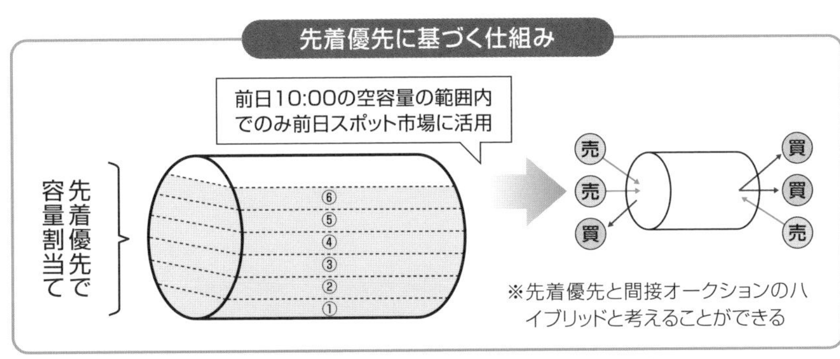

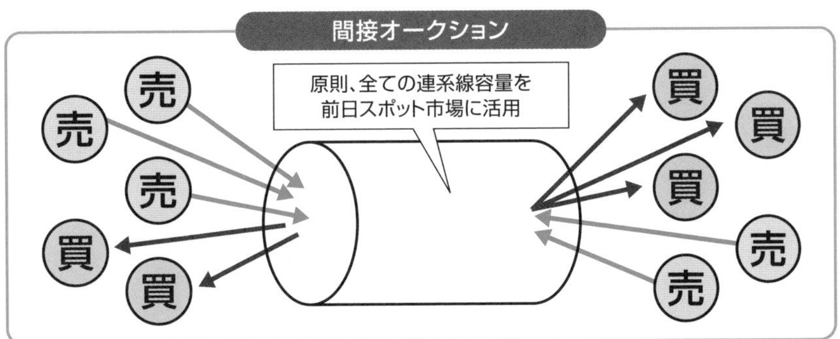

出典：資源エネルギー庁資料

連系線利用状況イメージ

4つの利用計画分を送電できる容量があると仮定　①～④は優先順位

先着優先ルール

順位	利用計画	価格
①	利用計画❶	（8円／kWh）
②	利用計画❷	（10円／kWh）
③	利用計画❸	（7円／kWh）
④	利用計画❹	（25円／kWh）
	利用計画❺	（5円／kWh）
	利用計画❻	（17円／kWh）

※利用計画の登録順に連系線を利用

間接オークション

順位	利用計画	価格
③	利用計画❶	（8円／kWh）
④	利用計画❷	（10円／kWh）
②	利用計画❸	（7円／kWh）
	利用計画❹	（25円／kWh）
①	利用計画❺	（5円／kWh）
	利用計画❻	（17円／kWh）

※メリットオーダーに沿って連系線を利用

出典：資源エネルギー庁資料

5-17 市場分断・間接送電権

連系線利用ルールが間接オークションに見直されたことで、地域間連系線をまたいだ相対取引もスポット市場の分断の影響を受けることになりました。そのリスクを回避する手段として作られたのが間接送電権です。

分断発生率は時期により変動

間接オークションの導入により、連系線をまたぐ電気は全て日本卸電力取引所（JEPX）のスポット市場経由になったことで、従来の相対契約は新たなリスクを抱えることになりました。原則論として、発電と小売の両事業者は差金決済契約を結ぶことで従来と変わらない取引を続けられます。例えば、相対契約の売買価格が10円/kWhで、スポット価格が12円/kWhだった場合、発電が小売に2円分を支払えばいいのです。

ただ、こうした計算が成り立つのは、**市場分断**が起きていない場合です。市場分断とは、連系線をまたぐ約定量が送電可能な物理的な上限を上回った場合、連系線を境に別々の市場として取引し直すことです。その結果、発電側と小売側の約定価格に差異が生じます。

各連系線における市場分断の発生率は、送電容量の増強などにより、時期によって大きな変動があります。例えば、北海道－東北間の北本連系線の分断率は一時90%を超えましたが、最近はおおむね10%台で推移しています。東京－中部間の周波数変換所も以前ほどの分断率ではないですが、それでも40%近い高水準が続いています。

先着優先ルールのもとで連系線利用の権利を持つ事業者は経過措置により市場分断のリスクを当面は無償で回避できています。ですが、それ以外の事業者は常にリスクに晒されます。この値差発生リスクを一定程度回避できる**間接送電権**を売買する市場が、19年4月に創設されました。間接送電権とは、エリア間値差の精算を行う権利のことです。1週間分の権利が一まとめにして売買されています。

なお、市場分断に伴い、**値差収益**なるものがJEPXにたまっています。分断された2市場では約定価格が異なりますが、連系線の容量分は物理的に電気が流れるので、その分だけ両市場の価格差に相当する金額が行き場を失うのです。この収入は供給安定性向上のための連系線の整備費用などに充てられています。

市場分断発生率の推移

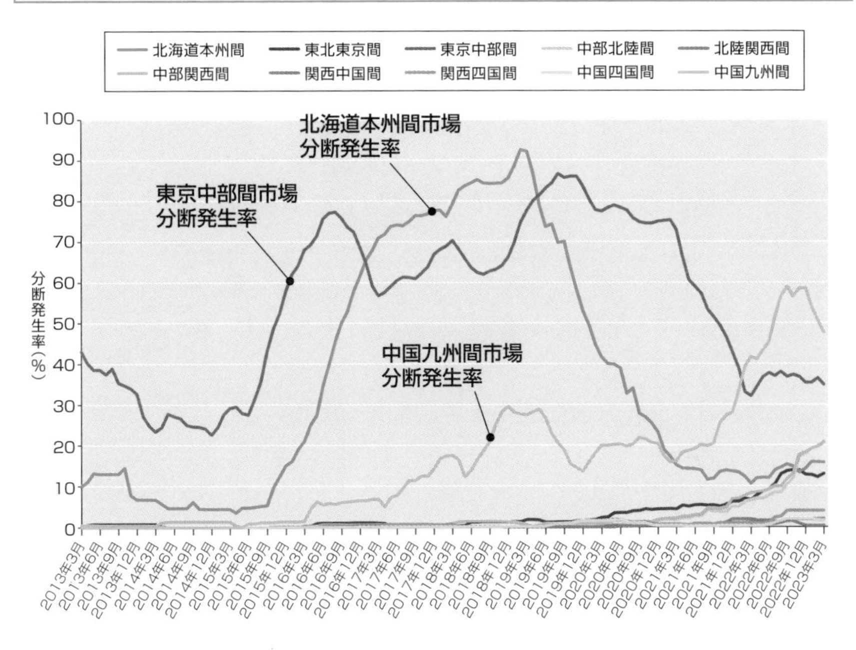

出典：電力・ガス取引監視等委員会資料

エリア間値差と混雑収入の関係

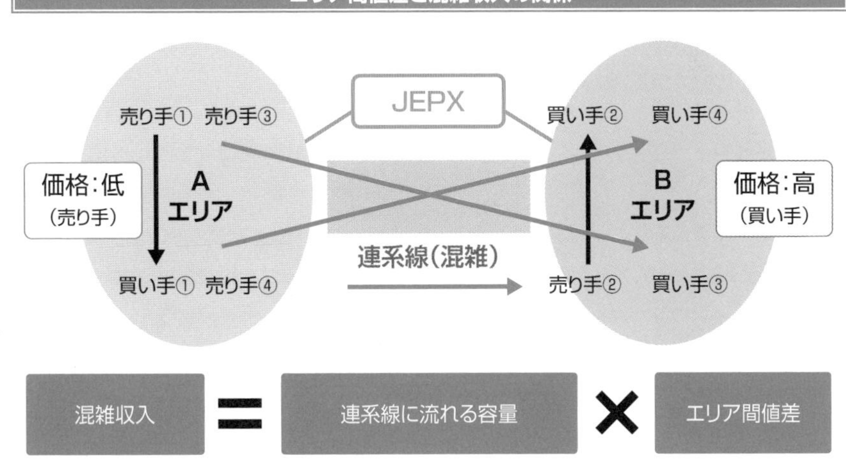

出典：資源エネルギー庁資料

太陽光と「貧乏父さん」の不幸な関係

10年間で国民の所得を2倍にすると宣言した「所得倍増計画」を池田勇人内閣が掲げたのが1960年。その宣言通りに日本経済は成長を遂げました。国民を挙げてそのことを祝うように1970年に開催されたのが大阪万博でした。

昨日より明日が豊かになると皆が素朴に信じられた時代。そんな前向きな雰囲気の中で、万博会場のエネルギー源として使われたのが同年に商業運転を開始した関西電力・美浜原子力発電所の電気でした。「人類の進歩と調和」をテーマにした万博で、原発は明るい未来のエネルギーとして受け入れられました。

21世紀の新たな電力システムの中で新たに主力電源になろうとする太陽光発電に対して、このような高揚感はありません。価値観が多様化し、国民的ヒット曲ももはや生まれない今の日本で、国民全体を明るく照らすエネルギーなどありえないのです。さらに踏み込めば、高度経済成長の帰結が一億総中流の社会であり、それを象徴するエネルギーが大型発電所の“王様”である原子力だったとするならば、太陽光は格差の拡大が進み、社会に閉塞感が漂う今の時代を象徴するエネルギーだと言えるかもしれません。

太陽光発電が本質的に不平等性の上に成り立っていることは否定できません。住宅用設備を設置できるのは、ロバート・キヨサキ氏の言い回しを借用するならば、立派な戸建て住宅を保有するだけの経済力を有する「金持ち父さん」だけです。「金持ち父さん」は余剰電力を売電して不労所得を享受できますが、その原資は電気の消費者が平等に負担します。つまり、夢のマイホームなど一生持てない「貧乏父さん」も負担だけは強いられるわけです。FIT制度が逆進性を有しているといわれるゆえんです。

太陽光発電に加えて、電気自動車やら蓄電池やらホームエネルギーマネージメントシステムやらを備えつけて個人間取引（P2P）に興じるなど所詮は「金持ち父さん」の道楽だとするならば、「貧乏父さん」にとっては原発が計画経済的に作られていた9電力体制の時代の方が幸せだったかもしれません。

第6章

配電

新たな電力システムでは、太陽光発電など需要側の発電設備や消費機器も重要な構成要素としてシステムに組み込まれます。これにより電気の流れは複雑になり、配電網に求められる機能の重要性も増します。需要家に電気を最終的に供給するという従来の役割を超えて、より高度な運用が求められるのです。大手電力の送配電網から切り離されて、独立したマイクログリッドとして運用されるエリアも出てくるでしょう。配電部門とは電力システムの中でも、デジタル技術を生かした新たな事業モデルが生まれうる最先端の領域と言えるのです。

6-1 配電の基本

需要家に電気を配るインフラである配電網。分散型エネルギーリソース（DER）の導入拡大により、上位の送電線から需要場所へと一方通行だった電気の流れは変わります。運用の複雑性は増すことが避けられません。

電気の流れは双方向に

電力のネットワークは電圧6,600Vを境に、**送電**と**配電**に分かれます。配電は文字通り電気を配るインフラで、発電所から送電線によって送られてきた電気を需要家に供給する役割を果たします。計量メーターも配電システムの構成要素です。

発電設備が基本的に全て特別高圧に接続する大型電源だった従来システムでは、配電網は電気の最後の通り道として機能していましたが、次世代の電力システムでは位置づけが大きく変わります。配電系統に接続するDERの数が飛躍的に増えるからです。

その中心は太陽光発電など再生可能エネルギーですが、蓄電池やコージェネレーションの他、空調など電気の消費機器もシステムの構成要素として機能するようになります。これにより電圧の低い方から高い方へと電気が流れる**逆潮流**が生じるなど、配電網での電気の流れは複雑性を増すことが避けられません。

つまり、配電網は電力システム全体の供給安定性維持のために、高度で複雑な運用が必要な領域になるのです。一般送配電事業者がエリアの安定供給の最終責任を負うことは変わりませんが、その負担軽減のため配電レベルでの多様な事業者による創意工夫が期待されます。送電ネットワークが全国の一体運用という広域化を志向するのに対し、配電ネットワークは逆に分散化の方向に進むのです。

具体的には、**VPP**（仮想発電所）や**マイクログリッド**といった需給一体運用型の新たな事業モデルが生まれます。そこでは地域の資源を活用した再生可能エネルギーが主要な供給力となり、エネルギーの地産地消や地域の脱炭素化、レジリエンス強化といった価値も創出されると期待されます。

地域レベルで電力以外のエネルギーインフラとの融合も進みそうです。例えば、再エネの電気が余る時間帯に水の電気分解によりグリーン水素を製造して、近隣の工場などで使われることが構想されています。

電源種ごとの連系電圧のイメージ

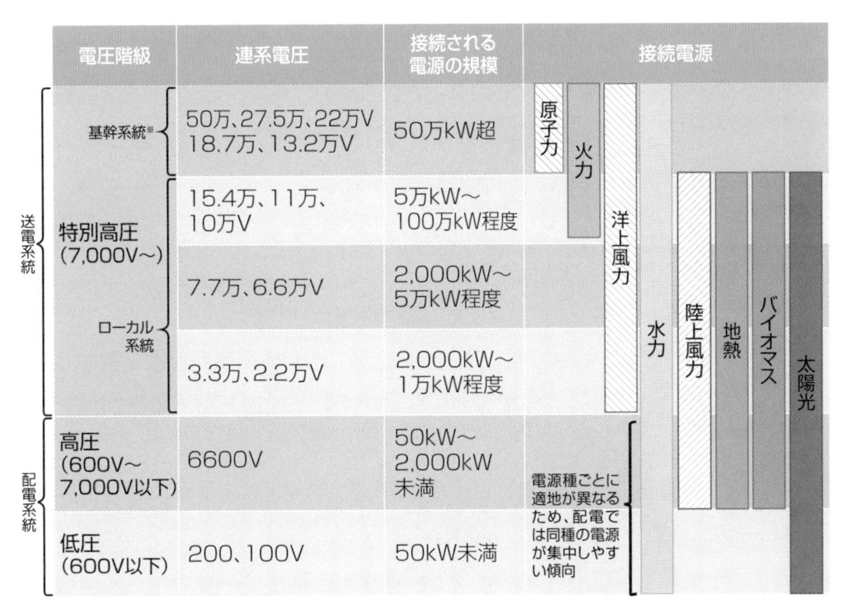

※各エリア上位2電圧　沖縄のみ1電圧(13.2万V)、北海道は50万Vなし(27.5万、18.7万)

出典：電力広域的運営推進機関資料

アグリゲーション関連ビジネス

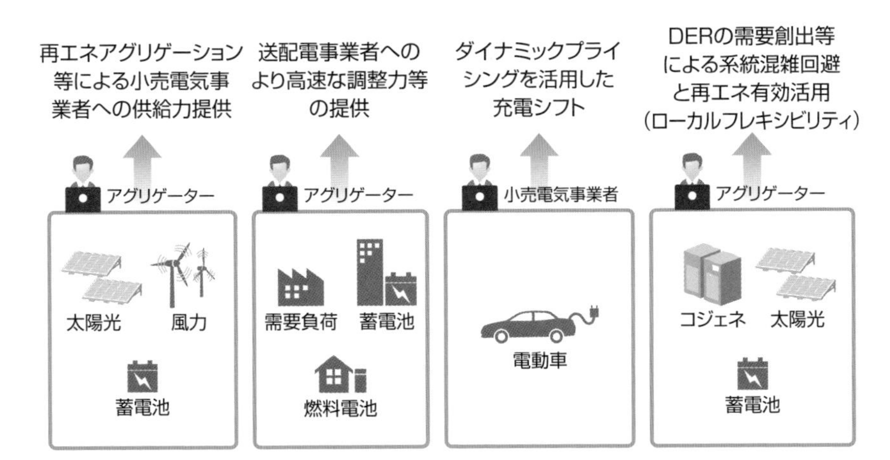

出典：資源エネルギー庁資料

6-2 スマートメーター

スマートメーターは、需要家の30分ごとの消費電力量を計測できる通信機能付きのメーターです。一般送配電事業者による計画的な導入が完了しつつあります。機能を進化させた次世代メーターの開発も進んでいます。

2024年度までに全国で導入完了

スマートメーターとは、双方向の通信機能を備えた電力メーターのことです。従来のメーターでは分からなかった30分単位での電力使用量や自家発電からの逆潮流値など細かいデータの収集が可能になります。一般送配電事業者が保有・管理しています。東日本大震災後に導入スピードの加速化が決まり、東京電力パワーグリッドは20年度末に交換作業を完了させました。沖縄電力以外の8社は23年度、沖電は24年度に全戸への導入を終えました。

スマートメーターの活用可能性は非常に大きく、記録されるデータを活用した新たなビジネスが生まれています。例えば、電気の消費状況の把握によるきめ細かい省エネサービスや、老親や子供の見守りなどの生活関連サービスが小売事業者などのサービスメニューに加わっています。行政が特定エリアの昼間人口を把握することで、災害対応の計画に生かすことも可能になります。

ただ、データの利用拡大は個人情報の漏えいリスクの増大と背中合わせで、万全のセキュリティ対策が求められます。そのため、個人情報を含むデータのやり取りは、22年5月発足の**電力データ管理協会**が間に入って行われます。同協会はデータを提供する一般送配電事業者とデータを利用する企業で構成し、経済産業省から認定を受けています。データ提供業務は23年秋から首都圏でまず始まり、全国に順次拡大していきます。

メーターの交換頻度は10年に1回と決まっており、25年度から既設のスマートメーターを交換するサイクルに入ります。新メーターの機能は、電力システムの脱炭素化やレジリエンス（強靭性）強化に向け、さらに高まります。例えば、再エネ大量導入時代にも高い供給安定性を維持するため、電力量や電圧は5分単位で把握できるようになります。ガスや水道との**共同検針**も可能になります。電気自動車の充電器など**特定計量器**のデータも収集できるようになります。

次世代スマートメーターの意義

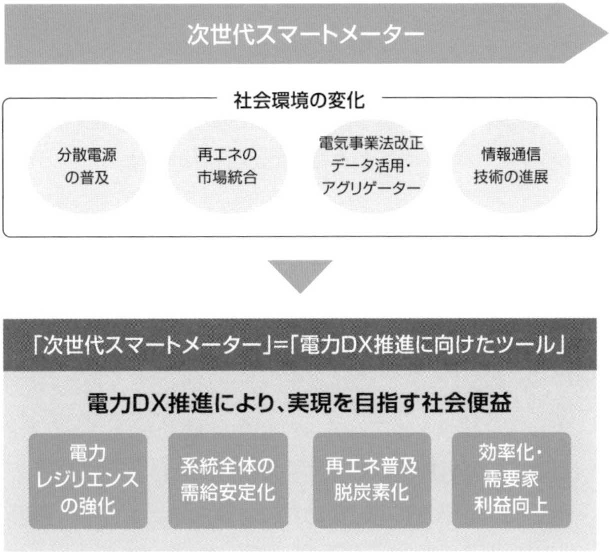

出典：経済産業省資料

データの活用ニーズ

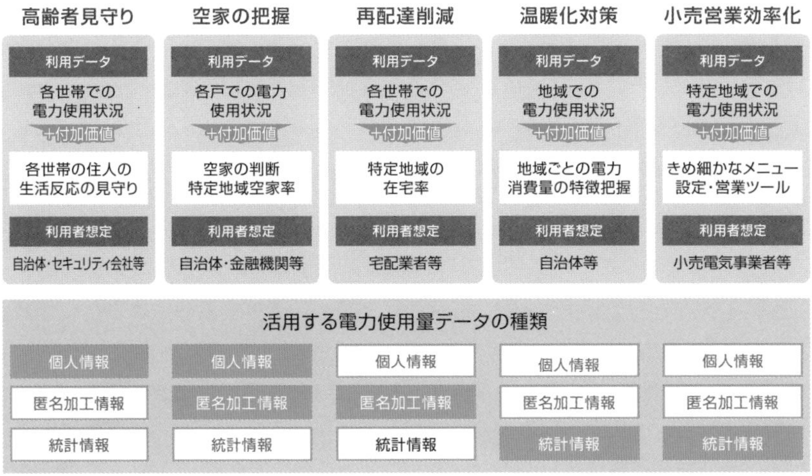

	高齢者見守り	空家の把握	再配達削減	温暖化対策	小売営業効率化
利用データ	各世帯での電力使用状況	各戸での電力使用状況	各世帯での電力使用状況	地域での電力使用状況	特定地域での電力使用状況
+付加価値	各世帯の住人の生活反応の見守り	空家の判断 特定地域空家率	特定地域の在宅率	地域ごとの電力消費量の特徴把握	きめ細かなメニュー設定・営業ツール
利用者想定	自治体・セキュリティ会社等	自治体・金融機関等	宅配業者等	自治体等	小売電気事業者等

活用する電力使用量データの種類

高齢者見守り	空家の把握	再配達削減	温暖化対策	小売営業効率化
個人情報（該当）	個人情報（該当）	個人情報	個人情報	個人情報
匿名加工情報	匿名加工情報（該当）	匿名加工情報（該当）	匿名加工情報	匿名加工情報
統計情報	統計情報	統計情報	統計情報（該当）	統計情報（該当）

出典:資源エネルギー庁資料

6-3 計量制度・特定計量器

電力システム改革の一環として、電気の計量も合理化が図られています。計量の正確性担保を大前提として、まずは家庭内に限って規制緩和が実施されました。配電レベルでの電力ビジネスの革新を阻害しないためです。

パワコンなどで計量可能に

電気の**計量制度**は1951年に制定された計量法を基礎としています。同法で、電気メーターは計量器の中でも国民生活に関係が深いとして、ガス、水道、タクシーなどのメーターや体温計とともに規制対象に含まれました。これらのメーターは商用される前に、国や地方自治体などによる精度の確認を受けることが義務づけられています。これにより計量の正確性を担保しているわけです。

この計量法の規制が時代の変化に合わなくなりました。従来は需要家ごとに1台で十分だった計量器を、**分散型エネルギーリソース**（DER）ごとに設置するニーズが生まれつつあるからです。例えば、個々の消費機器単位で**デマンドレスポンス**（DR）を行うためには設備ごとの計量が必要です。計量器の高いコストが、こうした新ビジネスの障壁になると懸念されました。

そのため、家庭内のDERを活用した取引に限り、計量法の適用除外とする**特定計量制度**が22年4月に導入されました。小売事業者やアグリゲーターが事前に届け出た取引について、事業者が計量の精度の確保や需要家への説明を行うことを条件に、特定計量器による計量が認められます。特定計量器とは、**パワーコンディショナー**や電気自動車（EV）**充放電設備**（V2H）などです。

これらの特定計量器を用いて、電気を契約する受電点単位でなく、自家発電設備など個々の機器ごとに電気の流れを測る**機器個別計測**による需給調整市場参加も26年度から高圧と低圧の両リソースで可能になります。これにより多くの機器がVPP（仮想発電所）として調整力の供出主体になると期待されます。

なお、**差分計量**という一部の計量器を設置しない手法も一定の条件のもとに認められています。例えば3つの発電設備の電気を**逆潮流**して売電する場合、3設備の電気が合流した地点と2設備に計量器を付けることで、残りの一つの発電量は「差分」として算出されます。

制度を合理化

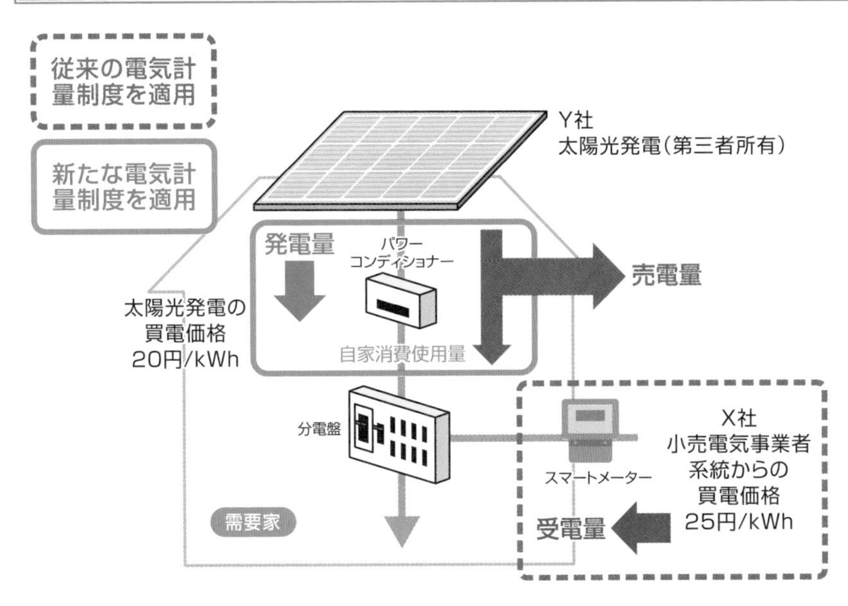

出典：資源エネルギー庁資料

受電点計測と機器個別計測

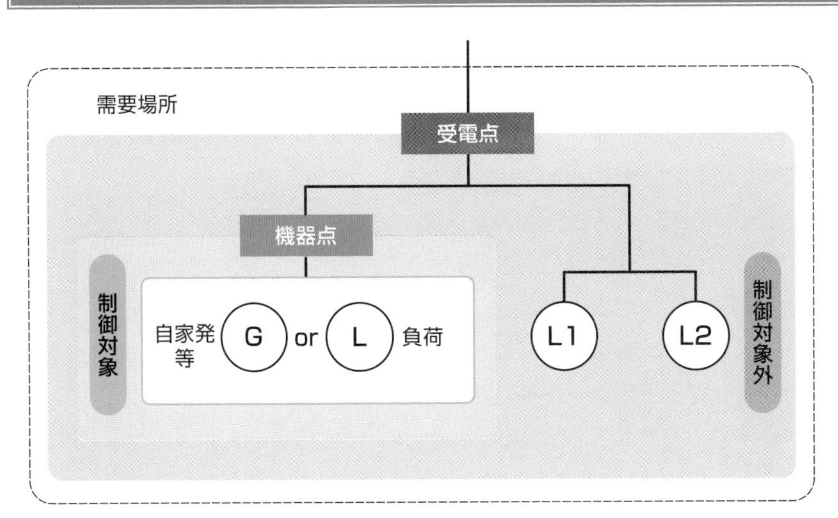

出典：資源エネルギー庁資料

6-4 引き込み線

配電ネットワークと需要場所を最終的につなぐ引き込み線。その整備ルールも、分散型エネルギーリソース（DER）の導入拡大に伴って見直しの必要性が生まれ、2021年4月に大きな規制緩和が実施されました。

整備ルールを柔軟化

引き込み線の整備ルールは、一般送配電事業者の託送供給約款で定められており、需要側設備の二重投資の回避などの観点から「一需要場所、一引き込み、一契約」という原則が設けられていました。つまり、一つの需要場所に複数の引き込み線を整備することや、複数の需要場所を単一の契約でくくることは認められていませんでした。

一つの需要場所とは、マンションや二世帯住宅など一部の例外を除き、個々の建物が該当します。学校など同一の主体に属する複数の建物が塀などで外部と区切られている場合は、その区域内が一つの需要場所です。DERの役割が大きくなる中で、この原則が実態に合わなくなっていました。実際、電気自動車（EV）の急速充電器とFIT（固定価格買取制度）認定の再生可能エネルギー設備は、必要に迫られて「一需要場所・二引き込み」が以前から例外的に認められていました。

脱炭素化やレジリエンス強化のため、再生可能エネルギー導入拡大など電力システムの分散化がますます重要な課題になる中、さらなる規制緩和を求める声は高まりました。その結果、安全性に問題がなく、経済合理性も確保されているケースに限って、21年4月から原則に縛られないことになりました。

一つの需要場所に複数の配電線を引き込むニーズとして、災害時に避難所となる小学校の体育館への空調設備の設置などがあげられます。学校構内が一つの需要場所のままでは、空調の導入により受変電設備の容量拡大が必要となり、費用面から断念せざるを得ないケースもあったといいます。

一方、二つの需要場所に一つの配電線を引き込むニーズには、例えば、隣接する二つのマンションでの非常時の電力融通があります。マンション間に自営線を整備することで、災害等により片方の受変電設備が壊れた場合にも、被災を免れた引き込み線を通して電気の供給が可能になります。

需要場所複数引き込みのニーズ例

●避難場所（学校）への空調設置

概　要

先般の自然災害を踏まえ、避難場所である学校の体育館へのエアコン設置のニーズが高まっている。

メリット

学校構内においては「一需要場所」であるため、仮にエアコンを設置した際、受変電設備の交換が必要となる場合があり、多額の費用を要することから避難場所へのエアコン設置の足枷となっている。仮に校舎と体育館で別々の引込みが認められればエアコン導入が促進されることが期待される。

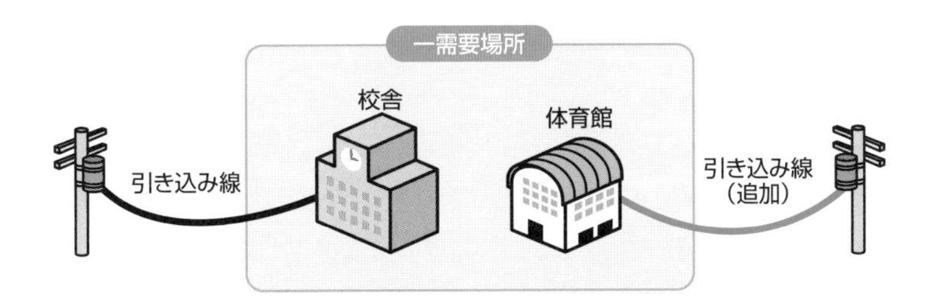

出典：資源エネルギー庁資料

複数需要場所に引き込むニーズ例

●非常における電力融通（タワーマンション）

概　要

台風19号の際、タワーマンション等は地下に受変電設備を設置しているため、浸水で受電設備が故障し、電気が長期間途絶えるところがあった。

メリット

例えば、系統から遮断された際に近隣の建物から電力供給を受けることができれば、長期間の停電を防ぐことが可能になる。

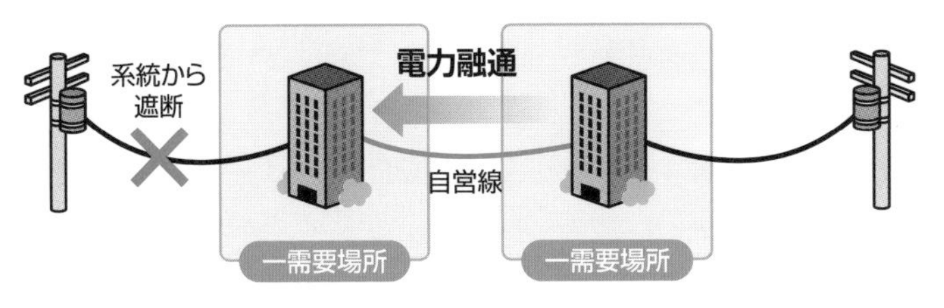

出典：資源エネルギー庁資料

6-5 分散型エネルギーリソース（DER）

配電網に接続される分散型エネルギーリソース（DER）。次世代の電力システムでは導入量が飛躍的に増え、存在感が高まります。システムの効率性や安定性の観点から、適切に管理・運用することが不可欠です。

潜在能力は大きい

DERには、太陽光発電などの再生可能エネルギーを中心とする分散型電源や空調や照明などの消費機器、**電気自動車**（EV）を含む**蓄電池**やヒートポンプ式給湯器**エコキュート**といった蓄電機能を持つ設備が含まれます。脱炭素化を実現する次世代の電力システムにおいて、DERに期待される役割はとても大きいです。

小売事業者の供給力として組み込まれることに加えて、現在は調整力の大半を担う火力電源に替わって調整力の主要な出し手になることも望まれています。再エネの電気をためた蓄電池であれば、CO_2フリーの調整力になります。

オフィスビルなどで電力消費量の多くを占める空調や照明は、完全に稼働を止めては屋内の人々の快適性が損なわれますが、空調の温度を1度上げ下げしたり、照明の調光率を少し変えたりする分には大きな問題はないでしょう。その結果生まれる調整力は機器単位ではわずかでも、日本中の機器を一括制御できれば非常に大きくなります。DERの調整力としての潜在能力は30年時点で2400万kW規模になるという三菱総合研究所の試算結果もあります。

家庭用燃料電池**エネファーム**もDERのひとつです。エネファームは、世界に先駆けて日本で2009年に市場投入されました。燃料となる水素は都市ガスやLPガスから取り出します。そのため、導入拡大に力を入れているのは主にガス会社です。災害などにより停電が発生した際、天候に左右されずに電気の使用が継続できることなどレジリエンスの観点でも注目されており、累計販売台数は2023年11月に50万台を突破しました。

ただ、政府が掲げる導入目標は、30年に300万台という非常に高いものです。市場投入以来、コスト低減は着実に進んでいますが、目標達成に少しでも近づくためには一層の価格低下が不可欠でしょう。大阪ガスなどは自家消費しきれなかった余剰電力を買い取るなど、運用面でも経済性の向上に努めています。

多種多様なDER

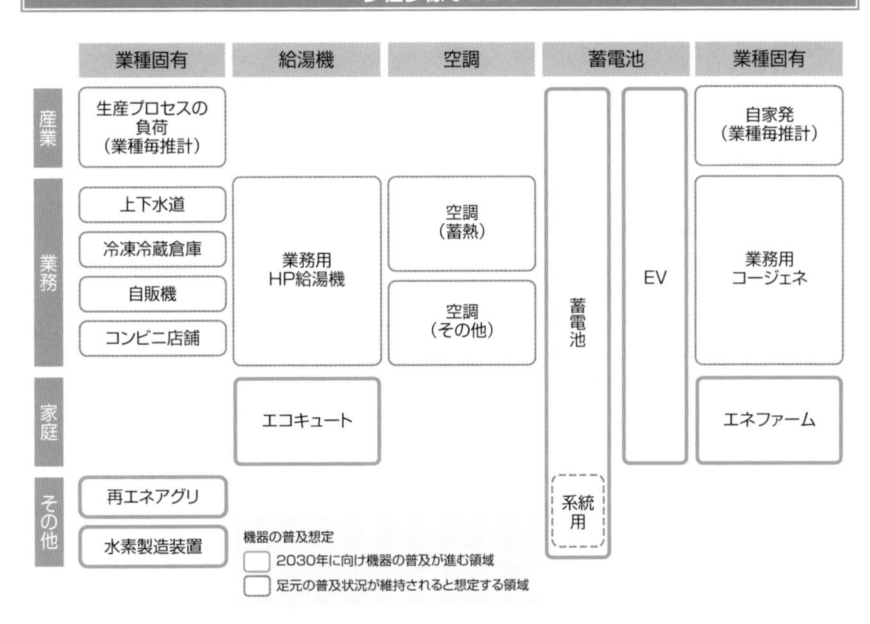

出典：資源エネルギー庁資料

エネファームの累計導入台数の推移

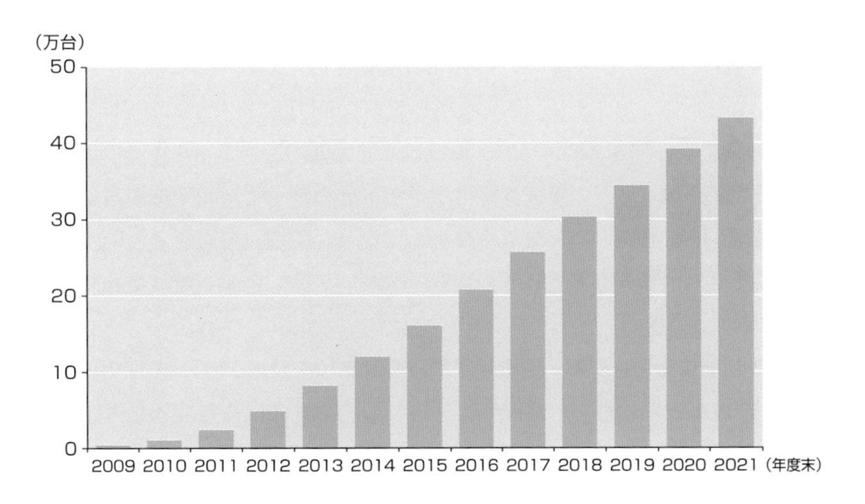

出典:エネルギー白書2023

6-6 エネルギーマネジメントシステム

分散型エネルギーリソース（DER）の導入が進むことで、需要家の側も電力などのエネルギーを管理することになります。エネルギーマネジメントシステム（EMS）の活用により、最適な管理が可能になります。

エネルギー需給を最適化

大型電源と長距離送電にもっぱら依存する従来型の電力システムでは、需要家の側がシステムの運用に主体的に関わる余地はほとんどありませんでしたが、DERの普及によって、その状況は大きく変わります。次世代の電力システムでは住宅を含めた需要家の建物も配電システムの一部に組み込まれていきます。太陽光パネルが屋根に乗り、他にも電気自動車（EV）、蓄電池、燃料電池などの機器が備われば、その建物自体がエネルギーの消費地であることに加えて、エネルギーの供給や調整の拠点になるのです。

とはいえ、屋内のエネルギー需給に常に目を光らせているヒマは普通の人にはありません。ですが、安心して下さい。複数のDERを適宜制御し、その最適化を図ってくれる頼もしいシステムがあるからです。**エネルギーマネジメントシステム（EMS）**です。制御対象ごとに頭にアルファベットが一つ加わります。業務用ビル向けであれば「B（ビル）EMS」、複数の建物を含んだ地域内のエネルギー管理をする場合は「C（コミュニティ）EMS」、そして家庭向けは「H（ハウス）EMS」です。

EMSの果たす役割は、簡潔に言えば制御する範囲内でのエネルギー使用の最適化の実現です。例えば、太陽光発電の電気も、その時々の系統全体の需給状況などに応じて、自家消費、小売電気事業者への売電、蓄電池にためるといった選択肢のどれが経済合理的か変わってきます。EMSはこうした選択を人間に代わってしてくれるわけです。

EMSが制御するのは発電・蓄電機器だけではありません。IoT（モノのインターネット）技術などにより、冷蔵庫やエアコンなど電気の消費機器とも今後は接続されるでしょう。ガスなど電気以外のエネルギーも制御対象になりえます。需給両方の機器を機動的に制御することで、屋内で活動する人々の快適性を失わずに最大限の節電や省CO_2を自動的に実現してくれるはずです。

HEMSシステム構成要素イメージ

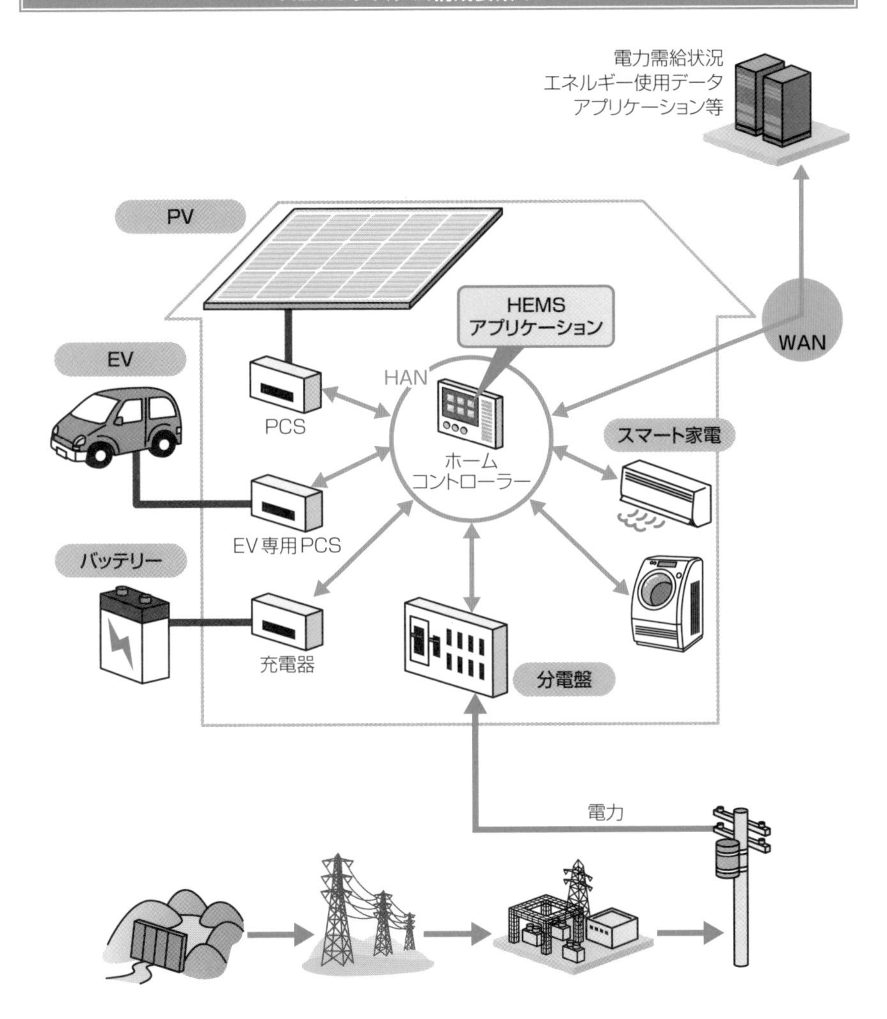

（注）
PV（Photovoltaic）：太陽光発電
PCS（Power Conditioning System）：直流の電気を交流に変換する機器
EV（Electric Vehicle）：電気自動車
EV専用PCS：EVへの電気を変換する機器
HAN（Home Area Network）：宅内の通信ネットワーク
WAN（Wide Area Network）：外部の通信ネットワーク
スマート家電：従来の省エネ機能に加え、創エネ・蓄エネ機能を有した機器がネットワークを介して繋がり、最適制御されるもの

6-7 ZEH

消費する量以上の電気を自ら作り出すZEH（ネット・ゼロ・エネルギー・ハウス）。太陽光発電の導入や建物の断熱性向上などにより実現可能になります。家庭部門の有力な省CO_2対策として推し進められています。

基準は細分化

国内の各部門でCO_2排出量削減の取り組みが最も遅れているのは、排出量の約15%を占める家庭部門です。2021年策定の新たな地球温暖化対策計画では、30年度までに家庭部門のCO_2排出量を13年度比で66%減らすという極めて高い目標が設定されました。

その達成に向けて政府が力を入れているのが、次世代型住宅**ZEH**の導入拡大です。その名の通り、エネルギーの消費量が全体としてゼロの住宅です。同様の概念を商業ビルに当てはめたのが、ZEB（ビルディング）です。

エネルギーを全く消費しないことはありえないですが、ようするに消費する量以上のエネルギーを創り出す家ということです。窓や壁の断熱性向上やLED照明など省エネ機器の採用によるエネルギー消費量の徹底的な削減に加え、屋根に太陽光発電を設置することでCO_2フリーな電気を自家消費します。

ただ、太陽光発電のエネルギー・ゼロへの貢献度は気象条件などによって異なります。例えば、積雪量が多い地域などでは太陽光発電の稼働率はどうしても低くなります。また、太陽光発電の設置可能面積と屋内の電力消費量の比率が戸建とは大きく異なるマンションでのZEHの実現も容易ではありません。

こうした事情を考慮して、ZEHの基準は細分化されています。寒冷地や多雪地域向けの「nearly ZEH」、都市部の狭小地に建設される建物向けの「ZEH oriented」などです。逆に、電気自動車の利用などにより1次エネルギー消費量を25%以上削減する「ZEH+」という上位基準も設定されています。

政府は30年に新築住宅の平均でのZEHの実現、50年に住宅部門全体でCO_2排出ゼロを目指しています。大手ハウスメーカーを中心にZEHの採用は進んでおり、新築注文住宅に占める割合は4分の1程度です（21年度）。一方、建売住宅では3%弱とまだ極めて低い水準にとどまっています。

ZEHの定義（イメージ）

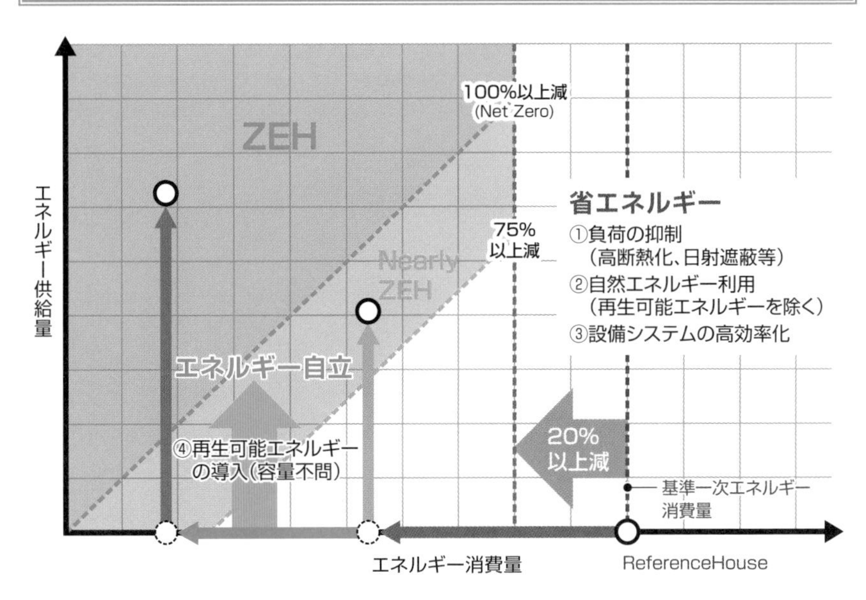

出典：経済産業省「ZEHロードマップ検討委員会」報告書より

新築戸建て住宅のZEH普及状況

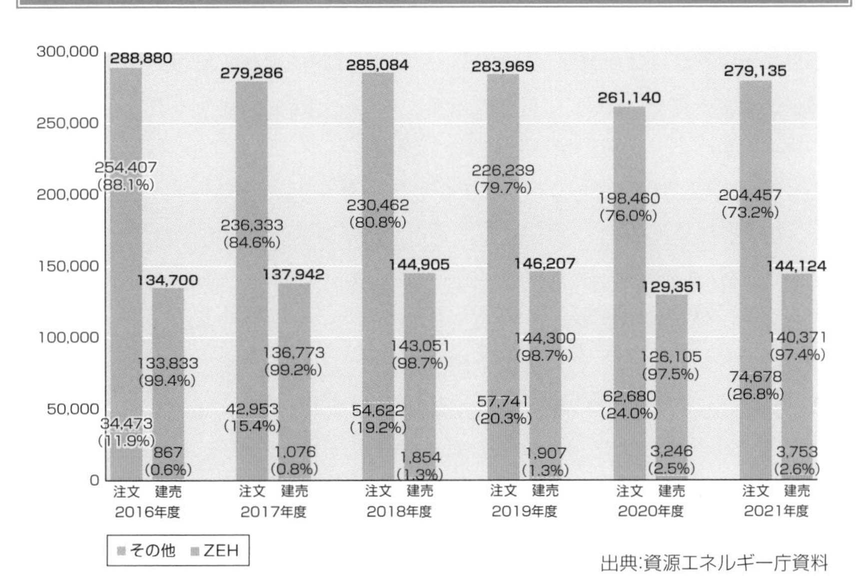

出典:資源エネルギー庁資料

6-8 VPP（仮想発電所）

複数の分散型エネルギーリソース（DER）を統合制御して、単一の発電所のように運用するVPP（仮想発電所）。再生可能エネルギーの不規則な出力変動を吸収しつつ、供給力や調整力を提供する役割が期待されています。

アグリゲーター育成が課題

VPPは、経済産業省が2015年3月に策定したエネルギー革新戦略で「電力網上に散在する需要家側のエネルギーリソースを、IoT（モノのインターネット）を活用して統合制御し、小売や送電事業者の需給調整に活用する」ものと定義づけられました。その後、実用化に向けた取り組みが本格化しており、大手電力や通信会社などがリーダーを務める複数のグループが実証試験を行っています。

再エネや蓄電池などDERの比率が大きく高まる新たな電力システムで、VPPの存在感が強まることは間違いありません。デジタル技術により多くのDERを統合制御することで、太陽光発電や風力発電の不規則な出力変動を吸収します。これにより再エネ電源の導入拡大と電力システムの安定性維持の両立に貢献できます。

VPPに携わる事業者の役割は、分散型リソースを保有する需要家と直接契約を結ぶ**リソースアグリゲーター**（**RA**）と、VPP全体を統括者である**アグリゲーションコーディネーター**（**AC**）に分かれます。ACが複数のRAを束ねて、スポット市場や需給調整市場、容量市場などに参加します。

22年度からACの役割を担うには**アグリゲーター**というライセンスが必要になりました。VPPの信頼性を担保するためで、発電事業者と同等の規制がかかります。傘下のRAの行動も含めてACが責任を持たなければなりません。ライセンスの正式名称は**特定卸供給事業者**で、23年4月現在、大手電力や有力新電力を中心に45社が取得済みです。これらの企業が中心となる業界団体エネルギーリソースアグリゲーション事業協会（ERA）も2023年10月に発足しました。

VPPは今後､需給調整市場で大きな存在感を持つことが期待されています。個々の機器の規模は小さい低圧接続のDERの需給調整市場への参加は、一般送配電事業者の業務の煩雑性などの観点から認められていませんでしたが、数万台の機器を統合制御するVPPとして、26年度から可能になります。

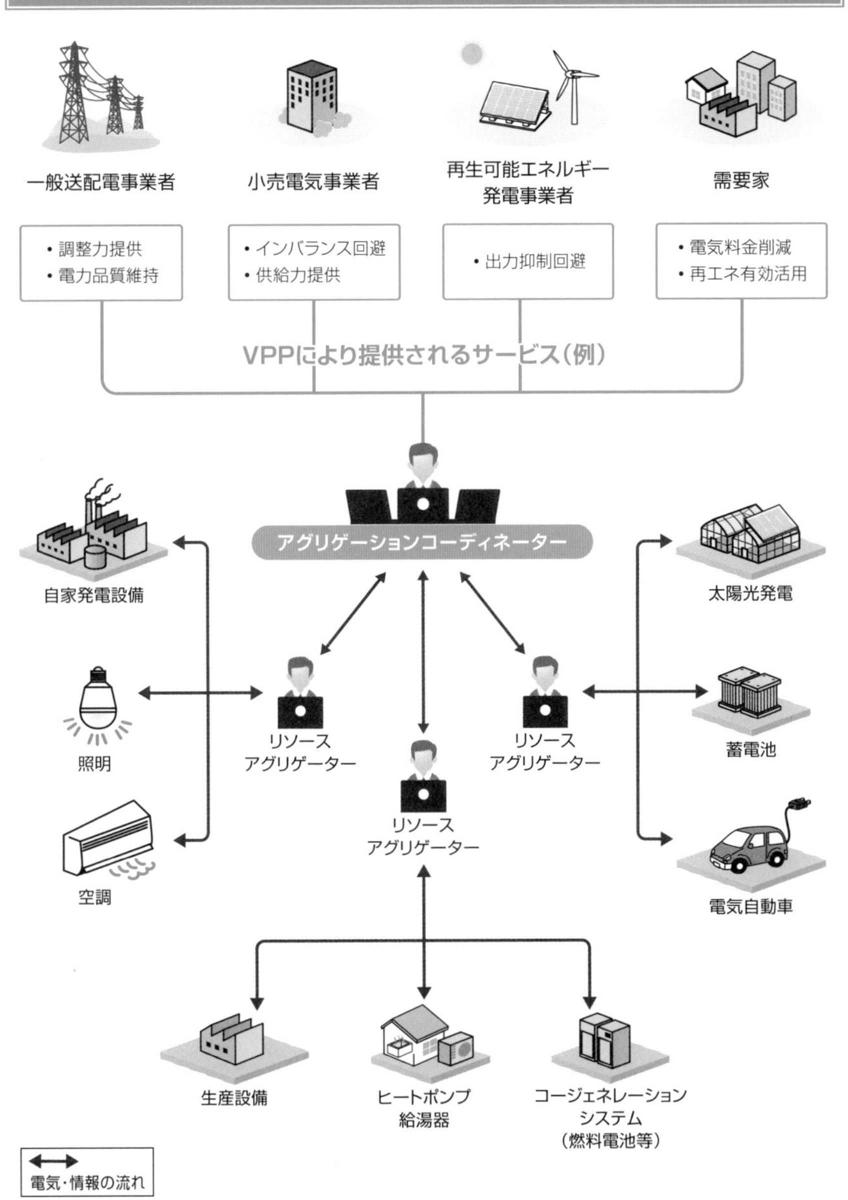

出典：資源エネルギー庁資料

6-9 マイクログリッド

マイクログリッドとは、特定エリアで完結した小規模の電力系統です。レジリエンスや効率性の観点で、系統網を分散化した方が望ましいケースもあると考えられ、配電事業などの新たな事業区分が導入されています。

配電事業と指定区域供給を制度化

電力ネットワークは、規模が拡大することでレジリエンスや効率性が向上するというのが、一般的な常識です。ただ、2018年9月の北海道におけるブラックアウトや、19年9月に千葉で起きた2週間以上に及ぶ大規模停電は、独立して運用した方がレジリエンスの高まるエリアも存在する可能性を示しました。

例えば、千葉では山間部の鉄塔が倒壊したことが停電の大規模化・長期化の要因でしたが、倒れた鉄塔の先の配電エリアが独立運用に切り替え、地域の分散型電源を活用して**マイクログリッド**として需給バランスを保てれば、そのエリアは停電を免れられたわけです。平時から独立系統として運用することで山間部に建てる鉄塔が不要になれば、電力システム全体のコスト低減にもつながります。

こうした問題意識から経済産業省はマイクログリッドの構築を後押ししています。例えば、北海道釧路市や千葉県いすみ市などで設備が構築され、実際に系統網から切り離してグリッド内で安定供給が保たれるか確認する実証試験も行われています。デジタル技術を駆使して地域のエネルギー資源を有効活用するなど、先進的な系統運用モデルが生まれることが期待されています。

一般送配電事業者に替わって送配電網の一部の維持・運用業務を担う**配電事業**という新たな事業類型も22年度に設けられました。一般送配電事業者と同様に許可制です。電圧・周波数維持義務や供給計画の作成義務などを課され、グリッド内の安定供給に最終責任を負います。一般送配電事業者から設備を買い取ることも可能で、自然災害などの非常時には独立系統としての運用が想定されます。

地理的には陸続きでも電力系統的には“離島”となるエリアを作る**指定区域供給**という新制度も導入されました。実際の離島と同じように、一般送配電事業者が系統運用と小売供給を一体的に担います。非常時だけでなく平時から完全に独立系統として運用されます。

配電事業のイメージ

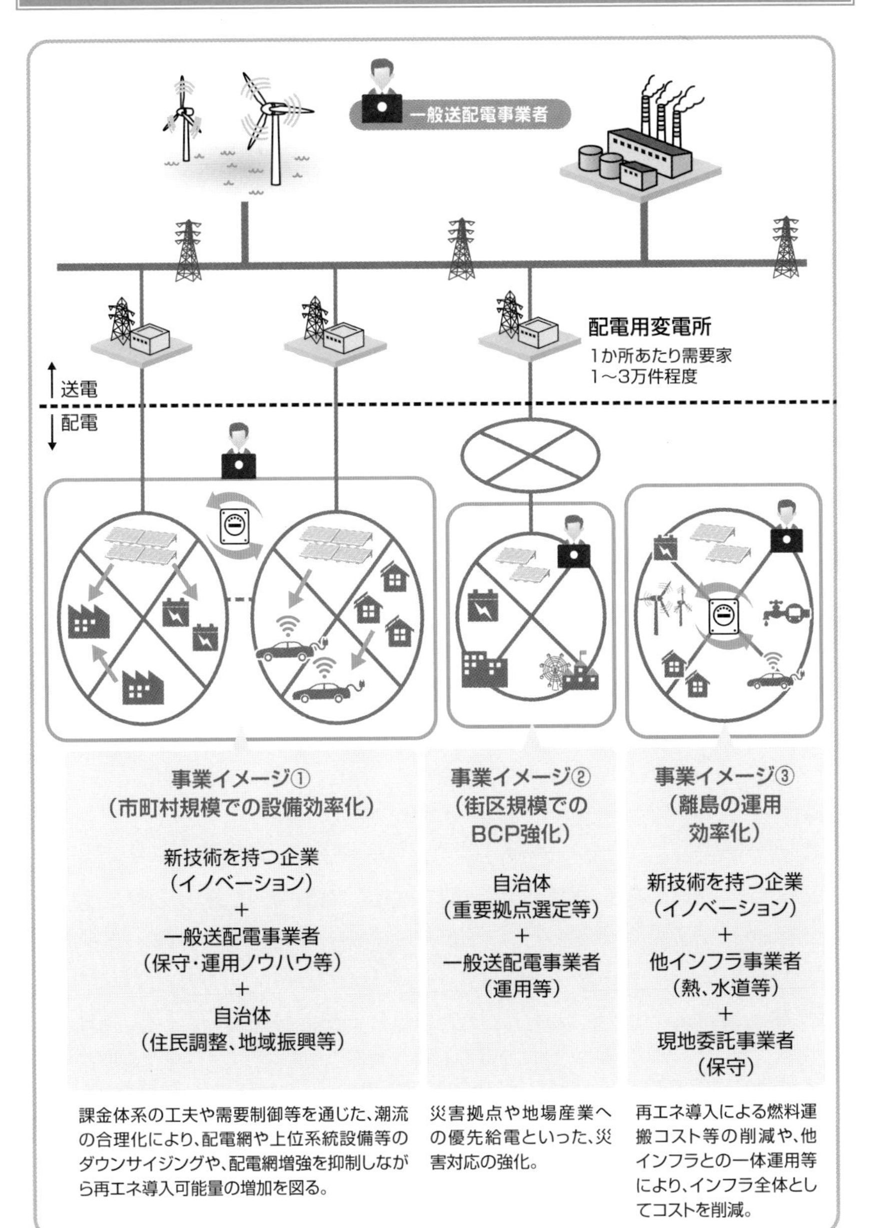

出典：資源エネルギー庁資料

電気がコミュニケーションツールに

大手住宅メーカーの積水ハウスが2018年7月に、企業では日本初だという幸せを研究する機関「住生活研究所」を開所しました。住めば住むほど幸せになる住まいのノウハウを科学的・理論的に明らかにすることで、居住者が高い幸福感を持てる住まいを提案するのがミッションです。同年10月にはさっそく、従来の機能別の「LDK発想」から脱却した大空間リビングという部屋割りの新たなコンセプトを提案しました。また、慶應義塾大学や産業技術総合研究所、NECなどとともに、居住者の健康に焦点を絞った研究にも着手しています。

物質的な豊かさから精神的な豊かさへと人々の価値観は変わっているということは、現代の日本において巷間よく言われます。積水ハウスの取り組みはまさにこうした変化に沿うものですが、電気事業者が目指すべき道もおそらく同じ方向でしょう。

電気をただ売っているだけでは顧客のニーズに応えられない状況はすでに生まれています。地球環境への負荷低減が人類共通の課題になる中、電気をどんどん使ってくださいという姿勢ではもはや通用しません。そのため、大口需要家に対しては、ガスなど他のエネルギーとともに、省エネや省CO_2のエネルギーマネジメントをパッケージして提供するエネルギーソリューションサービスが広がっています。

家庭向けサービスではこうした要素に加えて、居住者の幸福感を高めるという観点も加味できれば他社との差別化につながりそうです。幸福感を生み出すために電気が何か積極的な役割を果たせるかというと頭をひねる人がほとんどかもしれませんが、新たな電力システムのもとではあながち荒唐無稽な話でもないのです。

例えば、住宅用太陽光発電の余った電気を遠く離れた家族に融通するサービスが検討されています。もちろん、自宅で発電した電気が物理的に遠方の家族のところまで届くわけではありませんが、そうした取引を契約上成立させることで、電気はコミュニケーションツールとしての役割も果たせるようになります。電気の託送を通じて楽しい会話が生まれることもありえるのです。

第7章

蓄電

再生可能エネルギーの導入量が大きく増えていく中で、蓄電の機能は死活的に重要になります。太陽光発電や風力発電の余った電気を、何らかのかたちで貯めておくことが欠かせなくなるからです。蓄電池は従来のように停電対策などの限定的な役割でなく、電力システムの中でより重要な一角を占めるようになるのです。電気の脱炭素化と高い供給安定性を同時に達成するカギは、蓄電にあるといっても過言ではありません。電気自動車（EV）や水素製造のための水電解装置も、電力システムの新たな構成要素として期待されています。

7-1 蓄電の基本

蓄電とは、電気を何らかのかたちで貯めることです。再生可能エネルギーが主力電源になる次世代の電力システムでは、欠かせない機能です。環境性と供給安定性を高いレベルで両立するために重要な役割を担います。

電気が消費される時間の調整

電気というエネルギーの基本的な特性は、生産即消費です。従来の電力システムでは、電気は貯められないということが常識でした。もちろん蓄電池は世の中に存在していましたが、一部の需要家が停電時の非常用電源などとして限定的に設置しているだけで、電力システムの構成要素とは言えませんでした。それに対して、次世代の電力システムでは、**蓄電**の機能が極めて重要になります。

電力の脱炭素化のためには再エネの飛躍的な導入拡大が不可欠ですが、太陽光発電や風力発電の発電量は天候によって左右されます。その時間帯の需要量とは無関係に、気象条件が良ければたくさん発電するのです。そのため、導入量が増えると、送配電エリア全体、あるいは個々の需要家単位で、電気が余る時間帯が出てきます。その時、システム全体の安定性を保ちつつ、CO_2フリーの電気を最大限有効活用するためには、作られた電気をいったん貯めておくことが必要になります。

蓄電池には、複数の種類があります。**鉛電池**、**リチウムイオン電池**、**NaS電池**、**レドックスフロー電池**などで、それぞれ適した用途があります。需要家が設置する蓄電池として最も向いているのは、大型化は困難ですがエネルギー密度が高く長寿命が期待できるリチウムイオン電池です。電気自動車（EV）向けとしても優れています。同じ用途でリチウムイオン電池を超える性能や安全性が期待できる**全固体電池**の開発も進んでいます。

なお、蓄電とは物理的には電気を貯めることですが、電力システムの運用の観点でみれば、作られた電気が消費される時間の調整です。その機能を果たすには必ずしも電気のまま貯める必要はなく、蓄電池だけが蓄電機能を持つ機器ではありません。**揚水発電**や**P2G**（Power to Gas）、**エコキュート**も電気を別のエネルギーに変換して貯蔵する蓄電設備です。需要側機器を制御する**デマンドレスポンス**（**DR**）も蓄電の一種と言えます。

系統安定化のために必要

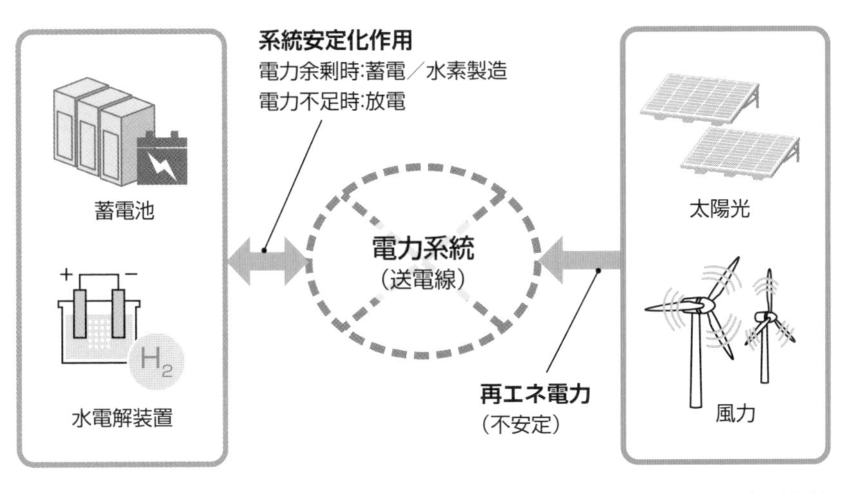

出典:資源エネルギー庁資料

全個体電池とは

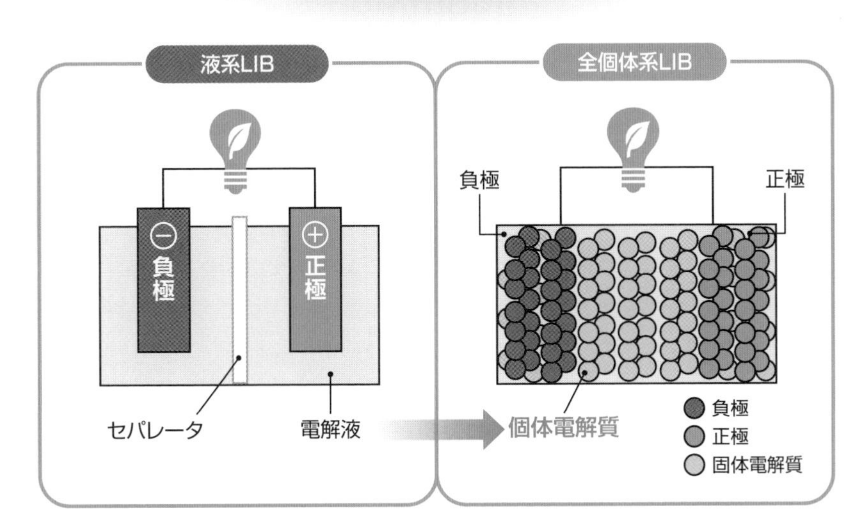

出典:経済産業省資料

7-2 需要側蓄電池

需要側に設置される蓄電池は今後、VPP（仮想発電所）のリソースなどとして平時からの機動的な活用が期待されます。導入量が期待通りに増えるためには、コストの低減が着実に進むことが不可欠です。

2030年に10倍の導入規模

蓄電池の従来の一般的な用途は、停電用の電源や需要の平準化で、大口需要家がBCP（事業継続計画）や電力コスト低減のために設置してきました。東日本大震災後には一般家庭でも停電対策で導入するケースが増えました。住宅用太陽光発電のコストが下がってきたことで、夜間の自家消費のために昼間の余剰電力を貯める用途も出てきています。

その結果、日本は家庭用蓄電池の導入量で、世界トップの水準にありますが、電力システムの構成要素という意味での需要側蓄電池が本格的に活用されるのはこれからです。蓄電池の役割がますます大きくなることは間違いありません。具体的には、VPP（仮想発電所）を構成する主要なリソースとして、需給調整市場やスポット市場への電気の出し手となることが期待されています。

実証試験を通して、蓄電池がこうした用途を担えることが技術的には確認されつつあります。実用化に向けた最大の課題は、経済性です。工事費を除く蓄電池の価格は過去5年で約40%下がっていますが、それでも導入量を飛躍的に伸ばすにはまだ高すぎるのです。

経済産業省は**需要側蓄電池**の30年時点の累計導入規模が19年実績の約10倍の量である約2,400万kWhになると見込んでいます。その目標を達成するため、22年8月に策定した**蓄電池産業戦略**で、家庭用は19年度の19万円/kWhから30年度に7万円/kWh、業務・産業用は同じく24万円から6万円に下げるとの目標を設定しました（工事費含む）。コスト低減に向けては、使用済みの車載用蓄電池を定置用に再利用することも期待されています。

VPPのリソースとして活用するには、アグリゲーターの指令により遠隔制御する必要があります。蓄電池の持ち主である需要家にとっては外部から機器を操作されるわけで、需要家の理解促進や彼らが利益を得られる仕組みの構築も重要な課題です。

定置用リチウムイオン蓄電池の普及状況

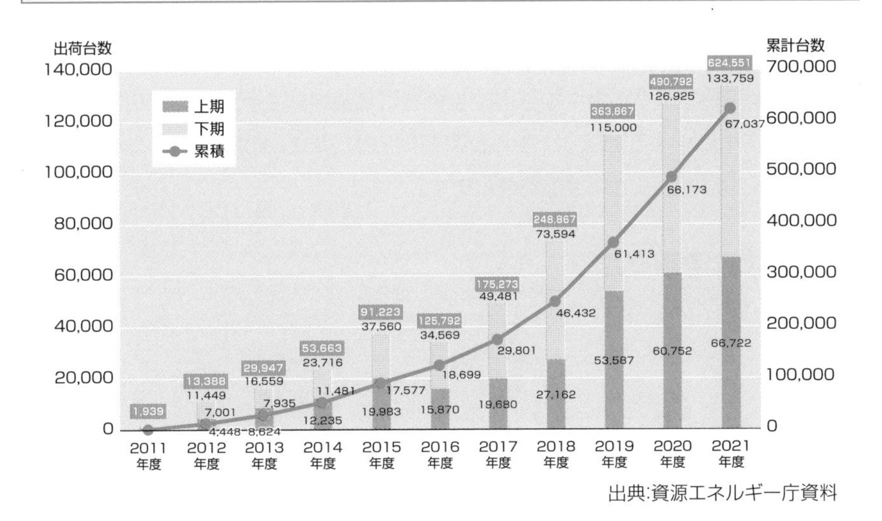

出典:資源エネルギー庁資料

目標価格

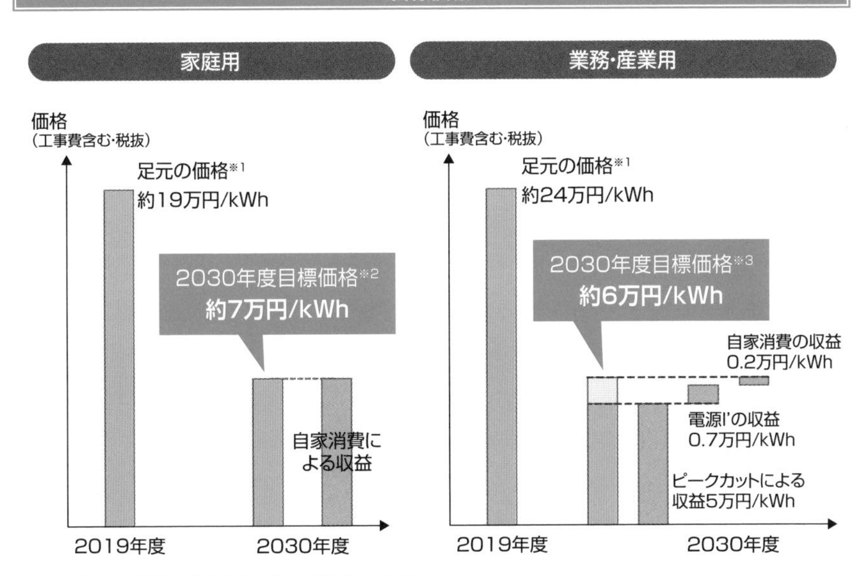

※1 足元の価格は、補助実績等から算出した価格
※2 電気料金と売電価格の値差を踏まえて、回収期間を最大15年として算出
※3 ピークカットによる収益のほか、電源I'として得られる収益、自家消費の最大化により得られる収益を含め、回収期間8年程度として算出

出典:資源エネルギー庁資料

7-3 系統用蓄電池

独立した設備として電力系統に直接接続される蓄電池も制度面の整備を受けて、導入が本格化し始めています。需要側蓄電池に比べれば大規模で、供給力や調整力を提供する電源として単独で機能します。

制度上は発電事業に

発電所と同様に送配電ネットワークに直接接続される系統側の蓄電池もこれから本格的に導入が進みます。発電所をもじって、**蓄電所**とも呼ばれます。設備は需要家が設置する蓄電池に比べて当然大規模になります。脱炭素化と安定供給の両立のために蓄電機能の重要性が増す次世代の電力システムにおいて、重要な構成要素のひとつになることは間違いありません。

資源エネルギー庁は、**系統用蓄電池**の導入を進めるための取り組みを進めています。そもそも制度上の位置づけも明確ではなかったので、揚水発電と同様に発電事業として位置づけることを決めました。長期脱炭素電源オークションの支援対象にも含めました。

こうした政府の後押しを受けて、開発の動きは広がり始めています。2023年5月時点で一般送配電事業者が接続検討を受け付けた案件は全国で合計約1200万kWに及びます。再エネ出力制御が特に盛んな九州が最も多いです。実際に契約申し込みに至った案件もすでに約112万kWもあります。

事業の実施主体は、大手電力や有力新電力などが中心です。電気事業者にとって、系統用蓄電池の運営は、有望な新規事業のひとつに位置づけられています。基本的な収益モデルは、市場価格が安い時間帯に貯めておいた電気をスポット市場などに拠出することで利ザヤを稼ぐというものです。

こうした運用は、電力システムの安定化や脱炭素化の観点で求められる公益的な役割とも矛盾しません。市場価格が安い時間帯とは、太陽光など再生可能エネルギーの電気が余剰気味である可能性が高いからです。つまり、市場価格が安い時間帯に電気をためることは、再エネの有効活用や系統全体の需給バランス維持、系統混雑の回避などの貢献に自然とつながるわけです。再エネの電気をもっぱらためた蓄電池であれば、CO_2フリーの調整力の提供主体にもなります。

系統用蓄電池とは

蓄電池を再エネや電力需要家と1対1で接続

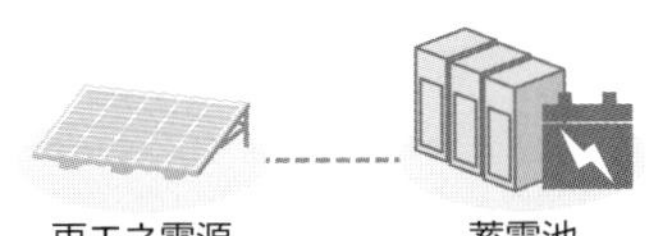

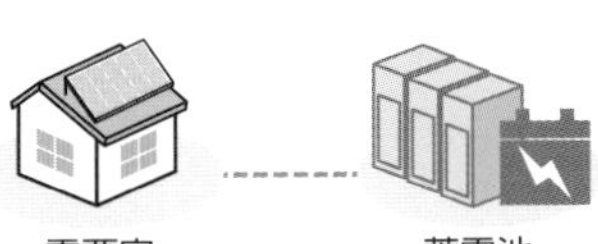

蓄電池を1対1で接続することで、個々の再エネ電源等の安定化を図る

蓄電池をグリッドに接続し複数の事業で共用化（系統用蓄電池）

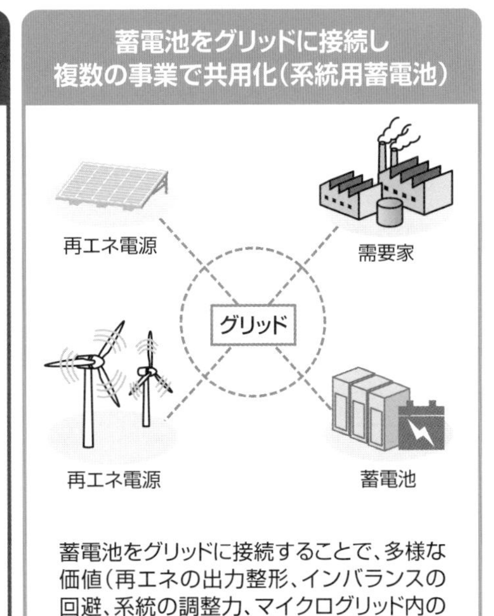

蓄電池をグリッドに接続することで、多様な価値（再エネの出力整形、インバランスの回避、系統の調整力、マイクログリッド内の需給調整等）を提供

出典：資源エネルギー庁資料

系統用蓄電池の収入構造イメージ

収益

②需給調整市場

①卸電力市場裁定取引

③容量市場

送配電事業者等からの固定収入

時間帯

出典：資源エネルギー庁資料

7-4 電気自動車の基本

次世代自動車の本命といえる電気自動車（EV）。社会全体の脱炭素化に向けて、日本でも普及拡大期に入ってきました。その勢いを止めないためには、充電インフラの整備を並行して進める必要があります。

充電器の整備も課題

環境性に優れたエコカーである**電気自動車（EV）**。エンジンで化石燃料を燃やしながら走る従来の車と違い、走行中にCO_2を排出しません。もちろん消費される電気自体のCO_2排出原単位は電源構成に左右されるので、EVの環境性は最終的には再生可能エネルギーなど非化石電源の導入具合によって大きく変わります。

政府は2021年6月に策定したグリーン成長戦略で、乗用車については35年までに新車販売は100%電動車とするとの目標を設定しました。トラックなど商用車でも電動車の比率を上げることを目指します。なお、電動車の定義には、EVだけでなくプラグインハイブリッド車（PHV）や燃料電池自動車（FCV）、ハイブリッド自動車（HV）も含まれます。

日本は欧州や中国に比べて普及が遅れていましたが、22年に日産自動車の軽EVサクラなど20車種近いEVが一挙に市場投入され、本格的な普及時期に入りました。EVが橋渡しをするかたちで、エネルギーとモビリティのビジネスの融合も進みます。大手電力や有力新電力は、バス会社や運送会社などに対し、EVの導入から運用まで支援するサービスを続々と始めています。

EVの普及促進のためには、充電器の整備も課題です。充電器は**普通充電器**と**急速充電器**に大きく分かれます。自宅などEVを長時間駐車させる場所に設置されるのが普通充電器で、こうした充電形態は**基礎充電**と呼ばれます。一方、従来のガソリンスタンドのようにドライブ中に短時間で充電を済ますために必要なのが急速充電器で、**経路充電**と呼ばれます。

政府は30年までに充電器30万口設置という目標を掲げており、そのうち公共用の急速充電器が3万口です。充電器が地理的に偏在することなく、利用者の利便性を考慮して戦略的に設置されることが必要で、高速道路会社など関係者が連携を強化しています。

次世代自動車の保有台数の推移

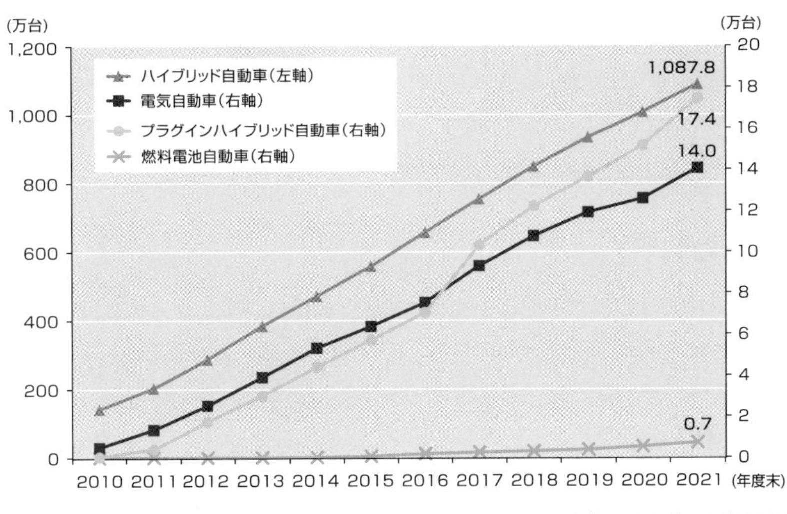

出典:エネルギー白書2023

充電器設置台数の推移

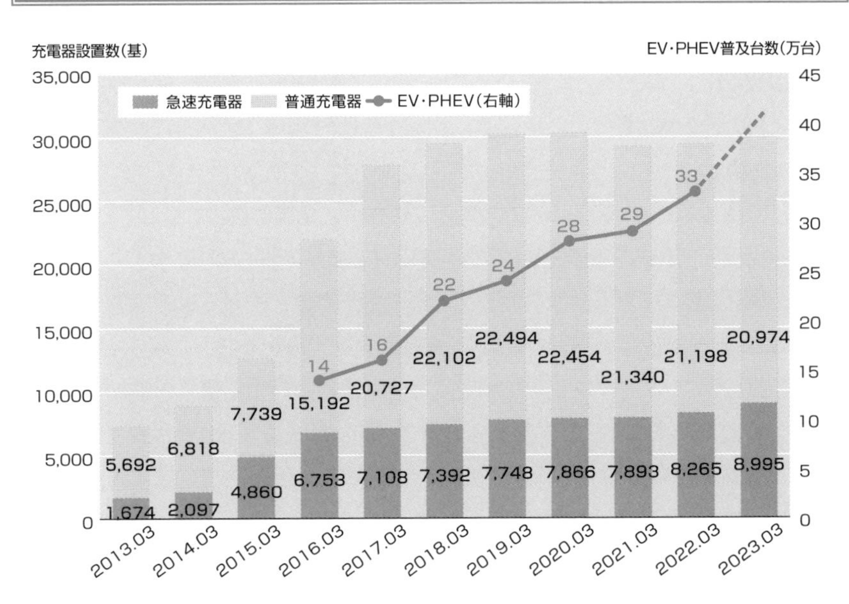

出典:経済産業省資料

7-5 電気自動車の活用

電気自動車（EV）は電力システムのリソースという観点で見れば、“走る蓄電池”です。適切に制御できれば電力システムの安定性向上に貢献しますが、逆にシステムの効率性を損なう要因になる危険性もあります。

“走る蓄電池”

EVの普及拡大は電力需要の増加につながりますが、電力システムにとってのEVの意味合いはそれにとどまりません。EVとはいわば“走る蓄電池”で、再生可能エネルギーの導入量が増える次世代のシステムに欠かせない分散型エネルギーリソース（DER）のひとつに位置づけられています。

電力システムにとってEVは諸刃の剣です。一歩間違うと、供給安定性や効率性を損なう要因になりかねません。逆に供給安定性や効率性を向上させる方向にEVを誘導する必要があります。例えば、充電する時間帯です。最も望ましいのは、太陽光が絶好調に発電して電気が余り気味の時間帯です。その時にEVが充電することで、再エネの有効活用につながります。逆に発電量が不足気味の時間帯に放電すれば需給緩和に貢献できます。

ただ、同じ時間帯に多くのEVが一斉に充電することは、配電レベルでの系統混雑の要因になりかねません。話はそう単純ではないのです。いずれにせよ、リソースという観点から大事なことは駐車中に充放電器（V2H）と常時接続しておくことで、これにより電力システム側の事情に応じた機動的な充放電が可能になります。

市場価格は電気が余る時間帯は安くなる一方、需給がタイトな時は基本的に高くなりますから、充放電の適切な制御は、売電収入を生み出すことになります。ただ、EV保有者もそのメリットを実際に得るには、電気料金が市場価格と連動する必要があります。充電のタイミングを料金割引などにより誘導することは**ダイナミックプライシング**と呼ばれ、こうした料金メニューも徐々に出てきています。

なお、運輸部門の電化は自動車に限らず、他にも電力システムのリソースになりうる乗り物はあります。例えば、関西電力は商船三井などと組み、**電気推進船**の開発に取り組んでいます。船に蓄えた電気を非常時の供給力として活用することを目指しています。

ダイナミックプライシングに基づく充電のイメージ

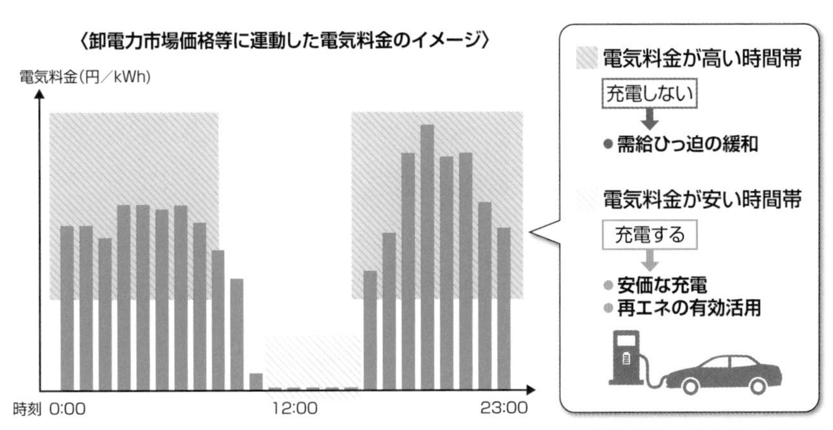

出典：資源エネルギー庁資料

急速充電器が配電網に及ぼす影響のイメージ

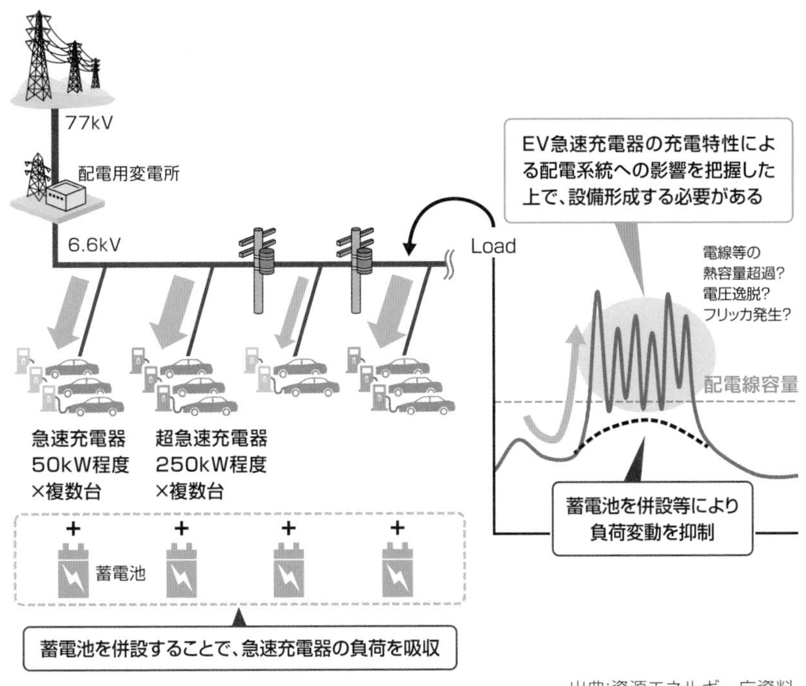

出典:資源エネルギー庁資料

7-6 揚水発電

揚水式の水力発電も蓄電設備の一つで、太陽光発電の導入量が拡大する中で存在感があらためて高まっています。発電するだけでなく、その前段として電気を消費する側にまわることで需要の平準化に寄与しています。

電気を水の位置エネルギーに

揚水発電は、川の上流と下流に2つのダムを持ち、上のダムから流れる水の力で下流部にある発電機を動かします。溜め込む水は、電気の力により下流から引き上げておきます。つまり、電気エネルギーを水の位置エネルギーに転換して貯蔵するわけで、大きな蓄電機能を有していると言えます。河川を流れる水の利用の有無により、混合揚水と純揚水に分かれます。

従来システムにおける基本的な運用方法は、深夜など需要の少ない時間帯に上流に水を引き上げ、日中の需要のピーク時にその水を下流に流し込むというものでした。こうした運用を行う揚水発電の必要性は主に、原子力発電所の導入拡大とともに生まれました。原発は安全上、常に一定の出力で運転する必要があり、深夜に電気が余る可能性があったからです。その際にも原発の定格運転を維持するため、揚水発電が水を引き上げることで需要を生み出すわけです。

太陽光発電の導入量拡大に伴い、最近では逆に日中に電気を引き上げるという運用が増えています。天気が良くて太陽光発電の発電量が昼間に大きく増えた場合、電気の供給量が需要量を上回り、電気が余ってしまうからです。引き上げた水は、太陽光が発電できなくなった夜間などに放出されます。これまでとは水の引き上げと放出の時間帯が逆になっているわけです。太陽光を中心に再生可能エネルギーの導入量が急速に伸びる中で、揚水発電は新たな役割を見出したと言えます。

新たな電力システムでは、蓄電池としての機能はますます重宝がられそうです。例えば、22年3月に首都圏で供給力不足による停電の可能性が大きく高まった時も、停電回避のために非常に重要な役割を果たしました。

全国に約2700万kW程度の設備容量がありますが、90年代後半以降はほぼ横ばいで、今後は設備の老朽化により廃止となる設備も増えると懸念されています。そうした事態を回避するため、採算性向上策の検討も行われています。

揚水発電の構造

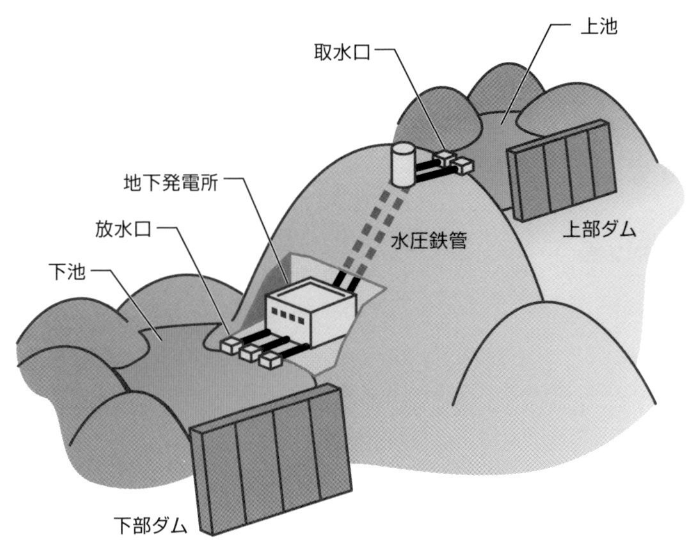

出典:資源エネルギー庁HPより

揚水発電の地点数

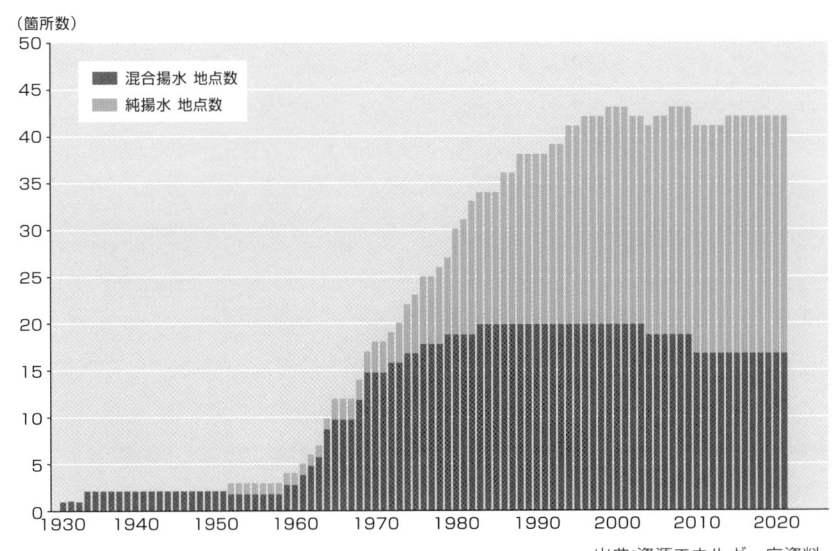

出典:資源エネルギー庁資料

7-7 エコキュート

ヒートポンプ方式の給湯器エコキュートも、蓄電機能を持つ機器のひとつです。個々の規模は小さいですが、オール電化住宅を中心に普及しており、需要シフトの潜在的な可能性は大きいものがあります。

稼働時間は夜から昼へ

エコキュートは、ヒートポンプ方式の住宅用給湯器の愛称です。ヒートポンプとは空気の熱を取り出して利用する技術で、投入した電気の3倍以上のエネルギーを使うことができます。そのため高いエネルギー効率を実現し、大手電力がガス給湯器への対抗商品として積極的に訴求してきました。

2001年に日本で初めて商品化され、出荷台数は22年度末で累計877万台に達しています。脱炭素社会に向けた電化の進展を追い風に、普及台数は30年度末までに1590万台という高い目標が設定されています。ダイキン工業やパナソニック、コロナなどが製造しています。

従来は、夜間に稼働してためておいたお湯を日中に使うという運用が一般的でした。大手電力が設定していた**オール電化住宅**向けの電気料金メニューは原子力発電の比率が高くなる夜間の単価を相対的に低く設定するものだったからです。ですが、原発の比率低下と太陽光発電の導入拡大という電源構成の劇的な変化により、エコキュートの運用も見直しを迫られています。このあたりの事情は揚水発電と共通します。

特に太陽光など再生可能エネルギーの出力制御量の低減が大きな課題になる中、夜間の稼働という従来の運用を続けるエコキュートには冷たい視線が注がれています。例えば、九州エリアでは午前4時頃に100万kW以上の需要増要因になっており、これを日中にシフトすることで、その分再エネの制御量を減らせると指摘されています。

こうした社会的ニーズに対応して、エコキュートも進化しています。22年には昼間にお湯をためる新商品**おひさまエコキュート**が登場しました。昼間の沸き上げに消費者メリットが生まれる電気料金プランを提供する大手電力も出てきています。おひさまエコキュートは夜間よりも気温が高い昼間の空気を利用するため、従来製品より効率性が向上するという副次的な効果もあります。

エコキュートの導入実績と目標

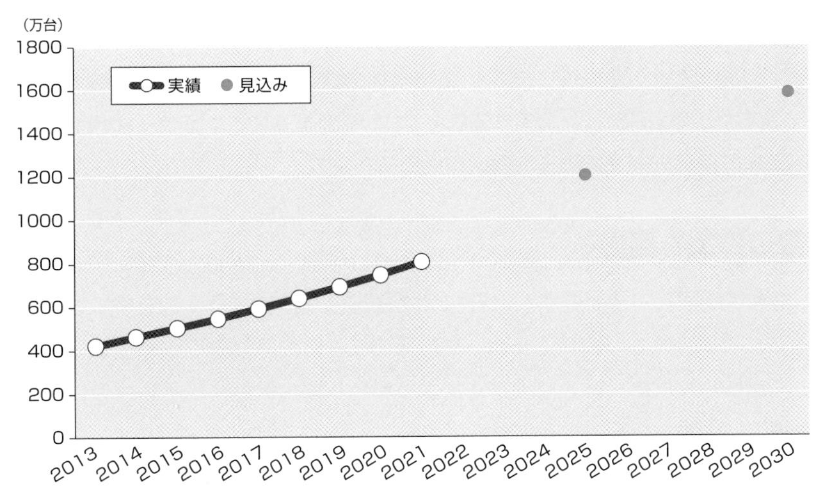

出典:資源エネルギー庁

ヒートポンプの原理

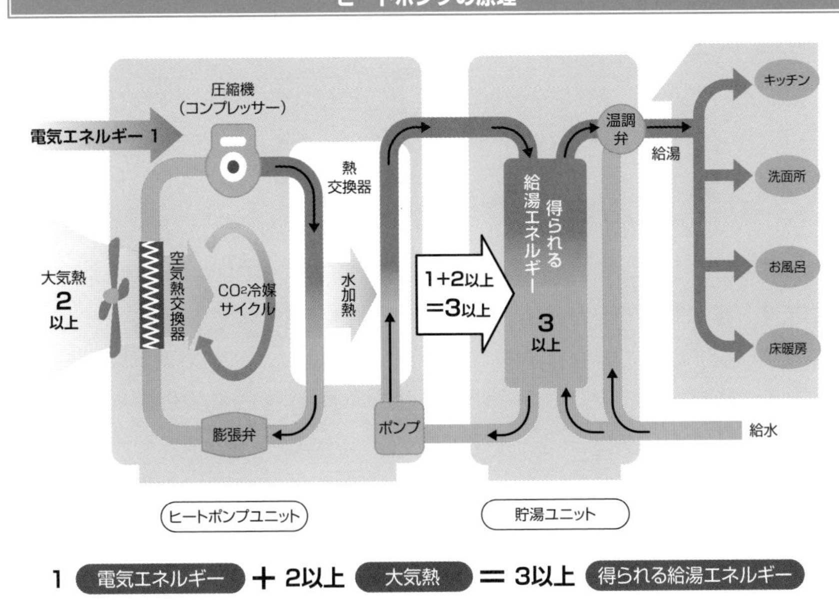

出典:エネルギー白書2023

7-8 デマンドレスポンス

デマンドレスポンス（DR）とは、系統全体の需給や小売事業者の供給力確保の状況に応じて需要側機器を調整することです。需要を減らすネガワットだけでなく、供給過多の局面では逆に需要の創出が求められます。

需要の抑制も創出も

9電力体制下では、需要家が必要な分だけ電気を供給する体制を常に維持していることが大手電力の矜持でした。ただそのことは発電設備を過剰気味に抱えることを意味しました。総括原価方式による料金規制により発電所等への投資回収が制度的に保証されていた経営環境だからこそ可能だったとも言えます。

また、いつでも好きなだけ電気を使えるという状況は、反面として需要家が電気の需給に関与する余地をほとんど持たないことを意味しました。このことは、東日本大震災後の計画停電の際に問題視されました。そのため、**デマンドレスポンス**（**DR**）の活用は経済性と供給安定性の両面から、電力システム改革の目的の一つに位置づけられました。

こうした経緯からDRの中でまず注目されたのが**ネガワット**（**下げDR**）です。例えば発電所のトラブルで供給力が想定外に失われた際などに、工場が一部設備の稼働を停止して需要を削減するものです。発電出力を100kW上げることと、100kW分の需要を抑制することは、需給バランス上は同じ意味を持ちます。

太陽光発電の出力抑制が増える中、**需要創出型DR**（**上げDR**）への関心も高まっています。当初計画では停止している予定だった設備を稼働させることなどで、需要を生み出すわけです。上げ下げのどちらの場合でも、工場であれば別の時間帯に設備を稼働・停止させることで計画通りの生産を行うわけで、トータルとして消費する電力量は変わりません。その意味でDRも蓄電の一種と言えます。

一般家庭にDRを促す仕組みも22年度に大きく広がりました。需給逼迫の懸念が高まる中、経済産業省が節電に取り組む需要家にポイント付与などを行う事業を創設したことが、小売事業者にDRサービスの提供を促しました。小売事業者にとっては単に需給緩和に貢献するというだけでなく、需給逼迫時の高い市場価格での電気の調達量を減らせるというメリットもあります。

DRの種類

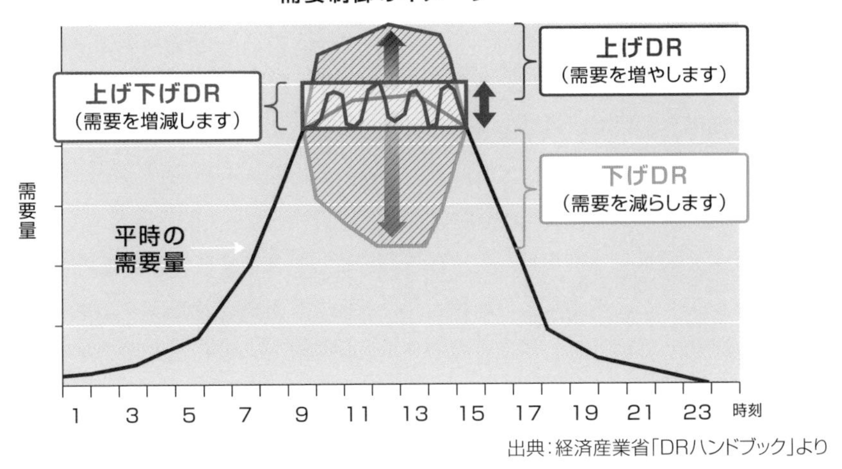

出典：経済産業省「DRハンドブック」より

DRの実施手法

生産設備によるDR（ピークシフト）	空調等によるDR（純減）	発電機・蓄電池等によるDR
		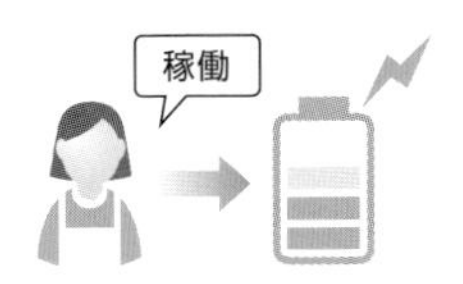
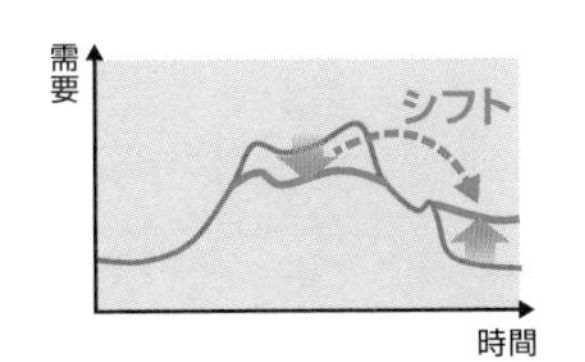	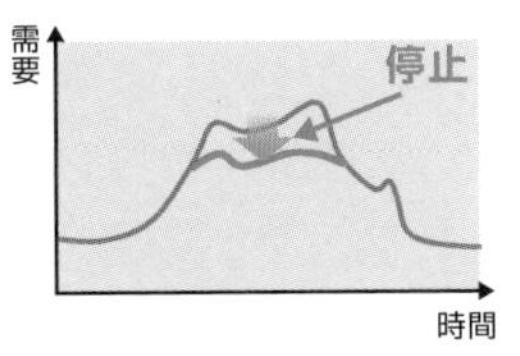	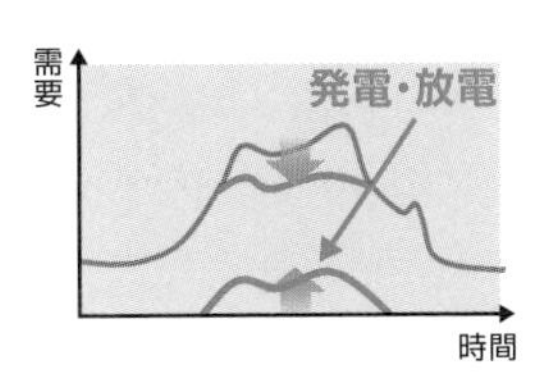
指定の時間帯に生産設備を停止させることでDRを行う。停止させた分は夜間等にシフトすることで生産量を維持する。	指定の時間帯に空調等の負荷設備を停止させることでDRを行う。	指定の時間帯に発電機を発電、または蓄電池を放電することで節電を行う。

出典:資源エネルギー庁資料

7-9 P2G（パワー・ツー・ガス）

電気を水素に変えて貯蔵するP2G（パワー・ツー・ガス）。再生可能エネルギーの電気を利用すれば、CO_2フリーの燃料になります。脱炭素社会の実現に向けて、製造した水素は発電用途以外での活用も期待されています。

水素として貯蔵

再エネ由来の電気で水を分解して水素を取り出して保管するのが**P2G**です。電気という扱いにくいエネルギーを**水素**という貯蔵が比較的容易なエネルギーに変換して貯めておくわけです。電気が余り気味の時間帯に行うことで再エネの抑制量低減にも貢献できます。太陽光発電など再エネの不安定な出力変動部分を水素製造にまわすことで、系統へ流れる再エネの電気の量を一定にするという効果も期待できます。

製造される水素は当然、環境性に優れた**グリーン水素**ですが、P2Gが商用化されて国産水素の量が増えることは、エネルギー安全保障の面からも望ましいことです。水素発電所の燃料となる水素は、化石燃料と同様に海外からの輸入に主に頼ることになりますが、その比率が低いに越したことはないからです。

貯めた水素は発電燃料以外にもさまざまな用途で使用できます。例えば、工場向けの産業ガスや都市ガス原料、輸送用燃料などとしての利用が想定されています。再エネ由来の電気を間接的にでも最大限活用することは、エネルギー全体の脱炭素化につながります。

政府の**水素・燃料電池ロードマップ**では、水電解装置のコストについて、現在のkW当たり30万円から2030年に5万円まで下げるとの目標を掲げています。目標達成に向けた取り組みが各地で進んでいます。例えば北海道では、石狩湾に整備される洋上風力の余剰電力を活用したP2Gが検討されています。水素の地産地消に向け、技術面や経済性などの課題を抽出する事業化調査を実施中です。

全国的にも先駆的な取り組みと言えるのが山梨県と東京電力ホールディングスが中心のプロジェクトで、21年夏から甲府市内で水素サプライチェーンの構築を目指した実証試験を行っています。22年2月には東レを加えた3者によって国内初のP2G事業会社「やまなしハイドロジェンカンパニー」が設立されました。

P2Gのイメージ

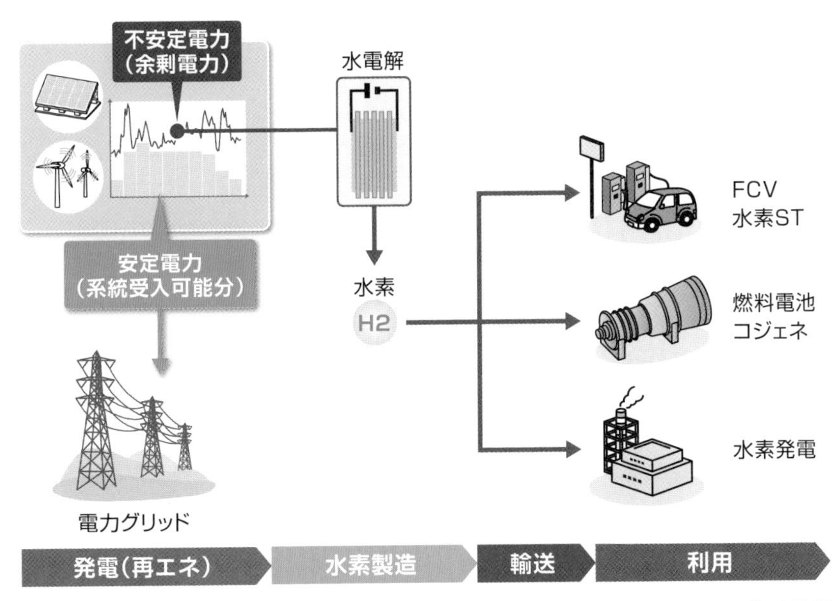

出典：資源エネルギー庁資料

各蓄電リソースの特徴

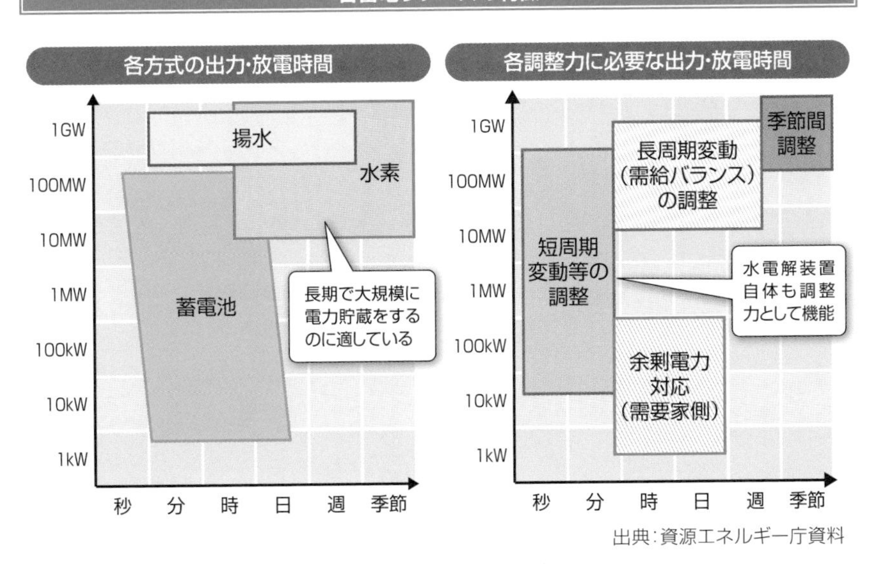

出典：資源エネルギー庁資料

1992年の三沢光晴

再生可能エネルギー由来の電気は、俗にグリーン電気と呼ばれます。最近ではグリーン水素、グリーンアンモニアといった言葉もよく耳にするようになりました。電気や水素そのものに色はないわけですが、CO_2フリーという見えない価値を可視化するにあたって、自然環境をイメージさせる緑という色が適任なのでしょう。

ところで、グリーンと言えばやはり、プロレスラーの三沢光晴選手でしょう。グリーンを基調としたロングタイツを履いて闘った雄姿は、今も多くの人々の脳裏に焼きついているはずです。全日本プロレスを脱退して自ら立ち上げた新団体プロレスリング・ノアのイメージカラーもグリーンでした。グリーンの紙テープが埋め尽くすリング。スパルタンXのイントロに合わせて沸き起こる三沢コール。電力の世界でグリーンがこれだけ関心を集める少し前、グリーンは確かに三沢とともにありました。

三沢と電力には実は摩訶不思議な縁があります。三沢は1992年8月、全日本プロレスの看板である三冠ヘビー級のベルトを初めて巻きましたが、その時の相手であるスタン・ハンセンは“人間発電所”の異名を持つブルーノ・サンマルチノの首をへし折ったことで名を上げたという伝説を持つのです。

全日本プロレスが創立20周年を迎え、その記念大会で実現した三沢と川田利明の超世代軍対決に日本武道館が揺れたこの1992年は、再エネ主力電源化などにつながる政策・制度の源流が生まれた年でもありました。6月にリオデジャネイロで開かれた「環境と開発に関する国連会議」で、気候変動に関する国際連合枠組条約が採択され、地球温暖化防止が人類共通の課題として位置づけられました。国内では、大手電力の自主的取り組みとして、太陽光発電の余剰電力の買取制度が始まりました。

それから30年以上が経ちました。プロレス界の勢力図も電力システムの絵姿も、すっかり様変わりしました。まさに隔世の感があります。カーボンニュートラルが実現されるであろう2050年とは、それとほぼ同じだけの時間がこれから経過した未来です。その時代にも、あの頃の三沢光晴のように、人々を熱狂させるグリーンなプロレスラーは活躍しているでしょうか。

第8章

電力自由化

1990年代半ばに始まった電力自由化は東日本大震災を経て、2016年4月の小売全面自由化に至りました。これにより多種多様な新電力が開放された市場に参入しました。ですが、全面自由化から8年が経過した現在、新電力のシェアは頭打ちになり、各エリアの大手電力が圧倒的な存在感を持つ市場構造は変わっていません。全国の需要家が複数の小売事業者を常に選択可能であるという自由化の理念はまだ実現まで道半ばと言えます。競争環境の整備も脱炭素化や安定供給確保とともに、引き続き電力システム改革の大きな課題です。

8-1 小売部分自由化

電力小売事業の自由化は2000年から段階的に実施され、東日本大震災が起きた11年の時点で契約電力50kW以上の高圧市場まで開放されていました。ただ、競争が活発に起きているとは言い難い状況でした。

段階的に自由化範囲拡大

1990年代後半、諸外国よりも割高な電気料金への関心が高まりました。その結果、電力産業にも規制緩和の波が押し寄せ、段階的な**小売自由化**が始まります。2000年にまず契約電力2,000kW以上の特別高圧の需要家が自由化対象になりました。これにより登場した石油会社や総合商社など電力小売事業の新規参入者は**特定規模電気事業者**（**PPS**：Power Producer and Supplier）と名づけられました。現在では、**新電力**と呼ばれています。

自由化範囲は段階的に拡大されていきました。04年に契約電力500kW以上、05年に50kW以上の高圧需要家まで自由化範囲に含まれました（沖縄を除く）。ただ、活発な競争は起きませんでした。自由化開始から10年以上が経過した東日本大震災直前の頃でも、自由化市場での新電力のシェアは3%ほどにとどまっており、大手電力10社の地域独占の構造はほぼ何も変わっていませんでした。

その要因として、原発を地球温暖化対策の柱に据えた経済産業省が大手電力の経営体力が弱まる自由化政策の徹底に及び腰になったことに加え、外部環境の変化も大きかったと考えられます。自前の発電所をほとんど持たない新電力の主な電気の調達先は工場等の自家発電設備の余剰電力でした。つまり、火力発電の電気ですが、2000年代半ばから火力発電は競争力を失いました。

ひとつは原油価格が急騰したためです。米国の原油先物WTIは2000年代初頭にはバレル20ドル台でしたが、07年頃から100ドルを挟んで上下するようになりました。また、05年の**京都議定書**の発効も火力発電に逆風になりました。その結果、経済性と環境性の両方の観点から原発や大型水力を持つ大手電力の電気に優位性が生まれました。経営に余力のある大手電力は料金値下げに前向きに取り組むことで競争促進策を求める声を封じました。自由化政策は行き詰まりましたが、その状況は東日本大震災により一変します。

自由化導入直前の電気料金国際比較

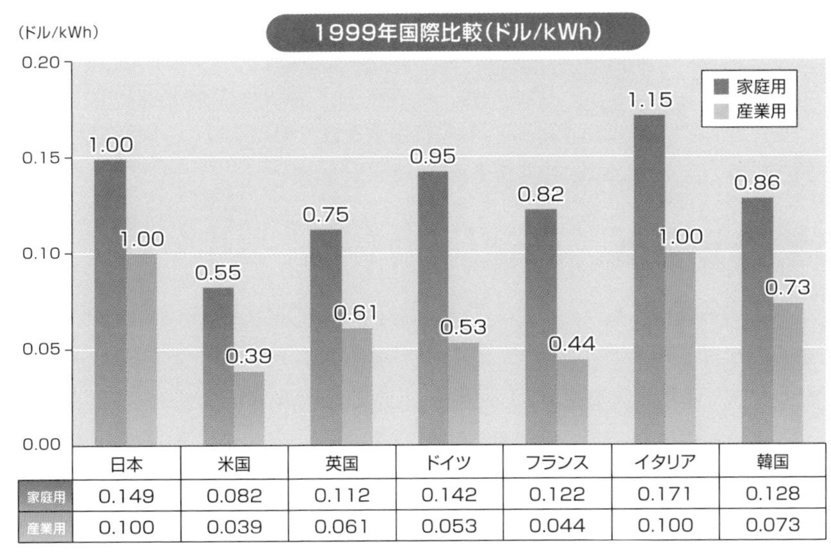

	日本	米国	英国	ドイツ	フランス	イタリア	韓国
家庭用	0.149	0.082	0.112	0.142	0.122	0.171	0.128
産業用	0.100	0.039	0.061	0.053	0.044	0.100	0.073

出典：資源エネルギー庁資料より

東日本大震災前の自由化政策が大手電力に及ぼした影響

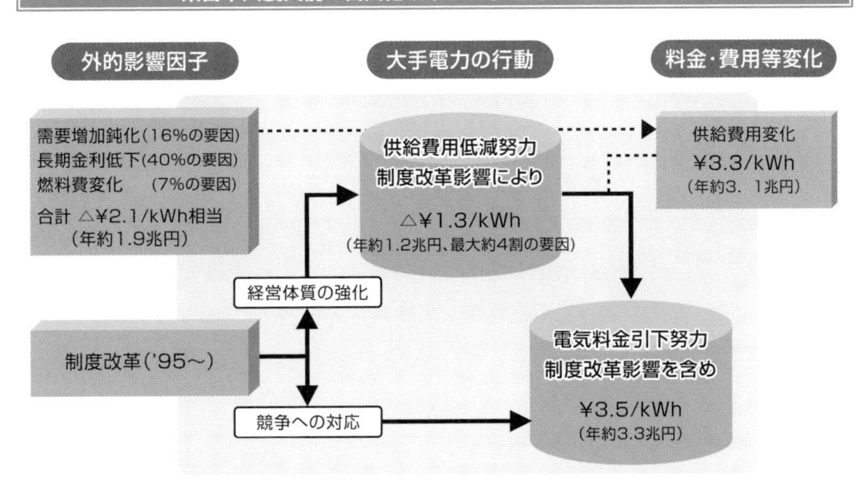

※ 分析は、制度改革前（1989 〜 1996年度）の金利や需要増加率を基準とした、制度改革後（1996 〜 2003年度）の費用低減効果の影響額・率の抽出を行った。上記の各数値は、2003年度における影響額・率を示す。各項目は10 〜 20%の推計誤差を含むことに注意。

出典：資源エネルギー庁資料より

8-2 小売全面自由化

2016年4月、小売市場の全面自由化が実施され、全国の一般家庭が電力会社を選べるようになりました。同時に行われた事業者区分の見直しで、大手電力の小売部門と新電力は法的に小売電気事業者に一本化されました。

9電力体制が終焉

小売全面自由化により、それまでは各地域の**大手電力**が独占していた一般家庭を含む低圧需要家も電力会社を自由に選べるようになりました。なお、沖縄はこの時点でまだ特別高圧市場までしか自由化していませんでしたが、同じタイミングで高圧市場も含めて一気に全市場を開放しました。

全面自由化は電気事業制度の観点から言えば、部分自由化とは質的に大きく異なります。大手電力と**新電力**は部分自由化の時代には制度上の位置づけが違いました。大手電力の法律上の名称は**一般電気事業者**。一方、新電力は**特定規模電気事業者**が正式名称でした。ここで言う「特定規模」とは、自由化された契約電力の規模を指します。つまり、部分自由化当初は2,000kW以上が「特定規模」でしたが、この概念は全面自由化により全ての市場が開放されたことで消失しました。

つまり､大手電力（一般電気事業者）の小売部門と新電力（特定規模電気事業者）を制度上区分する根拠がなくなったのです。そのため、電気の小売事業を営む事業者の法的位置づけは**小売電気事業者**に一本化されました。

ただ、各エリア内で圧倒的なシェアを持つ大手電力の小売部門には料金規制が残っているので、小売電気事業者の中でも特殊な位置づけで**みなし小売電気事業者**と呼ばれています。規制が撤廃された後は新電力と法的に全く同一になります。全ての大手電力がそうなって初めて電力自由化は成功したと言えるでしょうが、その見通しはまだ立っていません。

なお、発電事業については発電事業者、送配電事業については一般送配電事業者などのライセンスを新たに設定しました。つまり、これまでは垂直一貫体制のもと、発電、送配電、小売の3事業全てを一般電気事業者の資格のもと営んできた大手電力は、事業ごとに3つのライセンスを持つことになったわけです。**9電力体制**は制度上、ここに終焉したと言えます。

自由化範囲は段階的に拡大

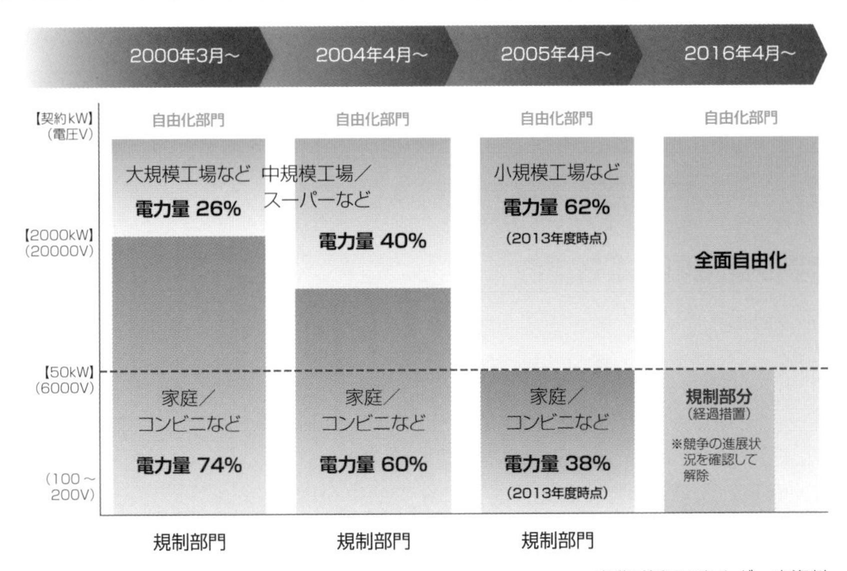

出典：資源エネルギー庁資料

小売全面自由化後の事業者区分

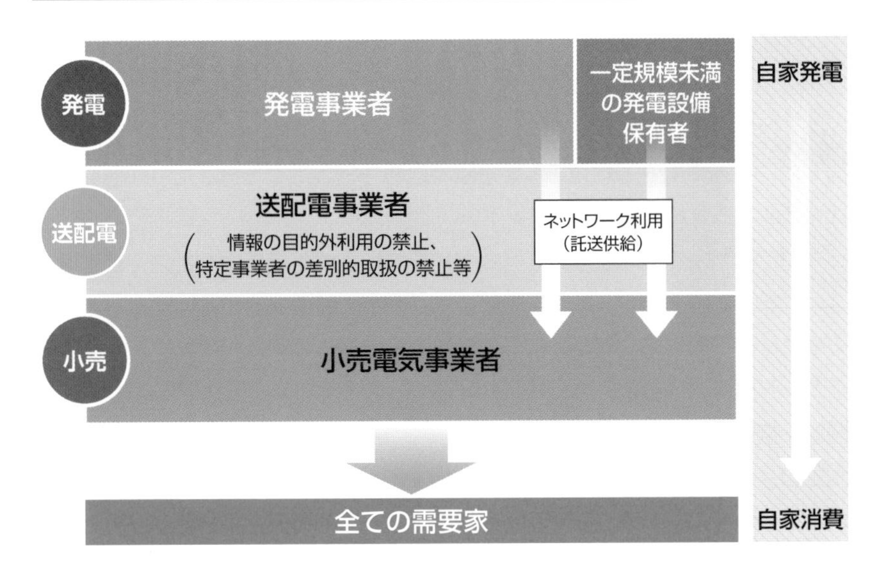

出典：資源エネルギー庁資料より

8-3 電力・ガス取引監視等委員会

小売全面自由化の半年前、電力市場の競争監視を主な任務とした新たな規制機関が誕生しました。電力・ガス取引監視等委員会です。経済産業大臣直属の組織で、電気工学や法律などの専門家5人で構成されています。

競争促進策の立案も担当

全面自由化により、市場取引や電気事業者の行動を監視する機能が一層重要になりました。東日本大震災までは経産相の諮問機関の下に市場監視委員会が設けられていましたが、機能しているとは言い難い状況でした。そこで全面自由化に伴う制度改革の一環として、新たな規制機関が設けられました。経産相直属の組織として2015年9月に設立された**電力・ガス取引監視等委員会**です。

経産省の中でエネルギー政策全般を所管する資源エネルギー庁から独立した立場で、小売・発電市場の監視や競争促進策の立案を行います。送配電部門の中立性が保たれているかどうかも重要な監視事項です。都市ガス市場も監視しています。委員は5人で、現在の委員長は電気工学が専門の横山明彦東大名誉教授です。他に、法律、会計、金融、電気工学の各分野の専門家が委員を務めています。

全面自由化に伴い多種多様な事業者が電気を販売するため、これまでの電力ビジネスでは想定していないトラブルも起きています。監視委は、著しく不適切な料金設定や消費者に対する虚偽の説明など問題ある営業活動を行った小売事業者に行政指導や勧告を行う権限を持ちます。

卸市場の監視も重要な役割で、インサイダー取引や相場操縦などの不公正取引がないか継続的にモニタリングしています。また、競争状況が不十分だと判断した場合には、その原因を分析したうえで競争促進策の検討も行います。大手電力のスポット市場への電気の供出状況や新電力との相対卸契約に対する姿勢などは継続的に監視しています。

電気料金の水準が適切であるかどうかを評価・検証することも重要な役割です。23年6月に実施された大手電力7社の規制料金改定も、監視委の有識者会合による査定の結果、値上げ幅は大きく圧縮されました。小売料金だけでなく、一般送配電事業者の託送料金の妥当性も定期的に評価しています。

電力・ガス取引監視等委員会の概要

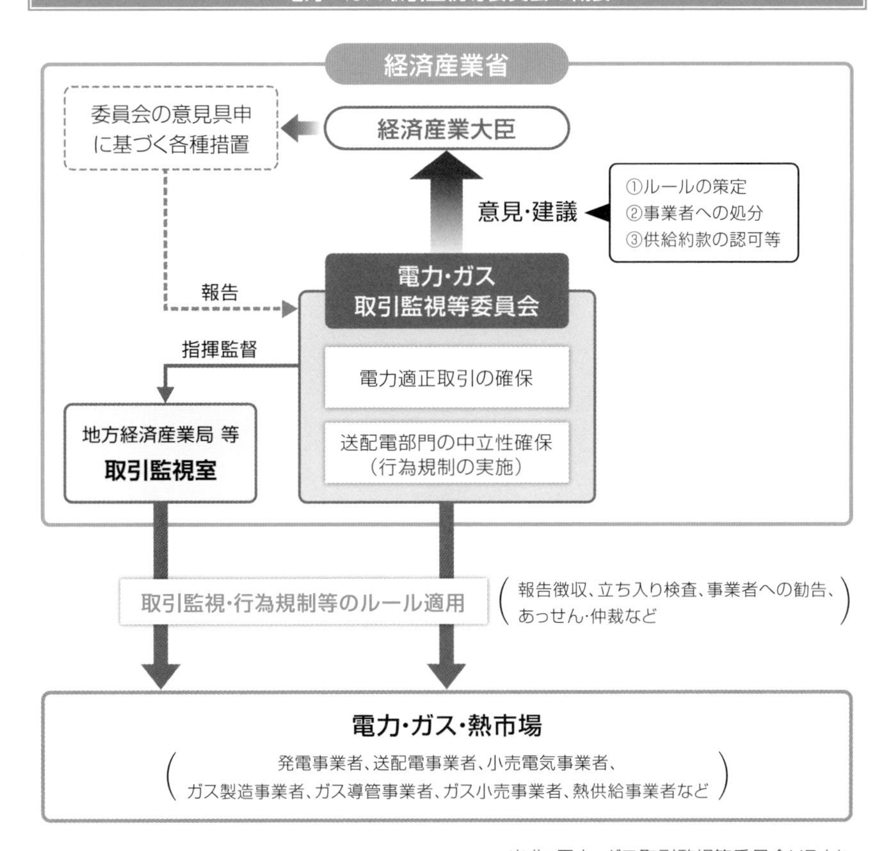

出典：電力･ガス取引監視等委員会HPより

委員一覧

	名前	専門	現職
委員長	横山明彦	工学	東京大学名誉教授
委員	圓尾雅則	金融	SMBC日興証券マネージング･ディレクター
委員	岩船由美子	工学	東京大学生産技術研究所教授
委員	北本佳永子	会計	公認会計士
委員	武田邦宣	法律	大阪大学大学院法学研究科長

（2023年12月末現在）

8-4 新電力

小売全面自由化により、10電力会社が独占していた約8兆円の低圧市場が開かれました。これを機に、多種多様な企業が小売電気事業に参入しました。従来の電力会社（大手電力）に対して、新電力と呼ばれています。

異業種から続々参入

電気の小売事業は登録制で、必要な要件を満たせば新規参入が自由です。経済産業省は事業者からの登録申請を受けて、需要家保護体制の構築など事業実施の準備状況を審査し、問題がなければ小売電気事業者として順次登録しています。

小さな**新電力**であっても、電気という重要な社会インフラの一翼を担う以上、責任は重いものがあります。ただ、敷居が高くなり新規参入が進まなければ自由化をした意味がありません。そのため、電源調達や需給調整などの主業務を自社でやらずに、他の小売事業者に委託することも認められています。

複数の事業者が共同で同時同量を達成する**バランシンググループ**（BG）という仕組みです。グループ内で需給調整などのノウハウを持つ小売事業者が代表契約者として一般送配電事業者と託送契約を結びます。その代表契約者を**親BG**、他の小売事業者を**子BG**と俗に呼びます。各社のインバランスの合算により需要予測のズレは相殺されるため、事業リスクを低減できるというメリットもあります。

小売事業者の数は全面自由化以来、基本的に増え続け、22年初頭には744社となりました。ですが、その後減少に転じ、23年7月現在731社です。新規参入する事業者がいる一方、20年度に入った頃から事業を休廃止する事業者が増えているためです。帝国データバンクによると、22年度末の時点で約80社が廃業や倒産、事業撤退に追い込まれました。

正式に撤退していなくても、営業実態がほとんどない新電力も多いです。一方、年間の販売電力量が5億kWhを超える有力新電力は50社程度です。その代表は電力以外のエネルギー企業で、東京ガス、大阪ガスなど都市ガス会社、ENEOSなどの石油会社が目立っています。他にはNTT、KDDI、ソフトバンクなどの通信会社が存在感を高めています。規模はそれほど大きくないものの、自治体が出資する**地域新電力**も多く生まれています。

新電力登録件数の推移

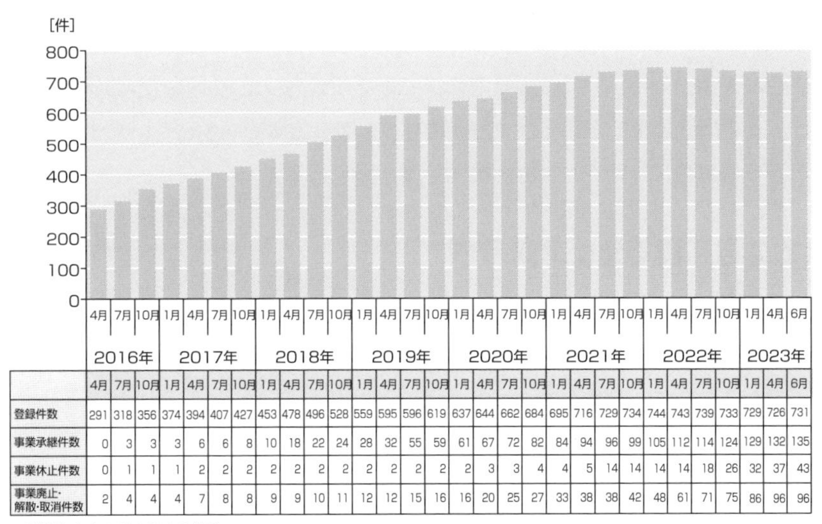

	2016年4月	2016年7月	2016年10月	2017年1月	2017年4月	2017年7月	2017年10月	2018年1月	2018年4月	2018年7月	2018年10月	2019年1月	2019年4月	2019年7月	2019年10月
登録件数	291	318	356	374	394	407	427	453	478	496	528	559	595	596	619
事業承継件数	0	3	3	3	6	6	8	10	18	22	24	28	32	55	59
事業休止件数	0	1	1	1	2	2	2	2	2	2	2	2	2	2	2
事業廃止・解散・取消件数	2	4	4	4	7	8	8	9	9	10	11	12	12	15	16

	2020年1月	2020年4月	2020年7月	2020年10月	2021年1月	2021年4月	2021年7月	2021年10月	2022年1月	2022年4月	2022年7月	2022年10月	2023年1月	2023年4月	2023年6月
登録件数	637	644	662	684	695	716	729	734	744	743	739	733	729	726	731
事業承継件数	61	67	72	82	84	94	96	99	105	112	114	124	129	132	135
事業休止件数	2	3	3	4	4	5	14	14	14	14	18	26	32	37	43
事業廃止・解散・取消件数	16	20	25	27	33	38	38	42	48	61	71	75	86	96	96

※件数はすべて、月末時点の件数。

出典:資源エネルギー庁資料

バランシンググループ（BG）の仕組み

新電力
新電力
（代表契約者）
新電力
一般送配電事業者
需要家
需要家
需要家
①インバランス
料金を通知
②インバランス料金を各新電力に配分
第三者
電気の流れ
託送料金（インバランス料金含む）の請求

出典：資源エネルギー庁資料

8-5 小売市場の現況

東日本大震災以降、右肩上がりで伸びてきた新電力シェアは頭打ちの状況にあります。その傾向は大口市場でまず鮮明になり、家庭市場でも生じています。大手電力の存在感は各エリアで今なお圧倒的です。

全ての電圧種でシェア頭打ち

東日本大震災の前から自由化されていた大口市場は、商業ビルなどの業務部門が中心の**高圧市場**と、工場などの産業部門が中心の**特別高圧市場**に分かれます。このうち、新電力の躍進が目立ったのは、高圧市場です。夜間や休日は電気の消費量が大きく減るオフィスビル等は負荷率が比較的低いことから、ベースロード電源を持たない新電力でも大手電力に対して競争力のある価格提案が可能だからです。新電力シェアは21年の夏には30%寸前まで上がりました。ただ、その後減少傾向に転じ、23年に入ってからは20%を割り込んでいます。

一方、休みなく稼働し続ける工場が中心の特高市場は、大手電力が圧倒的に強い状況が基本的に続いています。全面自由化後に新電力シェアは徐々に拡大し、21年4月には10%の大台に初めて乗ったものの、そこで頭打ちになりました。23年度頭には全面自由化が実施された16年度の初めと変わらない水準の5%にまで落ち込んでいます。

一般家庭など**低圧市場**では、18年6月に10%、20年8月に20%に達するなど、16年4月の自由化実施以降順調に伸びてきました。東京電力エリアと関西電力エリアの二大都市圏で特に競争が活発な傾向にあり、21年8月には、東電エリアでのシェアは35%近くに達し、関電エリアも30%を超えました。ですが、低圧市場でも22年度後半頃からシェアの伸びに陰りが見えています。一度新電力に切り替えた家庭が大手電力に出戻るケースも増えています。

新電力の存在感が相対的に落ちる中、長年の課題である**大手電力間競争**への関心も再び高まっています。日本にはもともと大きな電力会社が10社あります。独立系統である沖縄電力は除いても、送電線のつながる9社が本格的に需要の奪い合いを始めれば、電力市場における主要なプレーヤー数としては十分だとの見方は部分自由化時代からあります。

新電力シェアの推移（電圧種別）

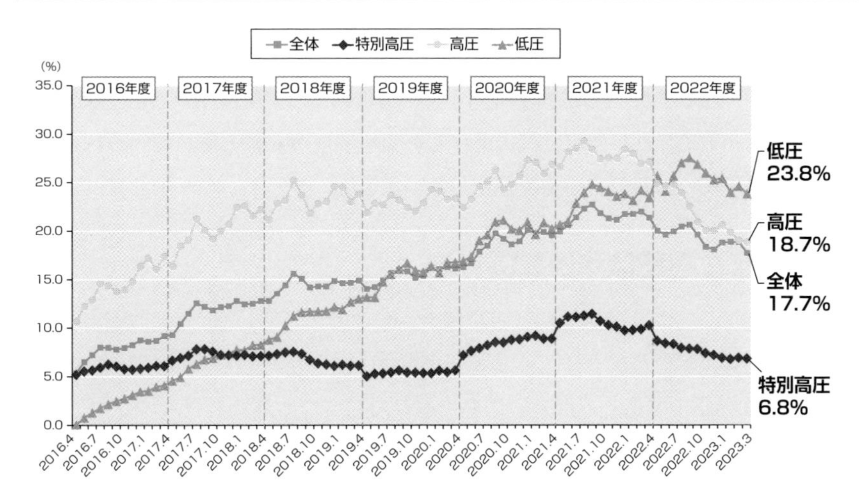

※上記「新電力」には、供給区域外の大手電力を含まず、大手電力の子会社を含む。
※シェアは販売電力量ベースで算出したもの。

出典:資源エネルギー庁資料

新電力シェアの推移（エリア別）

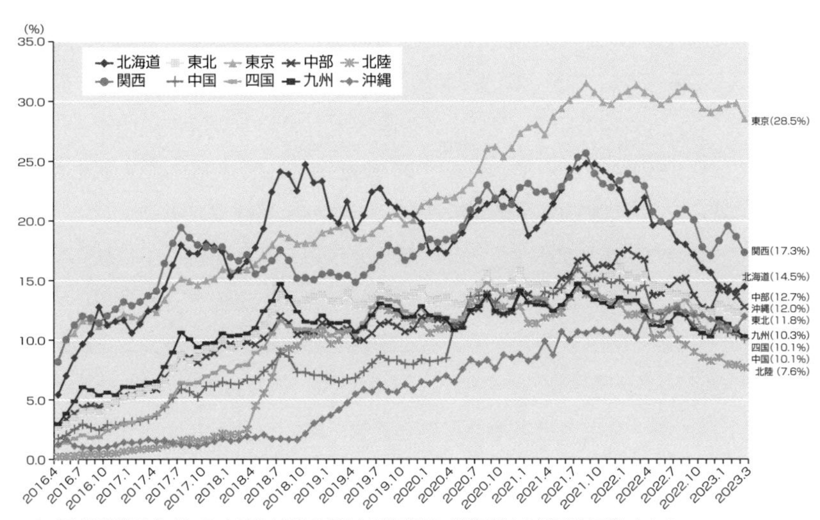

※シェアは各供給区域において、大手電力以外の新電力の販売量を、供給区域内の全販売量で除したもの。
※上記「新電力」には、供給区域外の大手電力を含まず、大手電力の子会社を含む。

出典:資源エネルギー庁資料

8-6 大手電力間競争① 東日本大震災前

小売部分自由化の時代に、大手電力が互いの供給エリアに進出することはありませんでした。そのことが自由化の推進役である経済産業省から厳しく問われることもなく、大手電力は我が世の春を謳歌していました。

「お客さまに迷惑はかけない」

戦後長らく、日本の電気事業は東京電力、中部電力、関西電力など大手電力10社が各地で独占的に事業を営む産業構造でした。10社はそれぞれ供給区域を持ち、各々の領域を侵犯することは互いにありませんでした。電力会社を主体的に選択できない以上、需要家が電気事業に積極的に関心を持つ契機はなく、それなりの価格で必要な電気をいつでも使えている限りは、電力システムのあり方に興味を持つ人もほとんどいませんでした。

こうした状況は大手電力10社にとって居心地の良いものだったと言えます。そのため、「お客さまに迷惑はかけない」という美名のもとに、需要家が電力システムに関与する余地をできるだけ狭めてきました。

こうした姿勢は2000年に小売部門の部分自由化が始まった後も基本的に変わりませんでした。新電力のシェアが2%台にとどまる一方、大手電力が互いのエリアに進出することはありませんでした。東日本大震災前の越境供給の事例は、九州電力が広島市内のスーパーマーケットの需要を獲得した1件だけだと言われています。それもスーパー側の強い要請を受けて、渋々というものでした。

大手電力は互いに競争するどころか、自分たちの安寧を妨害しかねない新たな動きに対しては、その芽を業界一丸となって摘み取ってきました。例えば、大手電力の競争力の源泉である火力や原子力などの大型発電所中心の電力システムが存続する限りは彼らの天下は揺るぎません。そのため、その潜在的な脅威となりうる再生可能エネルギーなど分散型電源に対しては、電力システムに対するパラサイト（寄生虫）だと位置づけ、首尾よく排除してきました。

こうした大手電力の姿勢が、電力システムの革新を抑制してきたことは否めません。**大手電力間競争**を誘発しかねない周波数変換所など地域間連系線の増強にも業界を挙げて否定的な論陣を張っていました。

小売部分自由化開始前後の電気料金単価の推移

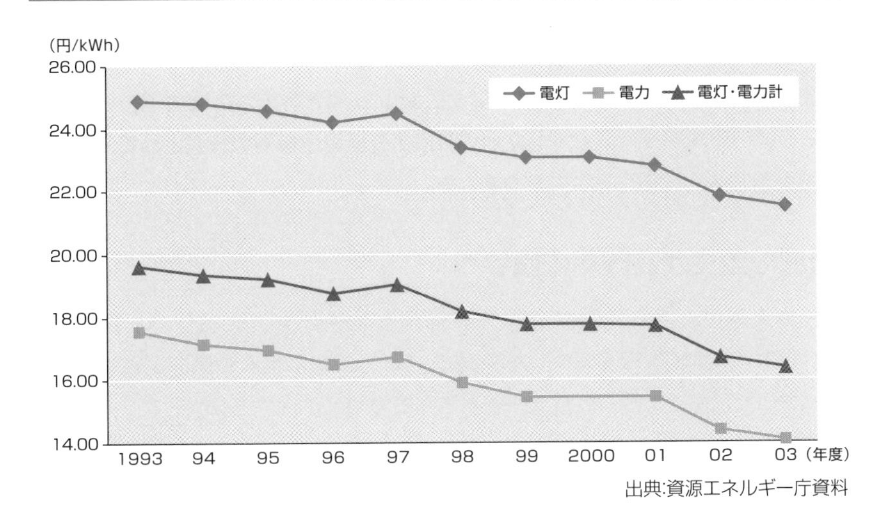

出典:資源エネルギー庁資料

東日本大震災前の新電力シェア

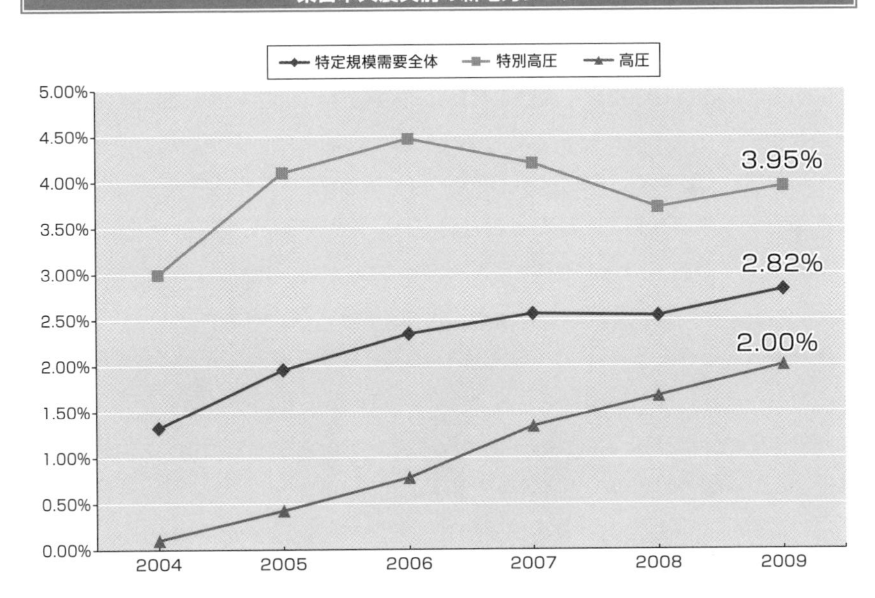

※2004年度のシェアは2005年度と同様、高圧50kW以上の需要に対するシェアを記載。(統計の制約から、高圧50kW以上の需要には、選択約款の対象需要をすべて計上)

出典:資源エネルギー庁資料

8-7 大手電力間競争② 東京電力国有化

福島第一原発の事故により賠償費など巨額の負担を背負った東京電力は、存続するため国の資本を受け入れました。これにより経済産業省の先兵として、禁断の大手電力間競争の仕掛け役にもなりました。

守旧派の盟主から改革の旗手へ

東日本大震災までの東電は自他ともに認める電力業界の盟主でした。自由民主党と共存共栄の関係で太いパイプを持ち、日本のエネルギー政策を左右する力すら持っていました。実際、監督官庁である経済産業省の向こうを張って、自由化政策を骨抜きにしてきました。

それが福島第一原発の事故により一変します。東電は生き残って福島の責任を果たし続けるために、国の資本を受け入れました。その結果、守旧派の象徴だった東電は、一転して改革の旗手になりました。9電力体制の最大の守護者だった東電は、同体制を破壊する側にまわったのです。

大手電力にとっては極めて受け入れ難く、大震災前の電力関係の審議会では"放送禁止用語"ですらあった発送電分離を制度化の前に自ら実施したことも東電の変化を象徴しています。東電は2016年4月、持ち株会社制に移行しました。現在は原子力部門などを抱える持ち株会社の下に、火力発電、送配電、小売、再生可能エネルギーの各事業会社を置いています。火力発電子会社は形式的には存在しますが、中部電力との合弁会社JERAに事業は承継されています。

東電に与えられたミッションは、福島への責任を果たすため、とにかく稼ぎまくることでした。しかも自由化を推進する政府の管理下に置かれたことで、従来の業界秩序にとらわれなくなりました。そのため、他の大手電力のエリアに積極的に進出し、大手電力間競争の引き金を引きました。

これに対して、他の大手電力も対抗するかたちで越境供給に乗り出しました。特に需要が密集していて最も魅力的な市場である東電のエリアにはこぞって進出しました。大手電力の精神性は東電に引きずられて大きく変わり、本格的な大手電力間競争が勃発するかとも期待されました。そんな中起きたのが、西日本の大手電力が公正取引委員会から**カルテル**を認定されるという衝撃的な事件でした。

東京電力公有化に至る判断

時期	判断	×	選択
2011年3月	異常な天変地異とみなし、東電を免責するか	免責する=国が負担	免責しない=東電の負担
2011年5月	東電に無限責任を負わせるか	有限責任=国も負担	東電の無限責任
2011年6月	東電を法的整理するか(倒産させるか)	法的整理する=被災者の債権もカット	被災者重視で法的整理せず
2011年8月、2012年7月	福島の事故費用(賠償、廃炉)を東電だけで背負いきれるか		2011年8月原賠機構法制定 ➡ 2012年7月東電国有化

出典:経済産業省資料

東電が福島のために確保する必要がある資金

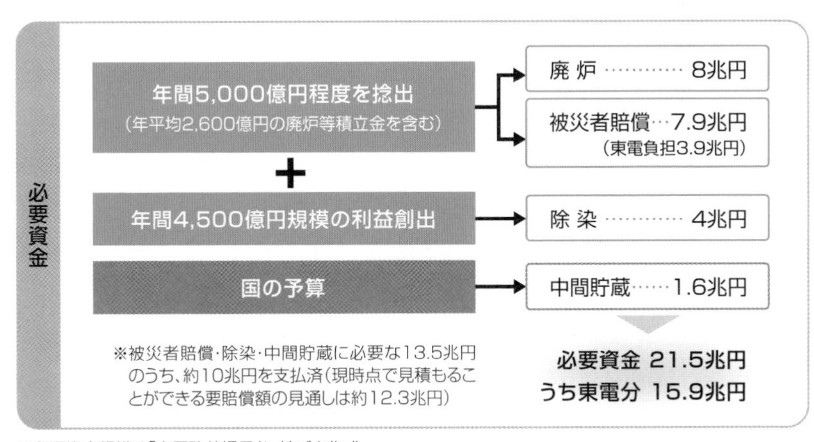

※必要資金規模は「東電改革提言」に基づき作成

出典:第四次総合特別事業計画

8-8 大手電力間競争③ カルテル認定

全面自由化後、大手電力間競争は一定程度進んでいました。そんな中、関西電力を軸に大手電力4社が関係したカルテルが公正取引委員会によって認定されました。電力自由化の根幹を揺るがすスキャンダルでした。

顧客獲得戦略など共有

公正取引委員会は2023年3月、大手電力4社が関係する**カルテル**があったと認定しました。関西電力が中部電力、中国電力、九州電力とそれぞれ本気で競争しない約束を交わしていたと言います。ただ、関電以外の3社は取り消し訴訟を提起していますので、カルテルが存在したと断定的に語ることはまだできません。

とはいえ、電力・ガス取引監視等委員会の調査により、関電を相手として中部、中国、九州の各社がそれぞれ2017年秋から約3年間、数10回以上に及ぶ頻繁な情報交換を行っていたことは事実として確認されています。そこでは互いの価格戦略や顧客獲得戦略などの営業情報が共有されていました。経済産業省は、各エリアで支配力を持つ大手電力間のこうした行為は、実際にカルテルが結ばれていたかどうかとは無関係に、電気事業の健全な発展という電気事業法の理念に照らして許されないと問題視しています。

カルテルの真相はさておき、大手電力の**域外進出**は結局、全面自由化後も限定的なレベルにとどまっています。10社の自社エリア外への供給は23年3月時点で、全需要の4.5%です。系統がつながっていない沖縄エリアを除けば、最も低いのは九州エリアの1.0%で、北海道エリアの1.1%が続きます。最も高い中国エリアでも7.4%です。

大手電力間競争の仕掛人だった東京電力も息切れを起こしました。安値提案により他エリアの需要家を獲得したところに市場価格の高騰が起きたことで、小売事業会社の東電エナジーパートナーは22年度に債務超過に陥りました。積極的な域外進出は裏目に出たと言えます。

ただ、新電力のシェアが頭打ちになる中、大手電力の積極的な域外進出への期待はあらためて高まっています。大手電力の発電部門による内外無差別な卸売の取り組みは進んでおり、その結果卸市場の流動性が高まることが小売競争にどのような影響を与えるかも注目されています。

公正取引委員会が認定したカルテルの構図

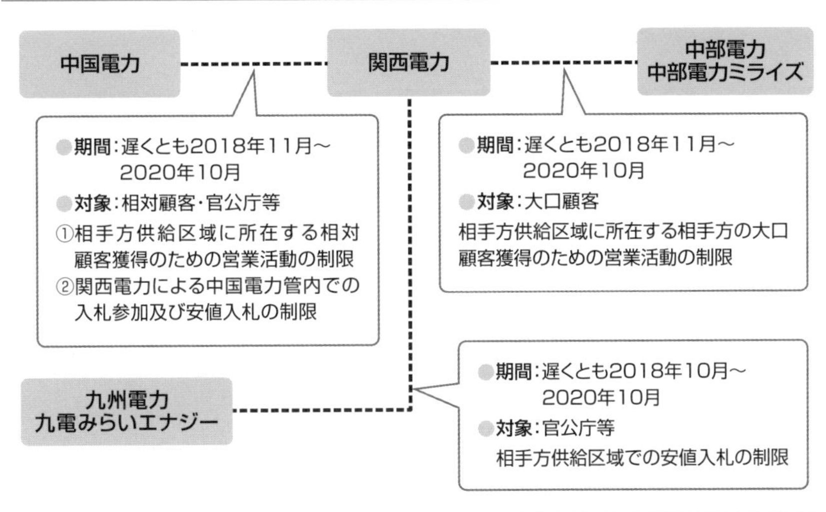

出典:電力・ガス取引監視等委員会資料

地元以外での大手電力のシェア

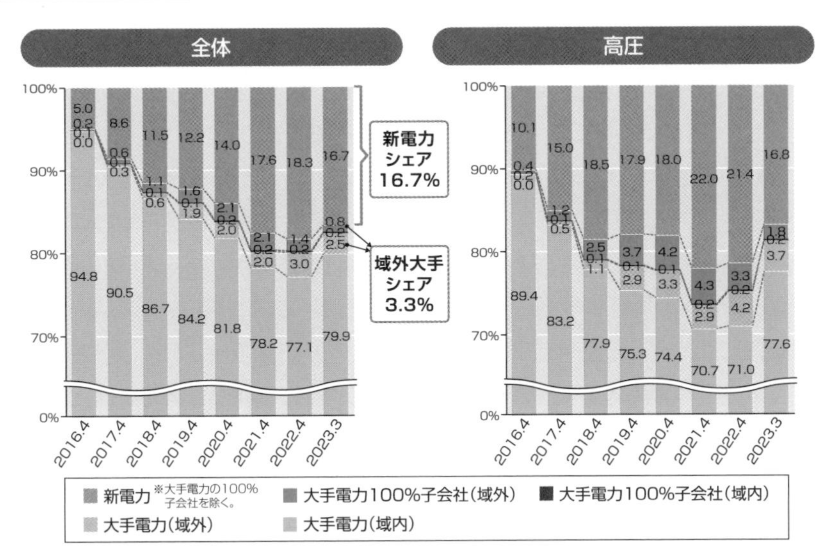

※シェアは販売電力量ベースで算出したもの。

※「域内」「域外」は、（子会社にあっては親会社たる）大手電力の供給区域内外における販売電力量の実績を示す。

出典:資源エネルギー庁資料

8-9 小売事業者の義務① 供給力確保

全ての小売電気事業者には、自社の需要を満たすだけの供給力を確保することが義務づけられています。どう確保するかは基本的に各事業者の経営戦略の範疇ですが、需要家保護の観点から一定の規制がかけられています。

高いリスクと背中合わせ

電圧や周波数を一定に保つという意味での最終的な供給安定性の維持は一般送配電事業者の役割ですが、小売事業者も電力システムの安定性確保のため重要な役割を担っています。具体的には自社顧客の需要に見合った供給力の確保が義務づけられています。**供給力確保**の手法としては、自前の電源などを持つ必要はなく、日本卸電力取引所（JEPX）の前日スポット市場での調達も認められています。自由化成功のためには多くの新電力が生まれることがまず必要で、そのためには事業参入のハードルはできるだけ低い方がよかったからです。

ただ、スポット市場で必要な量を確実に調達できる保証はありませんし、市況次第では調達コストが跳ね上がる可能性もあります。20年度冬季にこうした懸念が現実化しました。売り札不足による価格高騰とインバランス大量発生で、スポット市場への依存度が比較的高い新電力を中心に多くの小売事業者の経営が悪化したのです。

こうした事態を受け、**供給力確保義務**のあり方は、電力システムの安定性と新電力経営の健全性の観点から再検討されました。その結果、**容量市場**の運用開始後は容量拠出金を支払うことで義務を果たされると整理された一方、小売事業者は市場リスクへの適切なヘッジが強く求められるようになりました。

具体的には、自社電源や発電事業者との相対契約、スポット取引などをバランスよく組み合わせた調達ポートフォリオの形成や、**先物取引**による調達価格の固定化といった対策が必要になっています。

市場リスクの一部を需要家に転嫁する動きも出ています。燃料費調整の仕組みに市場調達コストも組み込むことで、市場変動を料金単価に自動的に反映する仕組みを導入する小売事業者が増えています。資源エネルギー庁は需要家保護の観点から、需要家が負うリスクについて契約締結時に説明することを小売事業者に新たに義務づけています。

小売事業者と一般送配電事業者の役割分担

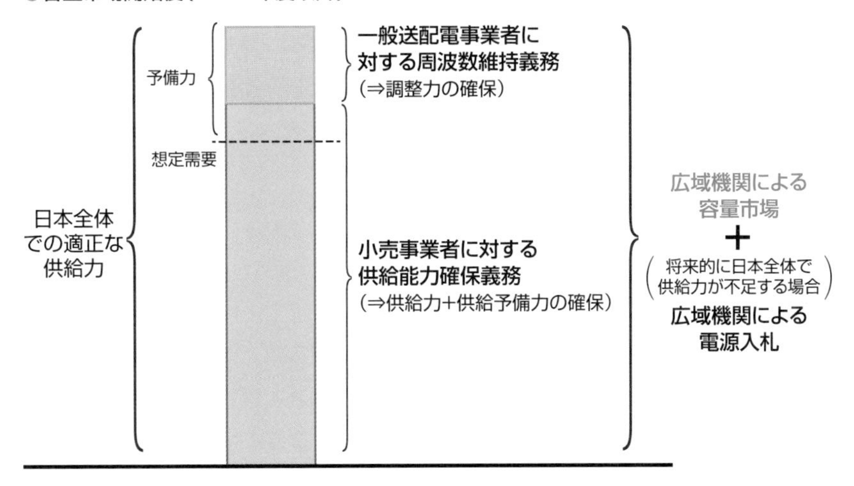

出典:資源エネルギー庁資料

小売事業者の確保済み供給力の比率

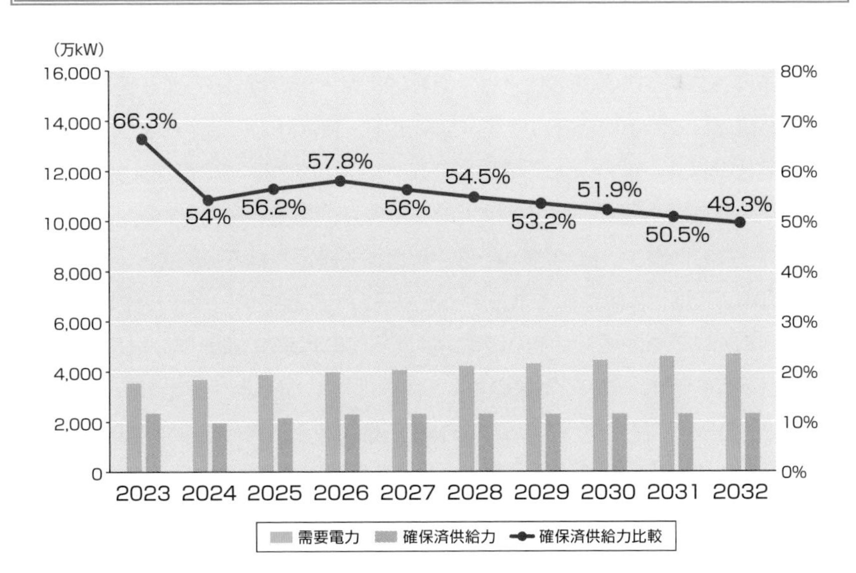

出典:2023年度供給計画

8-10 小売事業者の義務② 非化石電源比率

国全体の温室効果ガス排出量削減のため、電力産業が果たすべき役割は大きいです。販売電力量に占める非化石電源の比率拡大は至上命題で、小売電気事業者には2030年度に44%という目標が課せられています。

自由化政策との両立が課題

日本が国際社会に約束した温室効果ガス排出量削減の達成のため、電力産業には1kWh当たりのCO_2排出量を30年時点で0.37kgまで下げるという目標が課されています。この目標達成に向けては競争関係にある事業者同士も手を携えています。大手電力と有力新電力は16年2月に**電気事業低炭素社会協議会**を設立しました。23年4月時点の会員数は64社で、主要な電気事業者はみな参加しています。排出係数は毎年下がってきており、20年度の実績値は0.439kgでした。

経済産業省は発電と小売の両部門への規制により、電気の脱炭素化を着実に進める方針です。発電事業者には**省エネ法**により火力電源の高効率化を課す一方、小売事業者は**エネルギー供給構造高度化法**により非化石電源の電気の一定比率の調達を義務づけています。

小売事業者に対する義務づけとは、具体的には30年度に販売する電気の44%を非化石電源にするというものです。エネルギー基本計画の改定により30年の**非化石電源比率**は44%から59%に上方修正されましたが、この目標は据え置かれています。販売電力量が5億kWh以上の事業者が対象で、子会社などとの共同達成も認められています。20年度からは中間目標も設定されています。

非化石電源とは、再生可能エネルギーと原子力のことです。大型水力や原子力を持つ大手電力はともかく、大半の新電力は何らかの政策的支援がなければ44%の達成など不可能です。そこで電気のエネルギーとしての価値（kWh価値）から**非化石価値**を切り離して証書化して取引する**非化石価値取引市場**が創設されました。

なお、電気に付随した環境価値には、非化石証書以外にも**グリーン電力証書**や**J－クレジット**が存在します。グリーン電力証書はソニーなど民間主導で始められた仕組みであるなど、それぞれ作られた経緯があります。ただ、類似した複数の仕組みが併存する状況は傍から見て分かりにくいとの指摘もあります。

小売事業者の非化石電源の取り組み状況

対象事業者全体の非化石電源比率の推移

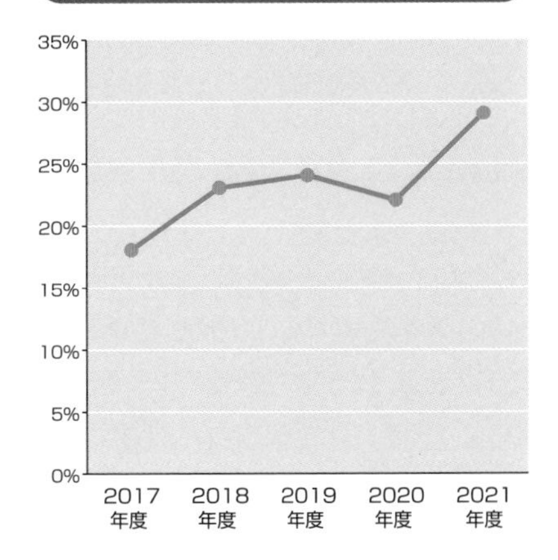

事業者毎の非化石電源比率の分布

比率	2017	2018	2019	2020	2021
40%～	0	2	2	0	5
35～40%	0	1	2	1	0
30～35%	1	1	0	3	5
25～30%	3	1	1	5	4
20～25%	3	3	3	10	9
15～20%	1	1	3	26	28
10～15%	8	14	25	21	23
5～10%	30	36	25	0	0
合計	46者	59者	61者	66者	74者

出典:資源エネルギー庁資料

共同での義務履行が認められるケース

資本関係を有する同一グループ内の小売事業者間での目標達成

例:親会社Aが子会社B分の目標値も達成

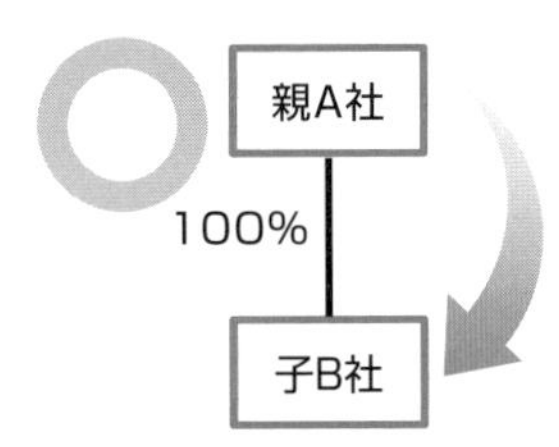

例:グループの兄弟会社であるBがCの目標値分も達成(その逆の場合も同様)

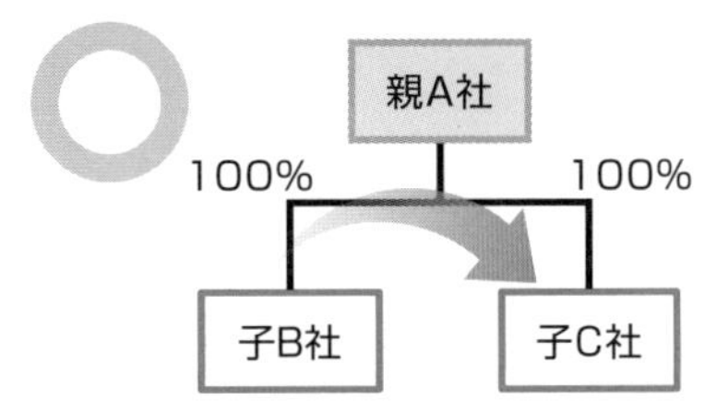

資本関係を有さない小売事業者間での目標達成

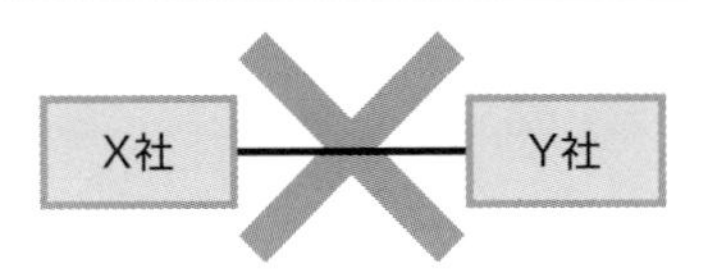

出典:資源エネルギー庁資料

市民に対案を考えるヒマなどない

原子力発電所の再稼働に反対という声に対して、対案を出さなければ無責任だという理屈がたまに聞かれます。本当にそうでしょうか。対案の提示を発言の"要件"として設けることは、意見表明のハードルを不要に高め、民主主義の成熟を阻害することになると懸念されます。

現代社会は科学技術が生活に深く入り込み分業化・専門化が進んでいるため、ある分野の専門家もその他の分野では素人にならざるをえません。そのため、例えば政治学者の篠原一は、完全な市民を想定していたら市民など存在しなくなってしまうとして、「それなりの市民」で十分だと言います。それは「問題の発生したときに政治に参加し、またそれは継続して行うものでなくともよく、また参加するときもパートタイム的であればよい」存在です。

原子力を含めて電力やエネルギーの問題はまさしく、高い専門性が求められる分野の代表です。こうしたややこしい問題について精緻な対案を作成するほど、"パートタイマー市民"である普通の人は、そもそもヒマではないのです。

篠原とほぼ同世代で、政治における市民参加の重要性を唱えた政治学者の松下圭一も同様の認識を示しています。松下は、あらゆる人は、①普通人としての市民、②専門家としての職業人、③サラリーマン化して収入をうるための労働者――という三面性を持っていると指摘しました。生活の糧を稼ぐ必要のある人々にとって、24時間365日、政治的課題について考えていることは不可能です。そのため、生活をめぐって問題解決が必要になった時には市民となって政治活動に取り組み、その問題が解決されれば「市民はまた『日常』にもどり、政治からの一時引退」となると考えました。

投票に行くことだけが政治参加ではありません。代議制民主主義の機能不全がこれだけ露わになっている現在においては、より直接的な政治行動がむしろ期待されていると言えます。そして、世の中から上がるさまざまな声に真摯に耳を傾けて政策を立案することこそが、職業人として政治に携わる政治家や官僚の本来的な責務であるはずです。

電気料金

電気料金の仕組みの変遷を辿れば、電力システムの変化を知ることができます。自由化の進展や再生可能エネルギーの導入拡大に伴い、一昔前には考えられなかった新たな料金メニューが多く生まれています。分散型エネルギーリソース（DER）の本格的な普及が今後進むことで、電気料金はさらに多様化が進むでしょう。省エネや脱炭素化といった電力供給の公益的課題が、政府による画一的な規制でなく、電気料金を通じた需要家の行動変容によって実現されることが電力システムの効率性の観点から期待されています。

9-1 料金規制

電気料金は地域独占の時代には完全に政府の規制下にありましたが、自由化の進展に伴い大手電力の裁量が徐々に認められてきました。現在は過渡期で、従来の規制料金と規制に縛られない自由料金が混在しています。

政府が妥当性をチェック

地域独占、垂直一貫体制とともに**9電力体制**の大きな特徴だったのが、電気料金への国の規制です。大手電力が地域独占を認められていたことは、市場原理による事業の効率性向上が期待できないことを意味します。一方、需要家はどんなに料金が高くても地元の電力会社と契約せざるを得ませんでした。そのため、大手電力がムダを抱え込んだり不当に高い利益を得たりしないよう、電気料金の妥当性を国がチェックし、認可していました。

自由化の制度改革が始まって以来、規制は段階的に緩和されました。2000年の小売部分自由化開始に合わせて、自由化対象になった特別高圧向け料金は規制が撤廃されました。高圧以下の料金も、値下げの場合は審査がない届け出制になりました。その後も、自由化範囲が拡大されるたびに、自由化対象に含まれた需要家向けの料金は規制が外れています。

ですが、2016年4月の全面自由化の際には、一般消費者を保護する観点から、新たに自由化された低圧需要家向けの**料金規制**は存続しました。その後の規制料金は、**経過措置料金**とも呼ばれています。一方、新電力の料金メニューには規制はかかっていません。大手電力も規制料金とは別に新電力に対抗するための**自由料金メニュー**を設定しています。オール電化住宅向け料金など、全面自由化前から存在していた**選択約款**も自由料金メニューという扱いになりました。

自由化の過渡期である現在は、規制料金と自由料金が混在しているわけです。新たに作られた自由料金は規制料金よりも基本的に安くなるよう設定されましたが、2022年に入って燃料価格が高騰する中で、両者の料金水準の逆転現象も起きました。

電気料金には他に、大手電力グループの一般送配電事業者が設定する大口需要家向けの最終保障供給料金メニューや離島向け料金メニューもあります。一口に電気料金と言っても、意外と複雑なのです。

電気料金制度の変遷

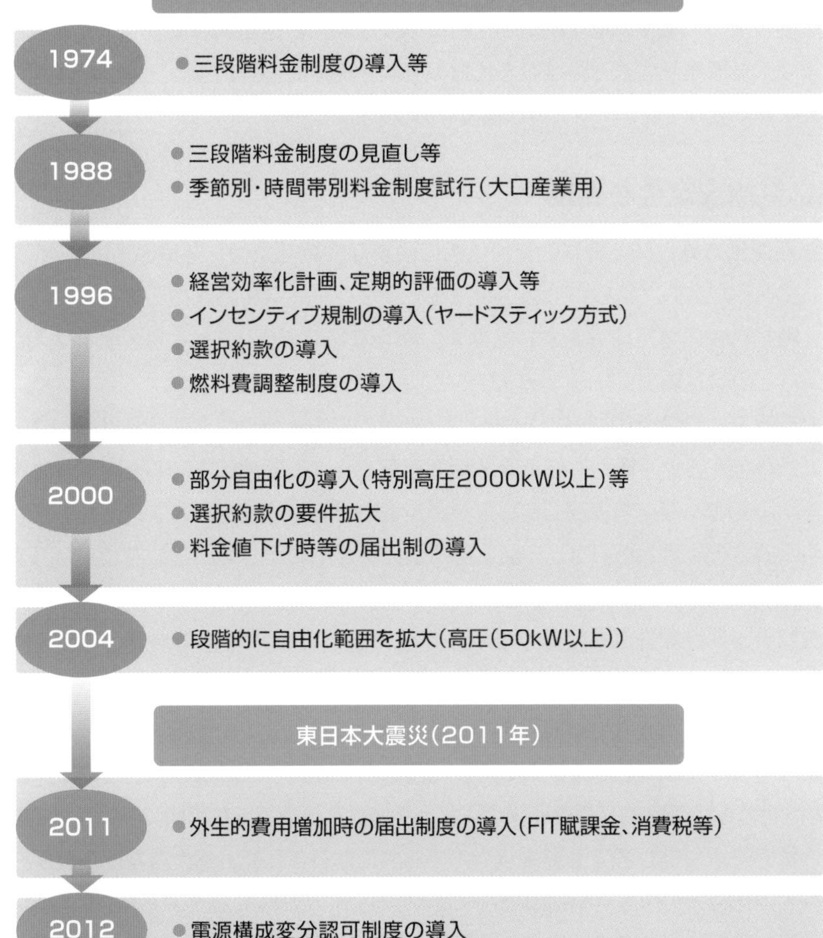

出典:資源エネルギー庁資料

9-2 総括原価方式

規制料金の単価は、安定供給のために必要な経費と適正利潤に基づいて算出されます。総括原価方式と呼ばれる仕組みです。長期的視野に立った設備投資を可能にする仕組みである一方、負の側面もありました。

高い供給安定性を実現

総括原価方式とは、電気の安定供給に必要な経費（原価）を積み上げた上で、それにあらかじめ決められた適正利潤を上乗せして電気料金を算出する仕組みです。電気料金の算定に導入されたのは、戦前の1933年のことです。都市ガスや鉄道などの料金規制でも、同様の方式が採用されてきました。

必要経費は発電所の建設費や燃料費、社員の給料といった営業費などの項目に分けられます。大手電力は原価算定期間を設定し、その期間内に必要となる経費を算出。その総額を総需要で割った値が料金の平均単価になります。電力会社から料金改定の申請があれば、申請した原価の中身に問題がないか政府が査定します。人件費の水準や燃料費の算定根拠、電力需要の見通しなどがチェックされます。電気料金水準は家計にも影響を与えるので、公聴会などにより消費者の意見を聞くことも認可プロセスに組み込まれています。

総括原価の仕組みは、電力需要の急激な伸びに対応した設備投資が必要だった高度経済成長期にはうまく機能したと言えます。確実な費用回収を制度的に保証したことで、大手電力が長期的視点に立った経営を行うことを可能にし、日本の電気の供給安定性は世界でも最高レベルのものになりました。莫大な初期投資が必要な大型発電所の建設は総括原価方式だったからこそ円滑に進みました。

ただ、政府によって認可された電気料金が本当に妥当なものかどうかは、第三者が見て最終的にはよく分かりませんでした。適正利潤は保有する資産に応じて決まるため、たとえば原発などの大規模な発電設備を作ったほうが電力会社の儲けが大きくなるという構造的な問題も指摘されました。低成長の時代に入ると、諸外国に比べて高い料金水準に批判が出始めます。大手電力は多くのムダを抱えているのでは、と多くの人が疑うようになり、90年代半ばから電力自由化の制度改革が始まったのです。

総原価と電気料金収入

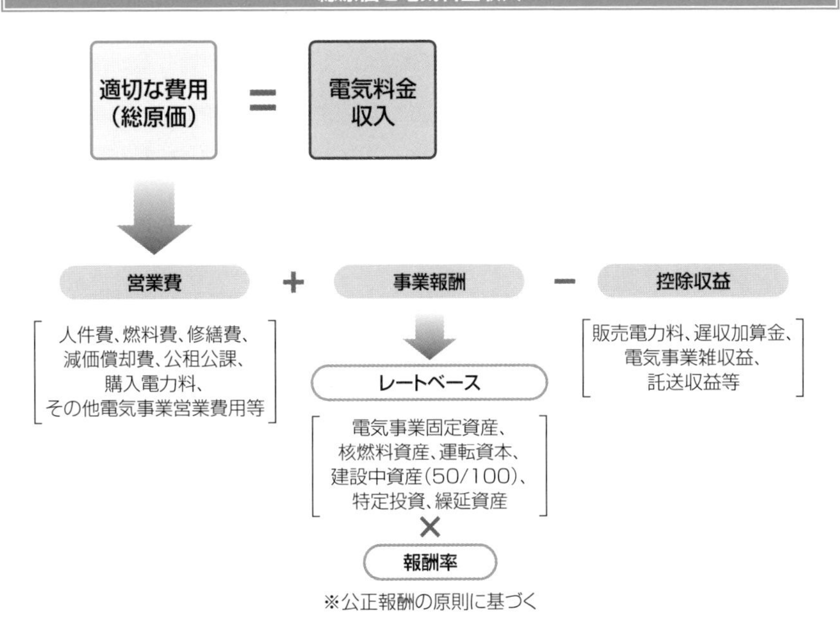

規制料金の認可手続き

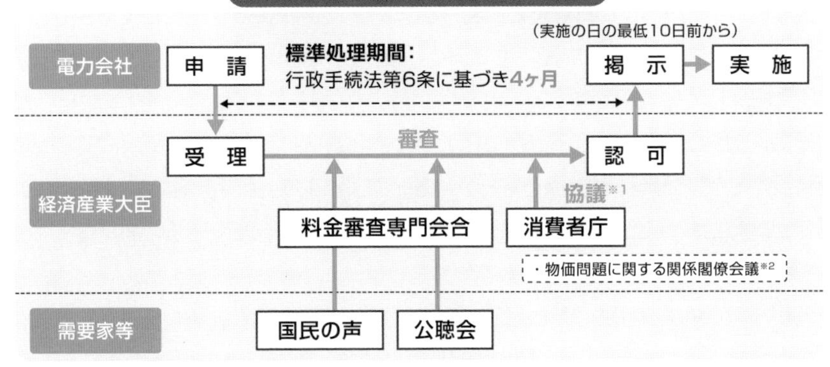

※1 物価担当官会議申し合わせ(平成23年3月14日)に基づく。

※2 物価問題に関する関係閣僚会議(内閣官房長官が主宰)について

●構成員: 総務大臣、財務大臣、文部科学大臣、厚生労働大臣、農林水産大臣、経済産業大臣、国土交通大臣、内閣府特命担当大臣(金融)、内閣府特命担当大臣(消費者)、内閣府特命担当大臣(経済財政政策)、内閣官房長官。

●会議は、内閣官房長官が主宰。会議の庶務は、消費者庁の協力を得て、内閣官房において処理。

出典:消費者庁資料より

9-3 三段階料金制度

一般家庭向け規制料金の従量料金部分は料金単価が三段階に分かれています。一段階目は低所得者層に配慮して、政策的に単価を低く抑えています。三段階目は逆に、節電を促すため、割高に設定されています。

オイルショック後に導入

電気料金は一般的に、基本料金と従量料金で構成されます。基本料金は、電気を使わなくても毎月かかるお金で、従量料金は1kWh使用するごとにかかるお金です。一般家庭向けの規制料金では、このうち従量料金について、使えば使うほど単価が上がる料金体系が採用されています。三段階料金制度と呼ばれる仕組みで、1kWh当たりの料金単価が三つに区分されています。一度にたくさん購入すればその分割り引かれるという商売の常識は電気の規制料金には通用しないのです。

三段階料金制度は、オイルショック後の1974年に導入されました。最も高い第三段階（毎月300kWh以上）の単価は、消費者に節電を促す観点から割高な水準に設定されています。一方、三段階の第一段階（毎月120kWhまで）は単価が低く抑えられています。電気は現代社会では生活必需品だからです。夜の灯りや冷暖房などは不可欠で、電気が使えなくなれば健康を害する危険性があります。そのため、比較的所得が低い層でも電気を一定量までは気兼ねなく使えるよう、政策的に配慮しているのです。

その間の第二段階（120kWh～300kWh）は、ほぼ平均的な費用に基づいた価格設定です。3段階の単価をならせば原価に基づいた価格水準になっています。同制度は総括原価の仕組みの中で節電などの社会的要請に応えるために頭を絞って考案されたものでした。

大手電力は料金規制が撤廃された後も当面は三段階料金制度に基づいた家庭向け料金メニューを維持する方針を表明しています。ただ、自由化が進展する中で、この仕組みはやがてなくなるはずです。一方で、低所得者層への配慮や節電を促す仕組みの必要性は存在し続けます。地球温暖化抑制の観点からは、家庭部門の節電の重要性は一層増しています。自由化された市場の中で、こうした公共的な目的をどう実現していくかは電力政策の大きな課題の一つです。

参段階料金

三段階料金

①第一段階：ナショナルミニマムに基づく低廉な料金
②第二段階：ほぼ平均費用に対する料金
③第三段階：限界費用の上昇傾向を反映し、省エネにも対応する料金

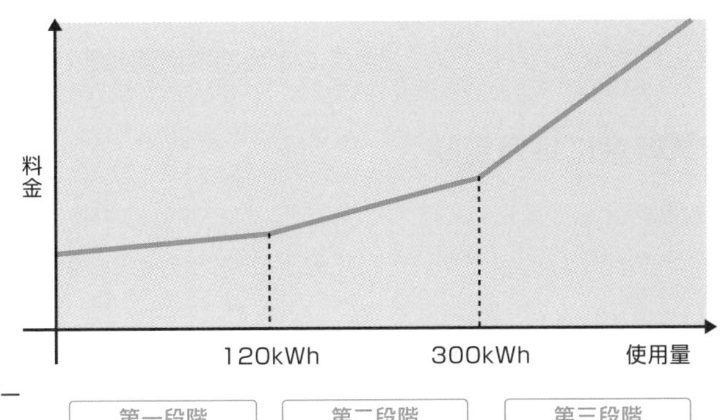

（例）東京電力エナジーパートナー 従量電灯B 料金単価

第一段階	第二段階	第三段階
19.52円/kWh	26.00円/kWh	30.02円/kWh

出典：資源エネルギー庁資料

家庭向け規制料金の各段階の需要家数比率の推移

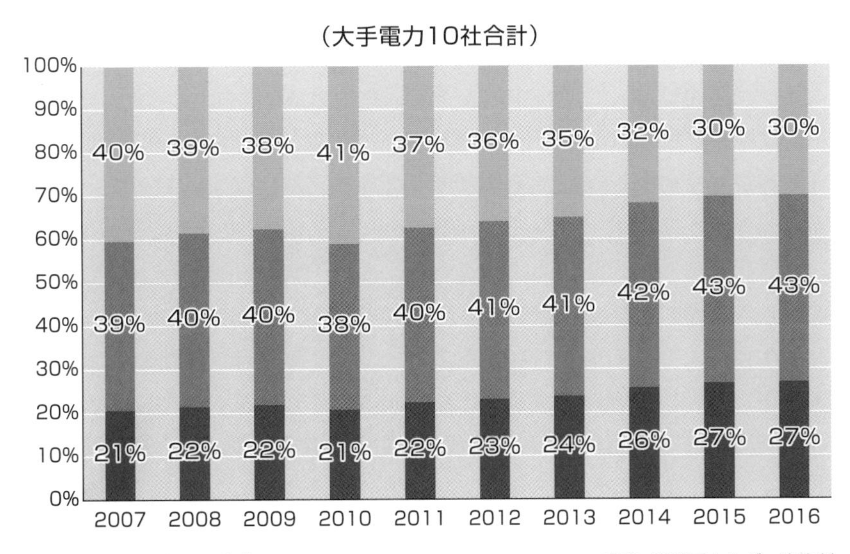

出典：資源エネルギー庁資料

9-4 燃料費調整制度

料金原価の主要素の一つである火力燃料費は、石炭や天然ガスの輸入価格に大きく左右されます。日々の価格の変動に合わせて、料金単価を小まめに変えるわけにもいきません。そこで導入されたのが燃料費調整制度です。

電気料金に毎月反映

規制料金の改定には2種類あります。料金原価の中身を洗い直して電気料金を改めるのが本格改定です。これが値上げ時に政府の認可が必要な料金改定です。それとは別に、電気料金は変動しています。1996年に導入された**燃料費調整制度**によるものです。

燃調制度は、燃料費の変動を機械的に料金に反映する仕組みです。本格改定時に設定した基準燃料価格と実勢価格を比較して変動幅を決定します。小売事業者にとっては、燃料価格が跳ね上がった時も需要家に自動的に転化できるありがたい仕組みで、規制料金だけでなく多くの自由料金にも採用されています。

規制料金には需要家保護の観点から、基準価格の1.5倍という調整額の上限が設けられています。一方、自由料金にはそうした縛りはないことが、2022年の燃料高騰時に規制料金との価格水準が逆転する要因になりました。

なぜ燃調制度は導入されたのでしょうか。電気の過半をまかなう火力発電の燃料価格は常に変動しています。また、ほとんど全てを輸入に頼るため、為替レートにも影響を受けます。これらの要素は大手電力の経営努力を超えており、96年当時始まったばかりの自由化による大手電力の経営効率努力を正当に評価するために、外部化することが望ましいと考えられました。燃料価格の下落局面で大手電力が利益を溜めこまず、需要家に恩恵が確実に及ぶことも重要でした。

燃調制度による料金改定は毎月行われています。1～3月の平均燃料価格が6月分料金という形でひと月ごとに反映されています。3か月ほどタイムラグが生じるのは、貿易統計で輸入燃料価格が正式に確定するのを待つ必要があるためです。これにより例えば年度をまたいで燃料費が上昇局面にある場合には利益を押し下げて決算が見かけ上悪くなります。いわゆる**期ずれ差損**（逆の場合は「差益」）ですが､翌年度はその分利益（損失）が出るため長期的にはプラスマイナスゼロです。

燃料費調整の仕組み

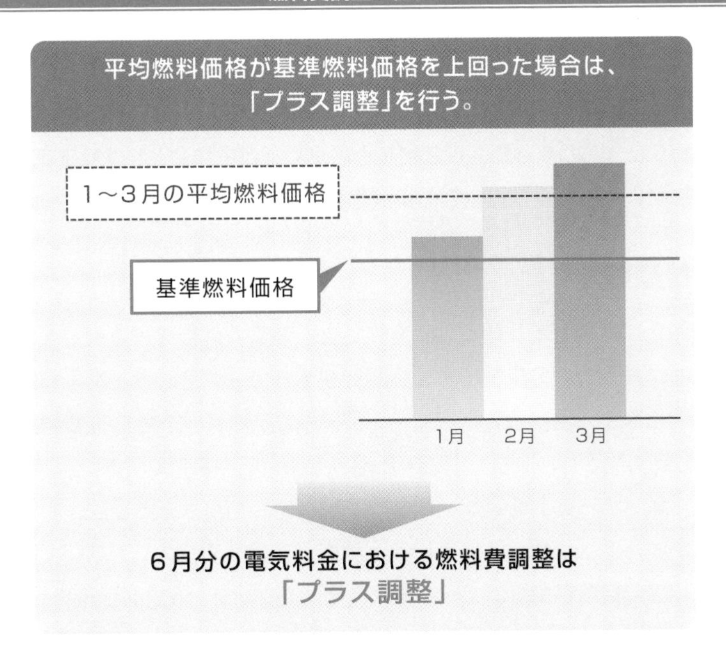
平均燃料価格が基準燃料価格を上回った場合は、
「プラス調整」を行う。
1～3月の平均燃料価格
基準燃料価格
1月
2月
3月
6月分の電気料金における燃料費調整は
「プラス調整」

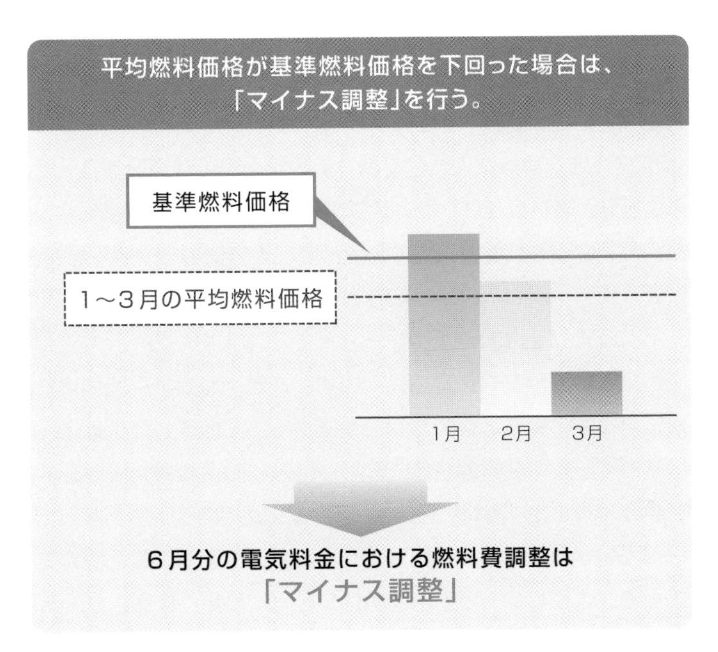
平均燃料価格が基準燃料価格を下回った場合は、
「マイナス調整」を行う。
基準燃料価格
1～3月の平均燃料価格
1月
2月
3月
6月分の電気料金における燃料費調整は
「マイナス調整」

9-5 自由料金メニュー

全面自由化により大手電力も含めた小売事業者によって家庭向けの料金メニューが新たに作られました。規制料金と区別して自由料金と呼ばれます。最近ではCO_2排出ゼロや市場価格連動など多様化が進んでいます。

多様化が進む

全面自由化に合わせて、新電力が発表した一般家庭向けの電気料金メニューのほとんどは、大手電力の規制料金の体系を模倣するものでした。基本料金と三段階の単価からなる従量料金で構成する二部料金制で、基本料金や従量料金を大手電力よりも安く設定し、燃料費調整の仕組みも組み込みました。

こうしたメニューは消費者が比較しやすいという利点がある反面、人々の多様な生活スタイルや価値観に応えているとは言えませんでした。ですが、従来の常識に捉われない**自由料金メニュー**も徐々に増えています。例えば、時間帯や曜日、季節によって料金単価が変わるメニューで、生活スタイルによってはメリットが生まれます。料金単価が日本卸電力取引所（JEPX）の取引価格に連動する**市場連動型**料金メニューも登場しましたが、2020年度冬季の市場価格高騰によって請求額が跳ね上がり、社会問題にもなりました。

この市場価格高騰を契機に注目度が増したのが、需給が逼迫する時間帯に節電に協力することなどで料金を割り引く**デマンドレスポンス（DR）**型のメニューです。太陽光発電の電気が余り気味の日中の時間帯に電気の使用を促す需要創出型のDRを目的としたメニューも出てきています。

脱炭素化への関心の高まりを受け、再生可能エネルギーの活用などによりCO_2排出量をゼロにしたプランも最近増えています。環境意識の高い消費者に訴求していますが、再エネの電気とその環境価値をセットで調達した正真正銘の再エネプランだけでなく、火力発電の電気も混じった通常の系統電力に再エネ指定の非化石証書を組み合わせた“実質”再エネプランもあります。

家庭での競争は電気という枠を飛び出しており、都市ガスなど他のエネルギー商品や動画配信、水回りのトラブル時駆けつけといったさまざまな生活関連サービスと組み合わせたプランも増えています。

自由料金メニューの一例

再エネ特化型	●**再生可能エネルギーを100%**提供する料金メニュー。FIT電気での提供や、非化石証書を活用したものもある。 ●さらに電源を特化して(例えば水力100%)提供するものもある。
EV向け割引	●**EV用充電設備**を設置しており、かつ**EVを所有**している者に対して通常のプランから割り引くもの。
市場連動型	●実際に**市場からの調達価格**(コマごと)をもとに電気料金を計算するメニュー。
発電所(者)特定型	●**ブロックチェーン**により発電所と需要家をマッチングさせて提供するもの。 ●需要家自らが小売事業者の取次店となり、発電者と取引するものもある。
完全従量料金	●**基本料金を0円**とし、完全従量制の電気料金メニュー。
節電割引	●小売事業者が予め指定する日の最も需要が多い時間帯の**節電実施状況に応じて電気料金を割引**。
機器サブスク型	●**一定量までの電気料金と電化機器リース料金**のセット。
時間帯別料金	●家庭で電気をよく使用する**夜間の時間帯**(例えば、夜8時から翌朝7時まで)で**割安な料金**を設定。
特定時間帯無料	●**特定の時間帯**(例えば朝6時〜8時)の電気料金(従量分)を無料にする。
一段階料金	●消費者にとっての分かりやすさを重視し、**一段階料金**のメニューを提供。

出典:資源エネルギー庁資料

9-6 料金規制の撤廃

一般家庭など低圧需要家への料金規制は早ければ2020年3月末に撤廃される可能性がありましたが、全エリアで見送られました。大手電力に伍する新電力がまだ十分に育っていないことが主な理由です。

競争の進展状況などで判断

大手電力の小売部門に対する一般家庭など低圧需要家向けの**料金規制**は、全面自由化の実施と同時には撤廃されませんでした。市場が開放されても即座に複数の新電力が事業を開始し、十分な競争状態が現出するとは考えられなかったからです。卸市場の活性化など様々な環境整備が効果的に行われないと、各エリアの大手電力の「規制なき独占」に陥る可能性が懸念されました。

料金規制が完全に撤廃されるのは、早くても**発送電分離**と同時で、全面自由化から丸4年が経過した20年3月末でした。そのタイミングでの撤廃の是非は、電力･ガス取引監視等委員会の有識者会合で検討されました。

検討は①消費者等の状況、②十分な競争圧力の存在、③競争の持続的確保——という3つの観点から行われました。3つの観点のうち、②については「エリア内のシェアが5%を超えた新電力が2社以上存在する」という具体的な目安を定めましたが、この条件を満たしたエリアはありませんでした。③の競争の持続性の確保についても、発電市場において大手電力等による寡占状態が続いていることなどから、まだ不十分と判断され、全エリアで規制の存続が決まりました。

競争の進展が一定程度見られるエリアが出てくれば、必要に応じて再審査が行われます。ただ、新電力のシェアの伸びは近年鈍化しており、規制撤廃の可能性はむしろ薄まっています。デマンドレスポンス（DR）促進などのため融通の利かない規制料金の早期撤廃を望む声もありますが、多くの需要家が引き続き規制料金を利用しているのが実態です。例えば、北海道電力では、販売電力量全体の4分の1を規制料金が占めています。

なお、規制料金には一般家庭向け料金以外にも、農事用や公衆街路灯、土木工事などで使われる臨時用途のメニューがあります。これらも一般家庭向けメニューと一体で規制撤廃の是非が判断されます。

料金規制の撤廃

経過措置の解除要件

(1)電力総需要量に占める大手電力以外の小売電気事業者が供給を行っている需要量の比率

(2)大手電力の供給区域内における、他の大手電力の参入状況

(3)自由料金(大手電力が経過措置約款に基づき供給する際の料金以外)で電気の供給を受けている低圧需要の比率

※(1)～(3)については、大手電力がその子会社や提携する新電力を通じてエリア(大手電力の供給区域)内の需要家に電気の供給を行っている場合には、電源の調達先や料金メニューの差別化等の実態を踏まえた上でこれらを評価するべき。

(4)スマートメーターの普及状況(設置数の需要家全体に占める割合等)

(5)小売全面自由化後の電気料金の推移や、需要家の小売全面自由化に対する認知度評価、卸電力取引所の活用状況等その他判断の参考となる基礎的なデータ

出典:資源エネルギー庁資料

競争圧力の状況

●各エリアの低圧市場シェア (契約口数ベース、2023年3月時点)

北海道電力	80.1%
北海道ガス	5.8%
auエネルギー&ライフ	2.4%

東北電力	86.5%
auエネルギー&ライフ	3.1%

東電EP	68.4%
東京ガス	10.7%
SBパワー	2.6%

中電ミライズ	80.5%
東邦ガス	5.2%
SBパワー	3.1%

北陸電力	94.3%
PinT	0.9%

関西電力	73.4%
大阪ガス	11.8%
SBパワー	2.5%

中国電力	89.0%
SBパワー	2.5%

四国電力	88.0%
auエネルギー&ライフ	3.0%

九州電力	84.9%
auエネルギー&ライフ	3.6%

沖縄電力	88.6%
沖縄ガスニューパワー	6.3%
SBパワー	3.1%

出典:電力・ガス取引監視等委員会資料

9-7 内々価格差・規制料金値上げ

2000年の小売部分自由化の後、規制料金の値上げラッシュは2回ありました。1回目は原子力発電所が一斉停止した東日本大震災後、2回目はウクライナ危機などを背景に燃料価格が高騰した2023年です。

原発の稼働で明暗

大手電力間の料金水準の差である**内々価格差**は、部分自由化によって一旦は縮小しました。自由化開始前の94年時点では、沖縄電力を除いた9電力の中で最も安い会社と最も高い会社のkWhあたりの価格差は3.55円ありましたが、05年には1.41円にまで縮小しました。なお、他エリアと送電線がつながっていない独立系統の離島である沖縄の電気料金は構造的にどうしても割高になります。

この内々価格差は東日本大震災後、再び拡大しています。原子力発電所への依存度や再稼働の状況によって、各社の経営体力に大きな差が生じたからです。10社のうち、震災後の原発停止により規制料金（**経過措置料金**）を2度値上げしたのが北海道電力と関西電力、1度値上げをしたのが東北電力、東京電力、中部電力、四国電力、九州電力、値上げしなかったのが北陸電力、中国電力、沖電です。このうち関電は原発の再稼働により値下げを2度実施し、競争力を回復しました。九電も再稼働を目指した原発全てが動いたことを受け、19年に値下げを行いました。

ウクライナ危機後の燃料価格高騰を受けた値上げラッシュでも明暗は分かれました。大震災後は値上げを回避した北陸電、中国電、沖電も今度は耐えることができず、その3社を含む7社が23年6月に値上げを行いました。値上げを回避できたのは中部電、関電、九電の3社でした。これにより内々価格差は大きく拡大しています。値上げ直後の水準を見ると、最も低い九電の21円/kWhに対し、北海道電は37円/kWhという高水準です。

なお、規制料金の値上げに先行して、高圧以上の大口需要家向けの料金値上げも相次ぎました。規制料金の値上げを回避した中部電と九電も大口向け料金は値上げに踏み切りました。その際には、多くの大手電力が一層のリスク回避のため、燃料費だけでなくスポット市場価格の変動も自動的に反映するかたちに燃料費調整の仕組みを改良しています。

東日本大震災後の規制料金値上げ

	2012年度	2013年度	2014年度	2015年度	2023年度
北海道		9月 7.73%	(11月 12.43%)	4月 15.33%	6月 23.22%
東 北		9月 8.94%			6月 25.47%
東 京	9月 8.46%				6月 15.90%
中 部			5月 3.77%		
北 陸	規制部門における改定はなし				6月 39.70%
関 西		5月 9.75%		(6月 4.62%) 10月 8.36%	
中 国	規制部門における改定はなし				6月 26.11%
四 国		9月 7.80%			6月 28.74%
九 州		5月 6.23%			
沖 縄	規制部門における改定はなし				6月 43.4%

※2010年度以降の、規制部門の改定状況。※( )は直近の改定後の料金からの激変緩和のための段階的値上げによる変化率。※関西電力は17、18年度、九州電力は19年度に値下げを実施。

出典:資源エネルギー庁資料

大手電力10社の料金単価

●大手電力10社の電気料金単価(23年7月)

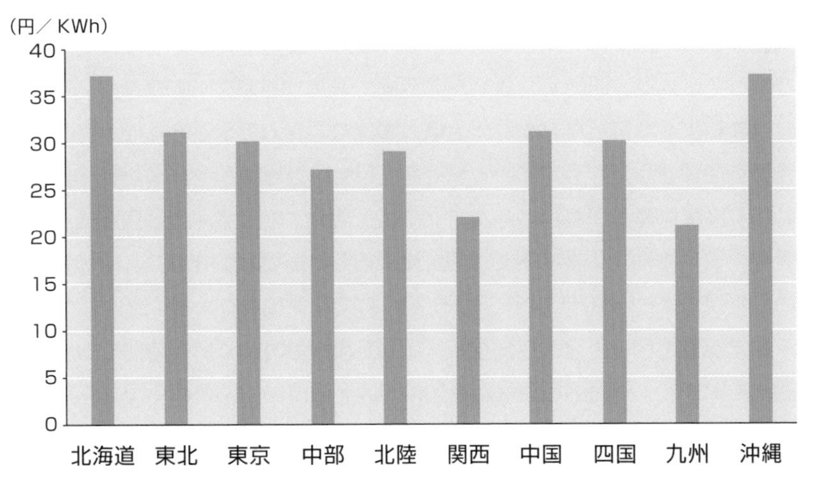

出典:資源エネルギー庁資料

9-8 最終保障供給・離島供給

電気は日常生活に欠かせないエネルギーです。どの小売事業者からも電気を買うことができない人がいてはいけません。全ての需要家に最終的に電気を送ることは料金規制撤廃後、一般送配電事業者の責務になります。

送配電事業者が"最後の砦"

地域独占の時代には、大手電力に全ての需要家に対して電気を供給する**最終保障義務**が課されていました。料金規制が残る間は大手電力の小売部門に同様の義務が実質的に残っています。問題は料金規制が完全に撤廃された後です。新電力と法的に全く同じ存在になる大手電力はもう手を差し伸べてくれません。とはいえ、契約していた小売事業者が倒産した場合など、消費者が次の小売事業者を探すまでの間、電気を使えないのでは困ります。

でも、安心してください。小売への料金規制がなくなった後は、各エリアの一般送配電事業者が、何らかの理由で小売事業者との契約を結べていない需要家への電気の最終的な送り手になります。あくまで救済措置であるため、需要家は新たな小売事業者と早急に契約することが求められます。**最終保障供給**の料金水準は政府の規制対象で、決して安くありません。

料金規制が撤廃済みの大口市場では、すでに一般送配電事業者が最終保障の役割を担っています。その契約件数が爆発的に増加する想定外の事態が2022年に起こりました。燃料価格高騰に伴う電力調達コストの上昇で多くの小売事業者が新規契約を停止したからです。大量に発生した**電力難民**がすがった先が最終保障でした。最終保障への長期依存を防ぐため、資源エネルギー庁は固定価格だった料金体系に市場連動の要素を加える制度見直しを急遽行いました。その後、大手電力の新規受け付け再開により、契約件数は23年度に入り大きく減少しています。

一般送配電事業者は全面自由化後、電力系統が独立している離島での小売供給も務めています。離島の電源は基本的にコストの高い重油燃料のディーゼル発電ですが、消費者保護の観点から本土と遜色ない料金で電気を販売しています。そのため、制度的には可能な離島での新電力参入は現実的には期待できないのです。**離島供給**に要する費用は託送料金で回収されています。

料金体系全体における最終保障供給・離島供給の位置づけ

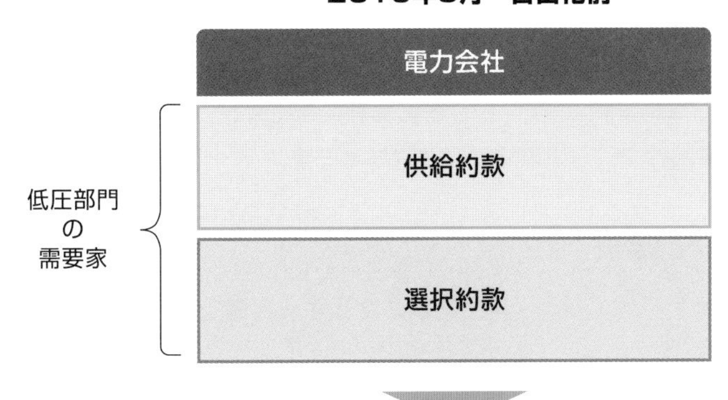

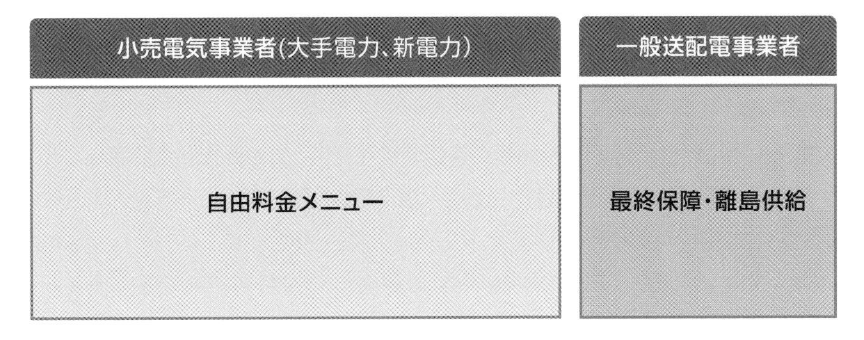

出典：資源エネルギー庁資料

9-9 再エネ賦課金・電源開発促進税

電気料金には需要家が使用した電気代以外の費用も含まれています。再生可能エネルギーの固定価格買取制度（FIT）の賦課金や、原発など新たな発電所の開発の原資などとして使われている電源開発促進税などです。

託送料金を通じて課税

電気料金の請求書を丁寧に見ると**再生可能エネルギー発電促進賦課金**という費目に気づくはずです。FITに基づく再エネの買取費用から小売事業者が負担する**回避可能費用**分を引いた額は、全ての需要家が広く薄く負担しています。それがこの賦課金です。毎月の電気料金に上乗せされており、単価は買取価格等をもとに年間の再エネ導入量を推測して毎年度決められます。

基本的に再エネ導入拡大に伴って年々上がっています。2023年度は前年度から初めて下がりましたが、回避可能費用を決定する市場価格が高水準で推移したことで小売事業者の負担分が増えたためで、電気料金全体として需要家の負担が軽くなったわけでは必ずしもありません。24年度には従来の水準に戻りました。

電源開発促進税は1kWhあたり約0.4円が電気代に上乗せされ、全需要家が負担しています。この特別税を財源とし、電源開発促進のための特別会計を財布として立地自治体にお金を配分する仕組みが、地元に原発の立地を受け入れてもらう際に大きな役割を果たしてきました。いわゆる電源三法交付金です。

電源三法とは「電源開発促進税法」「電源開発促進対策特別会計法」「発電用施設周辺地域整備法」の3つの法律を指します。電源三法交付金は原発だけに使われているわけではなく、水力発電など他の電源にも支出されます。FITの買取費用の一部も賄っています。

電促税は全面自由化後、送配電事業者が納税義務者となり**託送料金**を通じて課税されています。託送料金を通じて、というのは実は曲者です。小売料金のように競争にさらされないために行政や事業者にとって“打ち出の小槌”になりかねないからです。実際、原発の使用済み燃料の再処理費用の一部は、新電力の顧客も負担すべきとの理屈で、20年9月まで託送料金を通じて回収されていました。その後入れ替わるかたちで、原発廃炉費用の一部の託送料金への上乗せが行われています。

大手電力の料金平均単価と賦課金の推移

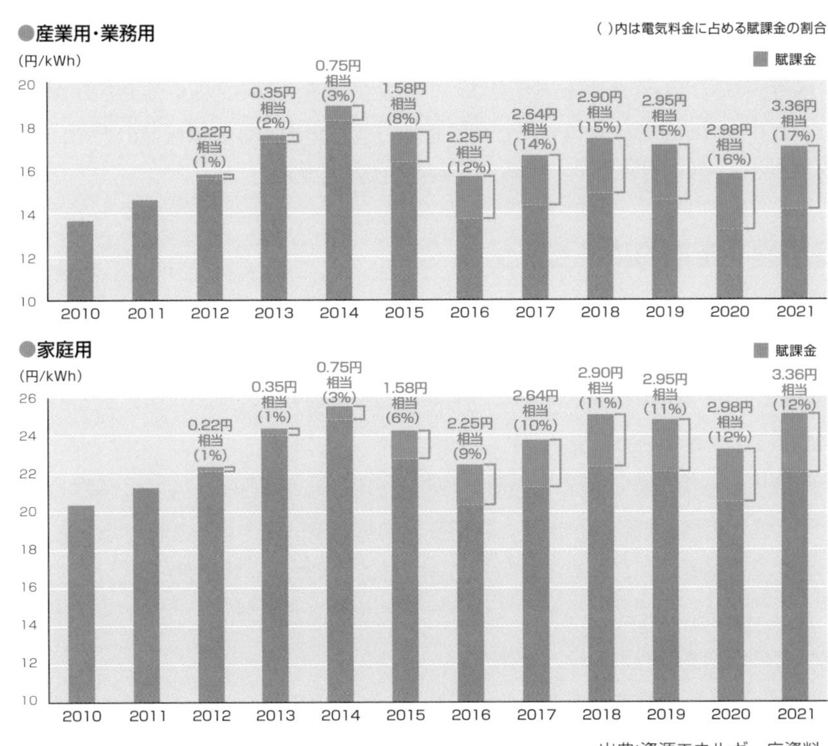

出典:資源エネルギー庁資料

電源開発促進税の用途

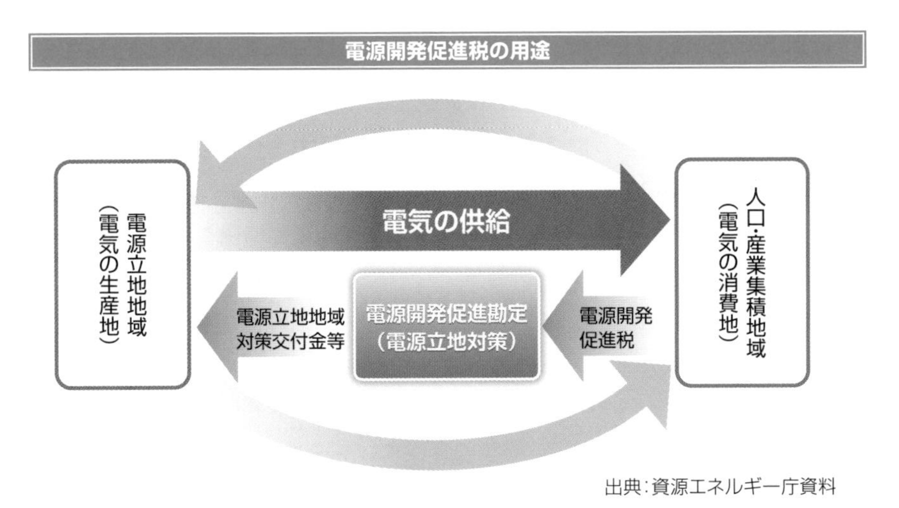

出典:資源エネルギー庁資料

9-10 託送料金の基本

送電線の使用料である託送料金は、小売全面自由化後も政府の規制がかかっています。送配電事業は地域独占が続くためです。全国的な競争促進のため、日本のどこからどこに電気を送っても、託送料金は同額です。

妥当性を定期的にチェック

託送料金とは、送電線の使用料金のことです。電気を需要家に販売する小売電気事業者は、送配電網を所有する一般送配電事業者に託送料金を支払う必要があります。それは大手電力の小売部門も同じで、新電力と同様の料金体系で、自社グループの送配電会社に支払っています。

料金単価は需要側の電圧ごとに分かれています。特別高圧の料金が最も安く、高圧、低圧の順に高くなります。特別高圧の需要家は電力供給を受ける際に高圧や低圧の設備を使用しておらず、その分のコストは負担する必要がないためです。マンションへの高圧一括受電サービスを提供する事業者は、この高圧と低圧の託送料金の価格差を利用しています。

自由化により新規参入者との競争下に置かれた大手電力の小売部門や発電部門と違い、送配電事業は今後も地域独占が続きます。託送料金は部分自由化の時代にはなぜか届け出制でしたが、全面自由化に合わせて政府の認可制になりました。

複数のエリアをまたいで電気を送る場合に、各送配電事業者にそれぞれ託送料金を払う必要はありません。エリアをまたぐごとに加算される**振替供給料金**という制度が以前はありました。俗に「パンケーキ」と呼ばれる仕組みですが、全国的な競争促進を阻害するとして2005年に廃止されました。なお、需要家に電気を送り届ける託送を**接続供給**、需要家は他エリアにいるため通過するだけの託送を**振替供給**と言います。

託送料金は基本料金と従量料金で構成されます。送配電関連費用は設備投資費など固定費が8割を占めるにもかかわらず、従来の料金体系では基本料金による回収率が3割にとどまっていました。このままでは需要減により固定費を回収しきれなくなる懸念があるとして、2023年度の**レベニューキャップ方式**導入に伴う料金改定で、各社とも基本料金の比率を高めました。

小売事業者から見たお金の流れ

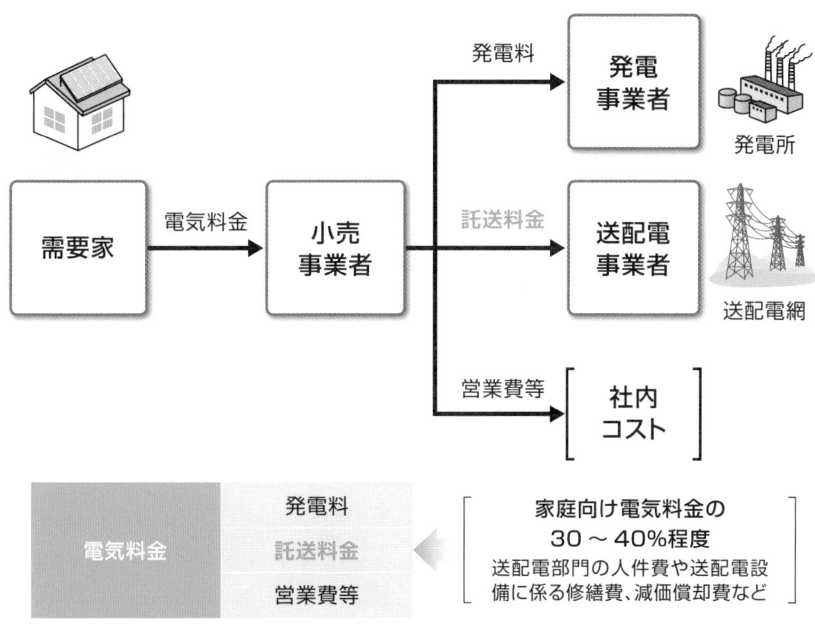

出典：資源エネルギー庁資料

託送コストの回収構造の是正

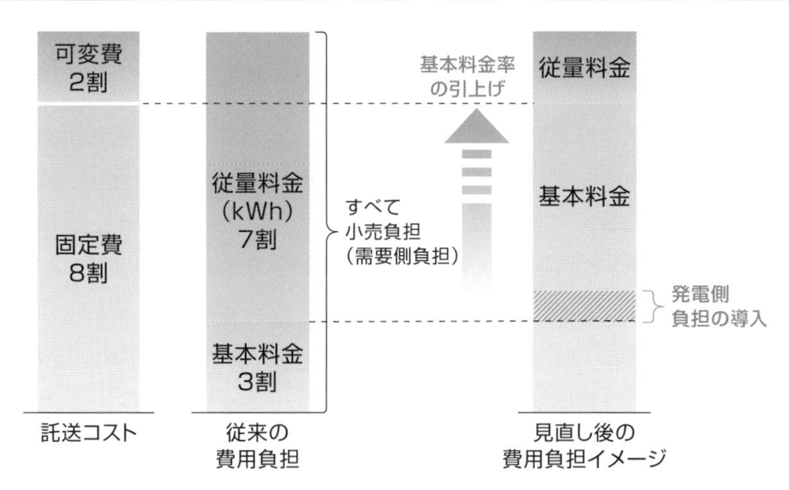

出典：電力・ガス取引監視等委員会資料

9-11 託送料金改革① レベニューキャップ方式

託送料金の算定ルールは2023年度から抜本的に見直されました。総括原価方式から、収入の上限を規制するレベニューキャップ方式への変更です。設備投資費が増える局面でも、託送料金を最大限抑制する狙いです。

コスト低減が利益に直結

託送料金は従来、小売の規制料金と同様に**総括原価方式**で決まっていました。ですが、収入と支出が原理的に常に一致する同方式では、料金認可後にコストを削減する誘因が一般送配電事業者に働きません。そのことが送配電事業を取り巻く時代の変化に合わなくなり、23年4月に抜本的に見直されました。

時代の変化とは何でしょうか。高度経済成長期に整備された送配電網は今後更新する必要があります。新たなネットワークは再生可能エネルギー大量導入や自然災害の甚大化に対応した次世代型とする必要があり、単なる設備更新以上の費用がかかることが避けられません。一方、電力システムの効率性の観点から、託送料金水準の抑制は重要な課題です。

この二律背反の状況を克服できる託送料金の仕組みが求められ、欧州の事例なども参考にして新たに採用されたのが**レベニューキャップ方式**でした。一定期間ごとに収入の上限を設定する仕組みで、事業者にとってはコスト低減努力が利益の増加に直結するという魅力があります。

一般送配電事業者は国の指針に沿って、供給安定性維持や再エネ導入拡大、デジタル化などに関する目標を設定した事業計画を策定し、それらの目標の達成のために必要な費用に基づく収入上限を算出します。収入上限は国による査定を経て正式に決まります。23年度から適用されているレベニューキャップ制に基づく最初の託送料金では、全10エリアの全ての電圧で従来から値上げになりました。

事業計画は原則的に5年ごとに策定されます。5年の計画対象期間が終了した後、電力・ガス取引監視等委員会は事業者ごとに各目標の達成状況を評価します。その結果、優秀だった事業者は新たな事業計画における収入上限を引き上げられる一方、達成状況が相対的に不十分だった事業者は引き下げられます。こうした賞罰の水準は最初の5年間の状況を踏まえて、修正される方針です。

レベニューキャップ方式の全体像

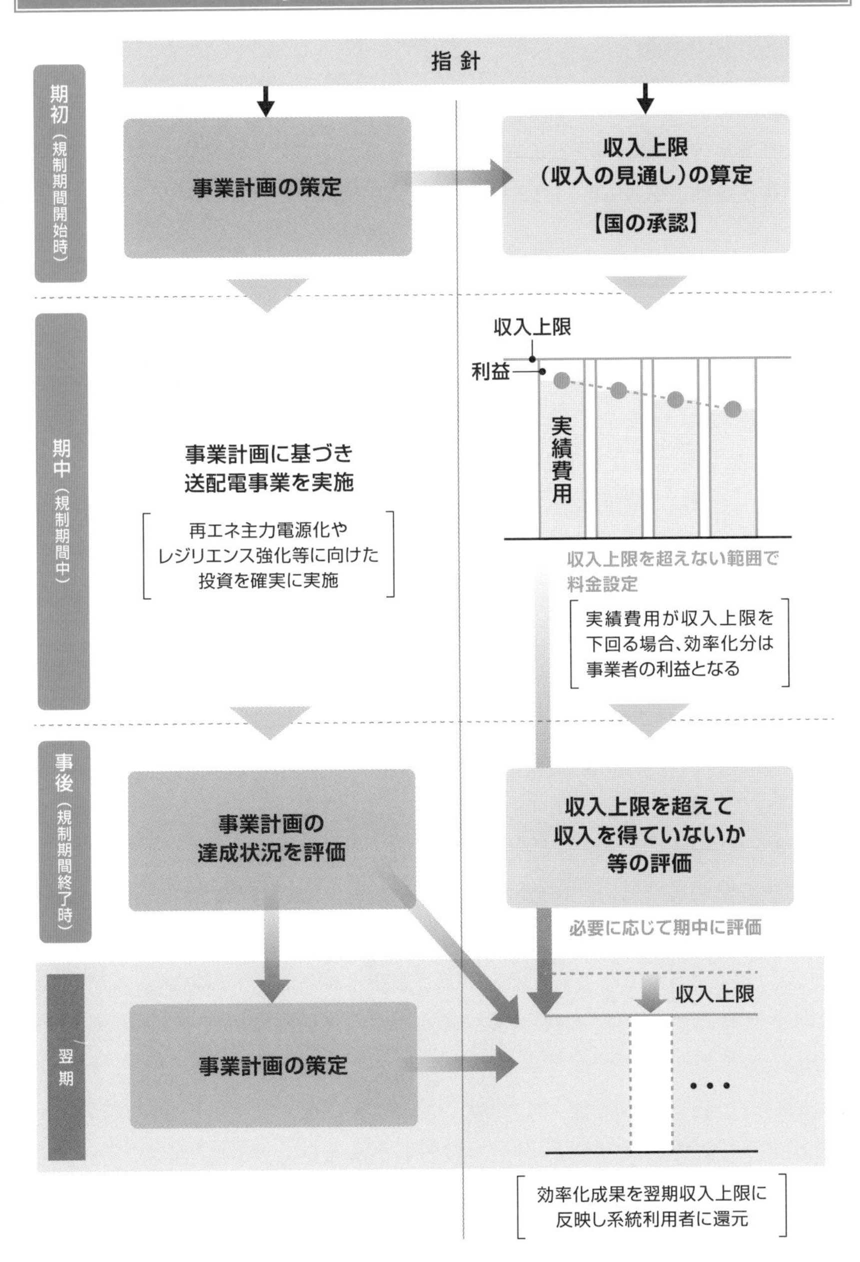

出典：電力・ガス取引監視等委員会資料

9-12 託送料金改革② 発電側課金

2024年度から発電事業者にも託送料金が課されています。再生可能エネルギーの導入拡大など電力システムの変化に対応するものです。小売事業者の負担の一部が発電事業者に振り分けられるので、需要家の負担は増えません。

FIT電源は対象外に

従来の制度で小売事業者だけが託送料金を負担していたのは、料金単価が需要側の電圧だけで区分され、発電側の電圧は考慮されなかったからです。「需要地の電圧別課金」という基本原則で、発電設備は特別高圧に接続される大型電源以外に存在しないという認識が制度設計の大前提としてありました。

ですが、こうした前提は再エネなど分散型電源の導入が拡大する中で失われました。その結果、制度の弊害も生まれました。例えば、低圧接続の分散型電源から近隣の低圧需要家に電気を送る場合も、低圧需要向けの最も高い単価が適用されることが問題視されました。

分散型電源の電気の地産地消には、送電ロス低減と上位系統の設備のスリム化というメリットがあるからです。つまり、電力システムの効率化に寄与するわけで、託送料金をその分安価に設定することに合理性が認められます。実際、**発電側課金**とセットで、こうしたメリットが認められるエリアに立地した電源の託送料金を割り引く仕組みが導入されることになりました。

発電側課金導入を促した変化は他にもあります。系統増強の要因が需要増という小売側の事情から、再エネの新規接続という発電側の事情に変わったことです。再エネの電気が連系線を通って他エリアで消費される場合、小売事業者だけが託送料金を負担していては、電源接続の投資を行った発電側のエリアの一般送配電事業者は収入を得られません。発電側課金により、この問題も解消されました。

制度設計の最大の難問は、再エネの扱いでした。当初は発電容量に応じた基本料金のみとする方向でしたが、これでは設備利用率が低い太陽光や風力の負担が相対的に重くなります。そのため、送電量に応じた従量料金との二部料金制に修正されました。また、買取価格が決まっており託送料金の負担増分を売電先に転嫁できないFIT（固定価格買取制度）電源は、課金の対象外になりました。

発電事業者も託送料金を負担するように

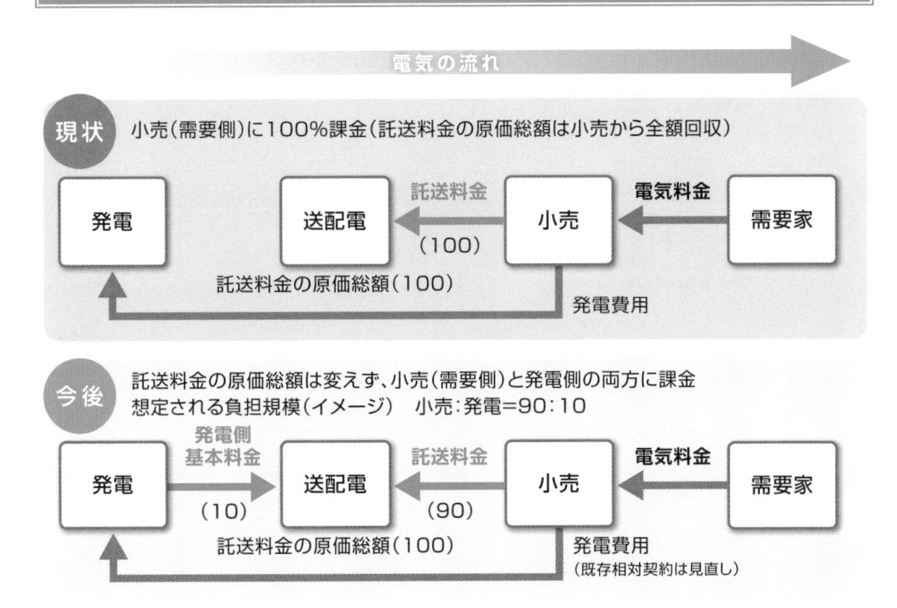

出典:電力·ガス取引監視等委員会資料

立地地点に応じた割引制度の導入

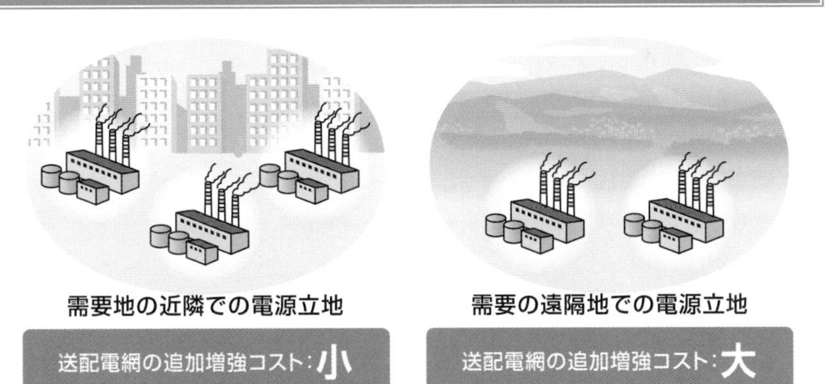

➡発電側基本料金の負担額を軽減

【割引A】：基幹系統投資効率化・送電ロス削減割引

【割引B】：特別高圧系統投資効率化割引（高圧・低圧接続割引）

出典:電力·ガス取引監視等委員会資料

“規制なき現状維持”という不安定

大手電力にとって、経過措置として存続している一般家庭など低圧需要家向けの料金規制の撤廃は悲願だと言えます。10社のうち7社は東日本大震災後に料金値上げを申請しましたが、その際には公開の場で経営効率化の取り組みなどについてアレコレ注文を付けられました。規制が残ったままでは、値上げを余儀なくされる何らかの事情が再び生じた際にまた低頭平身の姿勢で許しを請う必要が出てきます。そう考えるだけで気持ちは塞がるというのが人情というものでしょう。

だからなのか、大手電力は規制撤廃に対して不安や懸念を抱く声に対して「規制がなくなっても当面は今の料金メニューをなくしません」と公に表明することで、規制撤廃の障害をなくすことに腐心しています。まずは実を捨てて名を取ることで、規制の撤廃を実現したいのでしょう。

大手電力が当面の存続を表明したメニューとは具体的に、一般家庭向けの三段階料金メニューと農家や土地改良区の運営団体が利用する農事用メニューです。いずれも低所得者への配慮という福祉政策、あるいは国内の農業振興という農業政策の側面があり、同様の政策目的を担う何らかの代替措置がなければ規制の撤廃は困難だと指摘されていました。

大手電力の表明により政策当局は一筋縄にはいかない代替措置の検討を急ぐ必要はなくなりましたが、だからと言っていつまでも現状のままでいいわけではありません。低所得者層への配慮も農業振興も大事な問題ですが、その手段の一つとして電気料金を用いることは、地域独占の時代ならいざ知らず、自由化後の現在においては市場を歪ませる要因になるからです。三段階料金については、電気の使用量と経済的裕福さは必ずしも正の相関関係にないとの指摘もあります。

大手電力の表明はあくまでも「当面の存続」です。“規制なき現状維持”という不安定な状況では結局、該当する料金メニューを利用する需要家がリスクを負うことにもなります。そう考えれば、政策当局は大手電力が自主的にメニューを存続することに甘えず、必要な代替措置を速やかに検討すべきでしょう。

第10章 電力市場

　発電事業者や小売事業者、送配電事業者が電気を売買する市場は、自由化の進展に伴って段階的に整備されてきました。全面自由化後には、容量価値や非化石価値、調整力などを取引する場が続々と創設されています。一口に電気と言っても、取引される価値が細分化されているからです。これにより電力システムをますます複雑化し、多くの人にとって難解になるという面は否めませんが、各市場が公平・公正に運営され、取引が活発に行なわれることは、新たな電力システムが最大限効率的に機能するためにも大変重要です。

図解入門
How-nual

10-1 電力市場の基本

発電や小売の事業者同士が取引する電力市場の構造は、複雑化しています。自由化の進展や再生可能エネルギーの導入拡大などにより、市場取引に関係する事業者や発電設備の数が大きく増加しているからです。

自由化により「市場」が生まれた

自由化以前の9電力体制の時代には、複数の事業者が経済原理に基づいて恒常的に電気を取引する場という意味での「市場」は、そもそも存在しませんでした。発足以来、地域独占を認められてきた大手電力各社にとって、自社の需要を賄うための電気を自社で作ることは大原則で、電気は基本的に各エリアで自給自足されていたからです。

他方、火力発電所や原子力発電所は技術開発により大規模化の道を辿りました。そのため、日本に存在する商用発電所のほとんどは大手電力によって作られた大型電源になりました。Jパワーや日本原子力発電といった発電専業の会社の発電所や、地方自治体が保有する水力発電所などが例外的にありましたが、電気の売り先は小売事業を独占的に営む各地の大手電力以外にないことから、大手電力の供給力の一部に組み込まれていました。

その結果として、自由化以前の電力「市場」とは、エリアごとに電気の売り先が固定された大型発電所が数えられるレベルで存在するという極めて単純な構図でした。こうした状況が、自由化の進展と再生可能エネルギーの導入拡大により、大きく変わっています。小売自由化により電気の売り先は多様化しました。発電自由化の効果は限定的でしたが、1基当たりの発電容量が小さい再エネの導入が進むことで、発電設備の数は全国各地に無数に散らばるようになりました。

取引される電気の価値の細分化も進んでいます。従来の市場での電気の取引単位はkWhです。ようするに実際にエネルギーとして消費される電気が取引対象でした。ですが、再エネ導入拡大と供給安定性の確保の両立がシステム改革の重い課題となる中、発電できる能力である**容量価値**（kW価値）や、需給一致のための**調整力**（ΔkW価値）がkWh価値とは別に取引されるようになりました。また、CO_2フリーの電気の**非化石価値**も他の価値から切り離されて売買されています。

電力市場活性化の必要性

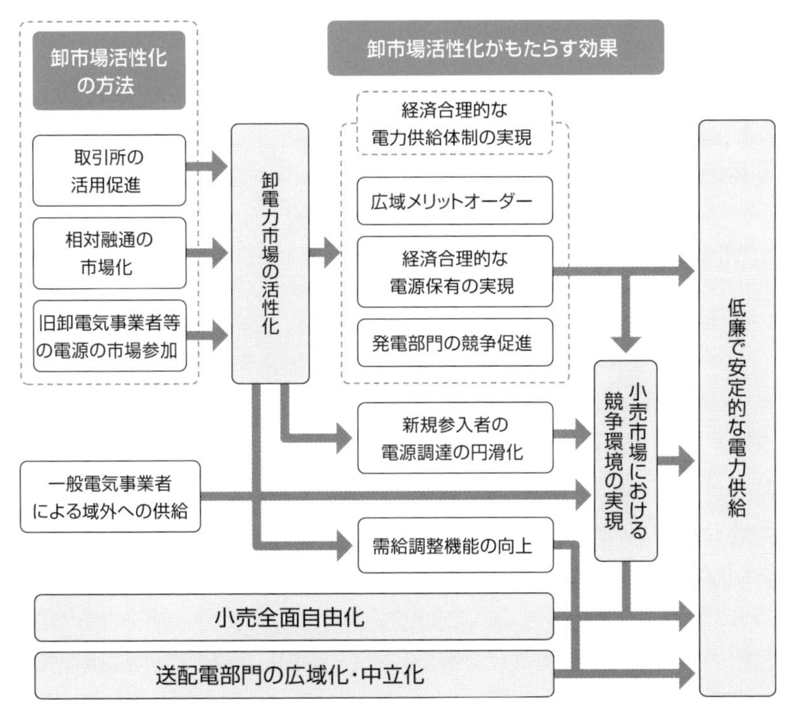

出典：資源エネルギー庁資料

電気の価値は細分化

価値	価値の概要	卸電力市場（スポット、時間前、先渡）	容量市場	需給調整市場	非化石価値取引市場
kWh	実際に発電された電気	○		○	
kW	将来の発電能力（供給力）		○		
ΔkW	短期間の需給調整能力			○	
非化石	非化石電源で発電された電気に付随する環境価値				○

出典：資源エネルギー庁資料

10-2 発電自由化・発電事業者

電力自由化政策では、小売事業に先立って発電事業の規制が緩和されました。発電事業を営むための資格は事業規模などにより複数ありましたが、小売全面自由化にあわせて発電事業者に一本化されました。

国への届け出制

2016年の小売全面自由化前、一般電気事業者として発電事業を営む大手電力の他に、発電事業者の種類は2つありました。ひとつは「大手電力への供給用に200万kW超の発電設備を保有する」**卸電気事業者**で、Jパワーと日本原子力発電が該当しました。もうひとつは「大手電力に対して5年以上10万kW超、あるいは10年以上1,000kW超の電気を供給する」**卸供給事業者**で、独立発電事業者（**IPP**: Independent Power Producer）や水力発電を営む自治体などが含まれました。

IPPとは何者でしょうか。1995年に電気事業法が31年ぶりに改正されました。その最大の目玉が発電自由化で、発電事業の新たな担い手としてIPP制度が創設されました。IPPは大手電力が入札で選定します。発電した電気は大手電力が買い取るため事業リスクは低く、96年の最初の入札には自家発電を持つ製鉄会社や石油会社などが参加しました。大手電力の実績より3割程度も安い入札価格もあり、発電部門の効率化という制度改革の効果はさっそく得られました。

ただ、小売部分自由化など一連の制度改革の中でIPP入札は02年を最後に実施されなくなりました。東日本大震災後に衣替えして一時復活しましたが、それももう行われていません。

発電事業の複数の資格は2016年、**発電事業者**という資格に一本化されました。「発電出力が1,000kW以上で年間発電量の5割以上を系統に流しているなどの条件を満たす発電設備を合計1万kW超保有する」が要件で、新電力や自家発電保有者、再エネ発電事業者なども新たに規制に含まれました。

要件を満たす事業者は国に届け出る必要があり、23年7月末時点で1100社近く存在します。規制の網を広げたのは、国などが非常時に備えて、各地にどれだけの発電能力があるかを把握しておくためです。災害などにより需給が逼迫した際には、需給改善のため発電するよう指示を受ける可能性があります。

IPP制度

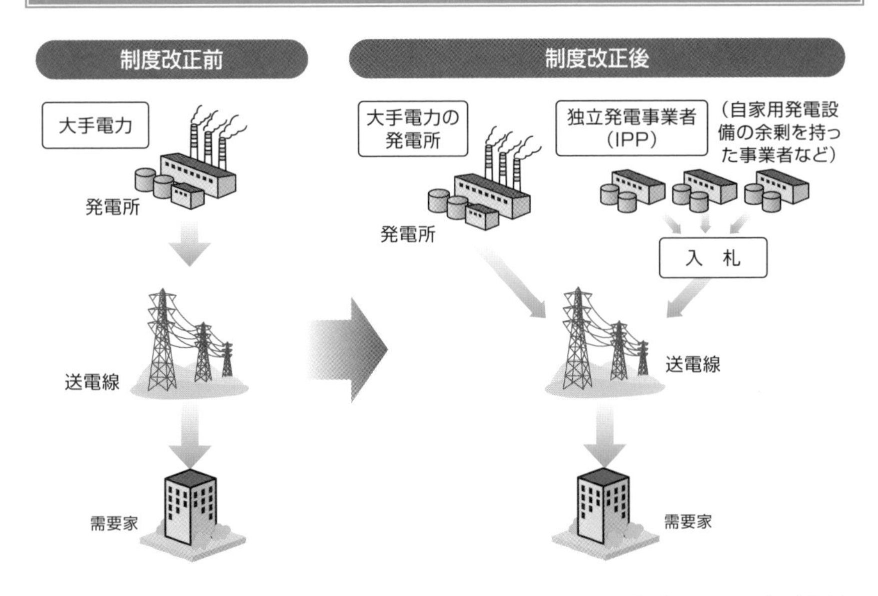

出典:資源エネルギー庁資料

発電事業者の数

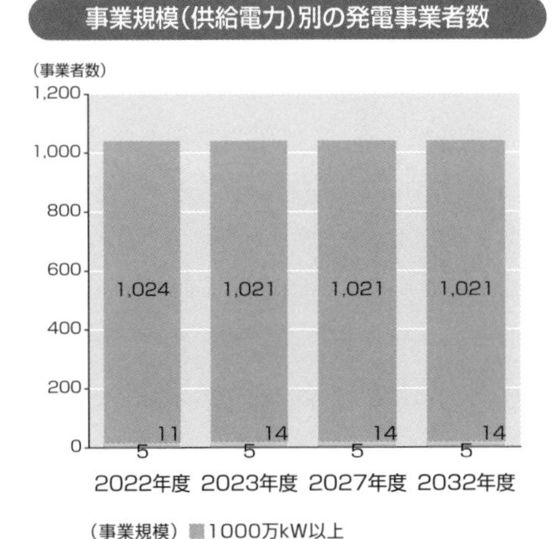

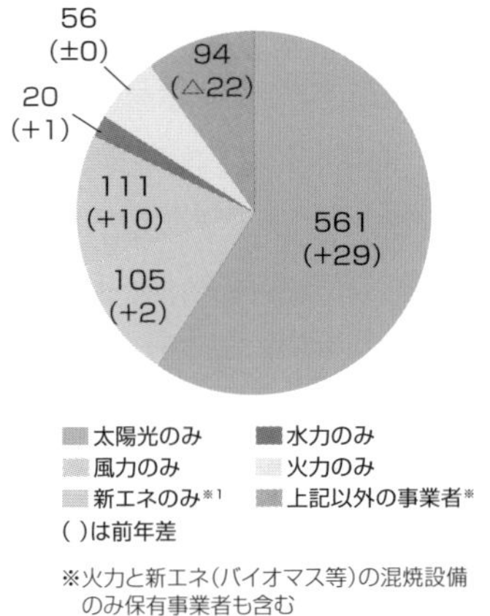

※火力と新エネ(バイオマス等)の混焼設備のみ保有事業者も含む

出典:2023年度供給計画

10-3 発電市場の構造

発電市場では大手電力の存在感が今も圧倒的です。自社電源を持たなくても小売事業に参入できる環境が段階的に整備された一方、新規参入者が大型の自社電源を新設することのリスクは小さくないからです。

80%強が大手電力の影響下

発電市場で大手電力（JERAを含む）が確保している電源のシェアは2022年度時点で、出力ベースで83%もあります。Jパワーなど9電力体制時代から存在する卸電気事業者の電源も入った数字です。発電設備の大半が依然として、大手電力の影響下にあるのです。

東日本大震災前には、東京ガスや大阪ガス、新日本石油（現ENEOS）といったエネルギー事業者が資本関係のある新電力などに向けた大型電源を建設しましたが、そうした動きは限定的なものにとどまりました。1995年以降の自由化政策は、発電市場の基本構造に変化を与えなかったのです。

こうした状況はある意味では当然でした。地域独占の時代に安定供給に対して一元的に責任を負ってきた大手電力は、エリア内の需要に対して十分な供給力を持っていました。そして、国内の電力需要は省エネの進展などにより頭打ちになっていました。IPP（独立発電事業者）制度のように大手電力が電気を買い取る保証があれば良いですが、新規参入の発電事業者がこうした状況で発電所を建設することは、言わば過当競争に身を投じることになり、高い事業リスクを伴いました。

そもそも小売事業への参入に当たって、自社電源を持つ必要はありません。自由化政策は新規参入者に自社電源の建設を促すより、日本卸電力取引所（JEPX）の創設など大手電力の確保している電源を新規参入者に開放する方に力点が置かれました。製鉄会社や製紙会社などが保有する自家発電設備の余剰電力も新電力の主要な調達元です。

ただ、自由化の進展や脱炭素化の流れの中で火力発電所の休廃止が増えたことで、近年は**需給逼迫**がたびたび起きています。供給力は十分に存在するという"常識"は、過去のものになりました。大手電力が圧倒的なシェアを維持しつつも、安定供給に必要な電源の規模の維持に不安が生じているのが最近の発電市場の状況です。

電源所有の構造

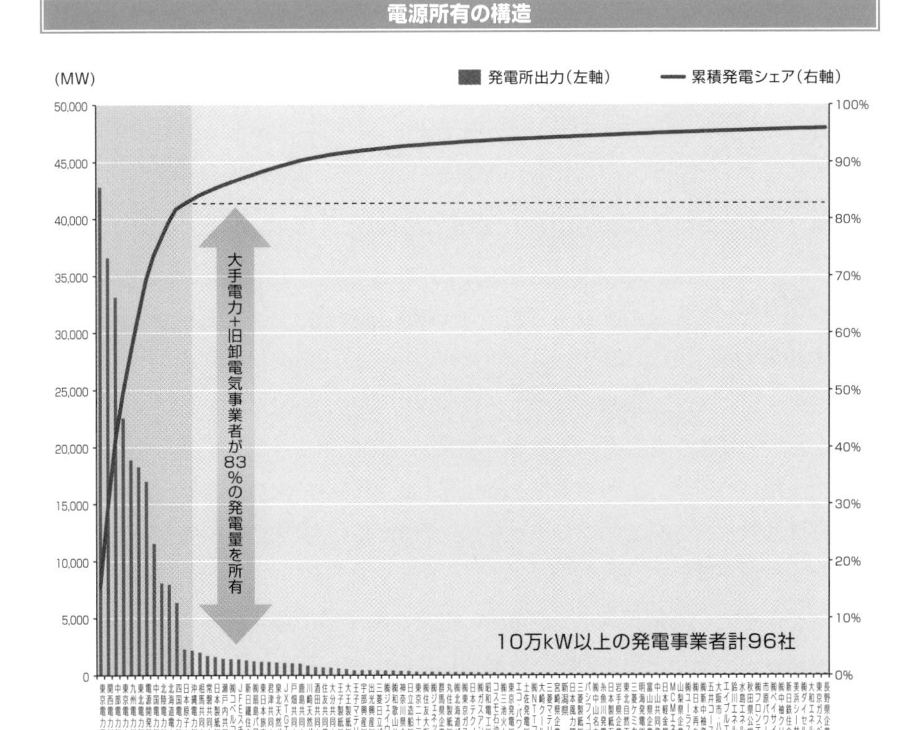

出典:電力・ガス取引監視等委員会資料

電源種別の所有構造

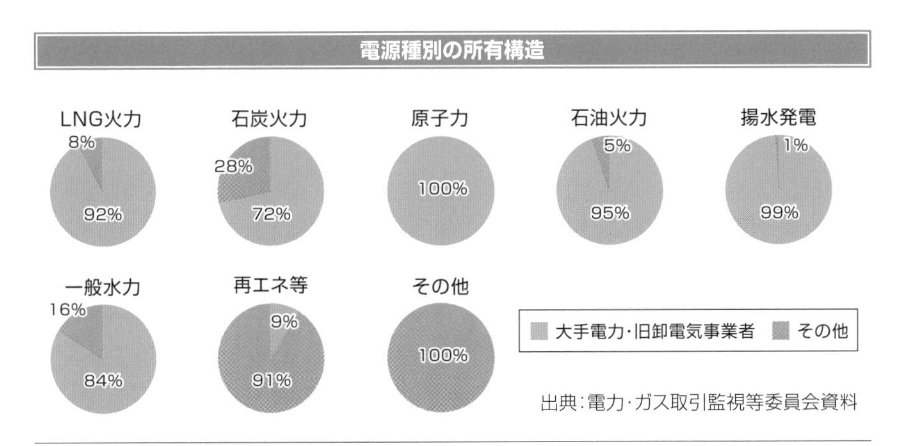

出典:電力・ガス取引監視等委員会資料

10-4 日本卸電力取引所

日本卸電力取引所（JEPX）は国の認可法人で、現物の電気を取引する市場を運営しています。前日スポット市場や時間前市場など、複数の市場を管理しています。電力システム改革の進展に伴い、重要性は増しています。

国の認可法人

日本卸電力取引所（**JEPX**）は、50kW以上の高圧自由化と同じタイミングの2005年4月に取引を開始しました。小売市場の競争活発化のためには、自社電源を持たない新電力に対して、大手電力が電気を卸供給する場を用意することが不可欠だったからです。大手電力も必要に応じて買い手にまわるなど、実際の取引の構図はそれほど単純ではありませんが、新電力の主要な調達の場という性格は取引開始以来一貫しています。

主たる市場である**前日スポット市場**の他に、**時間前市場**や**ベースロード市場**などを運営しています。現物の電気に関連した商品として**非化石価値取引**も取り仕切っています。取引は全てインターネットを通じて行われます。

発足以来、私設任意の組織として運営されてきましたが、小売全面自由化が実施された16年4月に国の認可法人になりました。電力システム改革全体におけるJEPXの重要性が増しているため、電気事業制度の中で正式に位置づけられたのです。

例えば、再生可能エネルギーの固定価格買取制度（FIT）の小売事業者負担分の回避可能費用は、JEPXの取引価格を参照して決まっています。東京商品取引所の**先物市場**でも、JEPXの取引価格が決済に用いられています。そのため、価格指標の発信元としてのJEPXの信頼性は強く求められています。電力・ガス取引監視等委員会は必要に応じて取引状況の事後検証を行っています。

2023年8月現在の取引会員数は、大手電力や新電力、小売は手掛けない発電事業者など286社です。電気の実物を実際に取り扱っていることが会員になるための要件で、金融関係者などは資格がありません。21年には、非化石価値取引会員という区分が新たに設けられました。小売電気事業の資格を持たない需要家もFIT電源由来分の非化石価値取引への参加が認められたことを受けた措置です。

電力取引の流れ

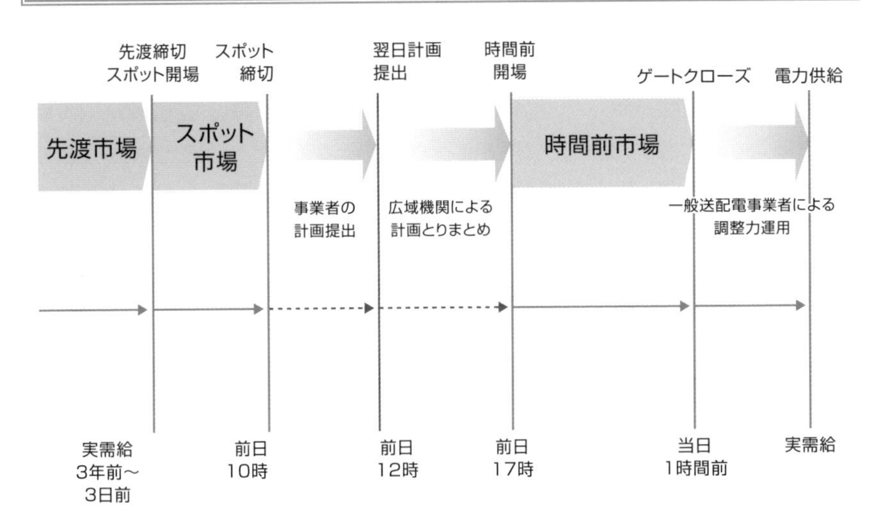

出典:電力･ガス取引監視等委員会資料

総需要に対するJEPX取引量の比率

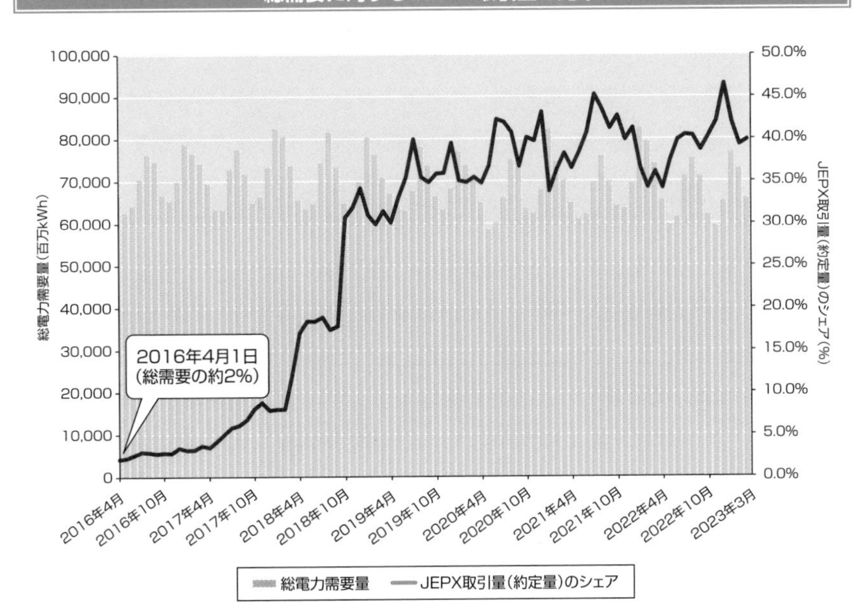

出典:資源エネルギー庁資料

10-5 前日スポット市場

前日スポット市場では、翌日に受け渡される電気が30分単位で売買されています。市場の厚みは増しており、小売事業者や発電事業者にとって欠かせない取引の場です。ただ、約定価格が安定しているとは言えません。

高い依存は危険

日本卸電力取引所（JEPX）の取引量の大半は、**前日スポット市場**です。取引は30分1コマで、単位は500kWh。年365日開いています。取引価格が指標性を持つよう、価格が一元的に決まるシングルプライスオークション方式を採用しています。一般的に電気の市場価格と言えば、スポット市場の価格を指します。

JEPX取引開始と共に開設されましたが、東日本大震災前の取引量は限定的で、日本全体の販売電力量の0.2%にも満たない水準でした。それが大震災後、大手電力が従来以上に積極的に参加するようになり、取引量は増えていきました。大手電力が原発稼働停止により必要に迫られて、買い手としても存在感を持つ局面もありました。

FIT（固定価格買取制度）を利用した再生可能エネルギーの電気が17年度から原則的に供出されていること、18年10月に連系線利用ルールが**間接オークション**に変更されたことも取引量増加の大きな要因になっています。年間約定量は14年度の124億kWhから21年度には3,272億kWhと大きく伸びました。取引量が販売電力量全体に占める比率は22年度末時点で40%弱にまで上がっています。

ただ、小売事業者にとって高い依存は好ましくありません。約定価格が安定性に欠けるからです。20年度には、夏季の全国平均価格が5.9円という超低水準だったのが、冬には一転して1月に24時間平均で100円を超える超高値が継続しました。ウクライナ危機などにより世界的に燃料価格が高騰した際も高水準となり、平均全国価格は19年度の7.9円に対し、21年度は13.5円、22年度は20.4円でした。

なお、1日単位で見ても約定価格の振れ幅は大きくなる傾向にあります。太陽光発電の導入拡大が主因です。太陽光が発電する昼間には0円近くに張りつく一方、日が沈む頃から価格が上昇するパターンが増えています。こうした市況を利用して系統用蓄電池などの新ビジネスが生まれています。

スポット市場の仕組み

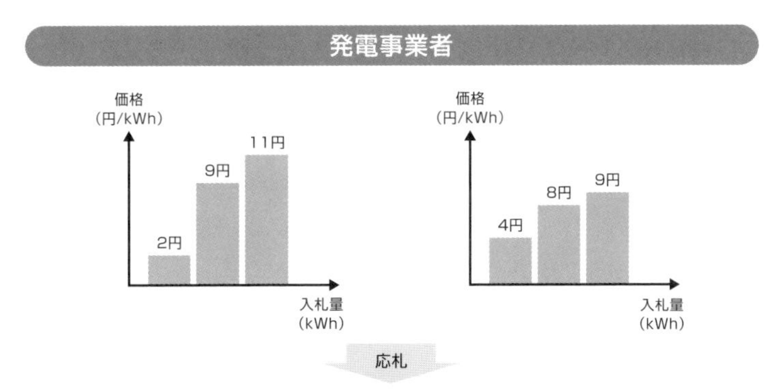

応札

JEPX

全国すべての発電・小売の応札を合成し、約定(シングルプライス)

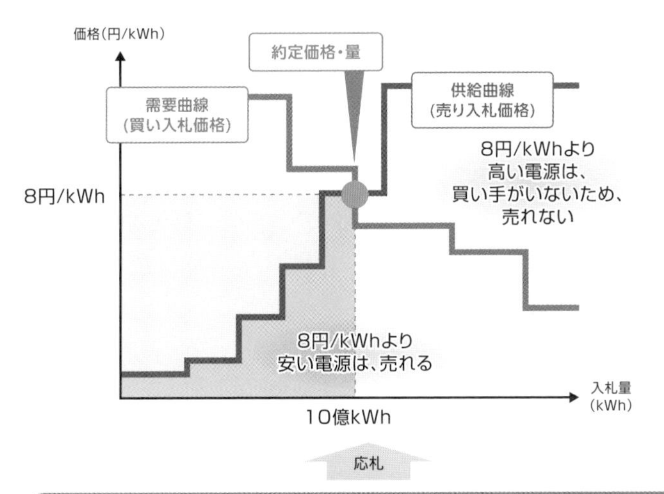

応札

小売事業者

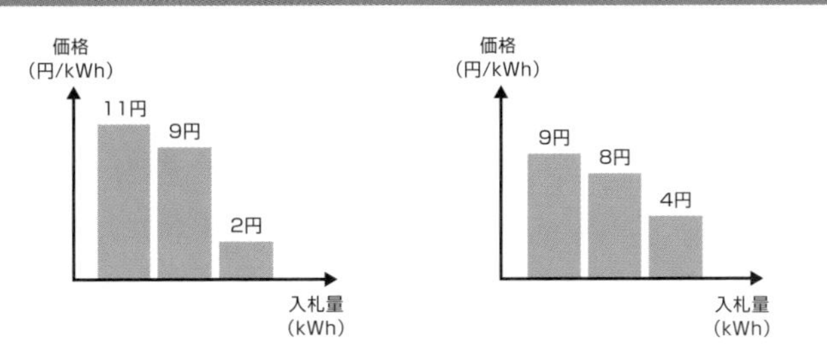

出典:資源エネルギー庁資料

10-6 大手電力の自主的取り組み

大手電力は原則的に全ての供給余力を限界費用ベースでスポット市場に供出しています。競争促進の目的で東日本大震災後に自主的取り組みとして始まりましたが、現在では相場操縦防止の観点から当然すべき行動になりました。

競争促進策から恒久化へ

スポット市場開設以来の最大の課題は、発電設備の大半を保有する大手電力にいかに取引に参加してもらうかでした。大手電力は日本卸電力取引所（JEPX）設立時、積極的に参加する意向を表明しましたが、大震災後には電気の供出に一段と積極的に取り組む方針を示し、2013年3月から開始しました。

その**自主的取り組み**とは、自社の小売事業に支障が出ない範囲で、最大限の売り入札を**限界費用ベース**で出すものです。限界費用とは1単位分焚き増すのに必要な火力燃料費です。最大限の入札量は「供給力－（自社需要＋予備力＋入札制約）」として算出されます。新電力の電気の調達環境改善という競争政策の観点で大手電力に実質的に課せられてしましたが、自主的取り組みのこうした性格は相場操縦防止の観点から再整理されています。規制対象も大手電力に限定されず、各エリアで市場支配力を持つ事業者になりました。

どういうことでしょうか。発電事業者にとっては通常、限界費用での供出が最も経済合理的です。最低でも限界費用と同額で売れれば損することはなく、より高く約定すれば固定費の回収にもなるからです。にもかかわらず、そうした行動を取らなければ価格つり上げなどの意図があると判断できるわけです。

なお、限界費用は従来、長期契約や市場取引などで海外から調達した火力燃料の加重平均価格でしたが、市場などで急きょ追加調達した価格とすることも21年度冬季から認められています。スポット価格を押し上げる要因になりますが、燃料市場の動向を電気の価格に適切に反映することの重要性が優先されました。

あわせて限界費用での供出が必ずしも経済合理的ではない例外的なケースも定められました。具体的には、燃料不足時などに限定して機会費用を加味した売り入札価格の設定を認めています。機会費用とは例えば、火力燃料を燃料のまま転売することで得られる収益とスポット市場価格の差分です。

大手電力の自主的取り組み

入札可能量の算定イメージ

27.6億 kWh 100%
21.3億 kWh 77.4%
供給力
自社需要
余剰電力
0.9億 kWh 3.5%
予備力
2.6億 kWh 9.5%
入札制約
2.6億 kWh 9.6%
入札可能量

- 沖縄電力を除く大手電力9社の合計値
- 指定日1日間('17/5/30)の全時間帯にて作成

入札制約の内訳

緊急設置電源 2%
系統・潮流制約 3%
火力増出力 0.2%
周波数調整用 4%
その他 4%
燃料制約 4%
ブロック入札上限 4%
段差制約 15%
揚水運用 64%

出典:電力・ガス取引監視等委員会資料

支配的事業者による相場操縦行為

経済的調整(入札価格引き上げ)

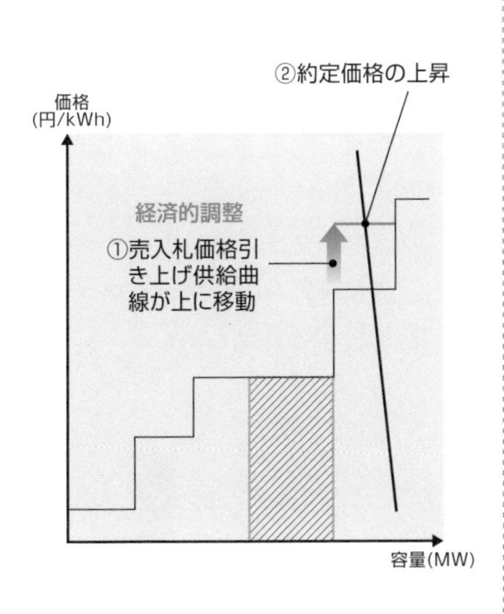

物理的調整(出し惜しみ)

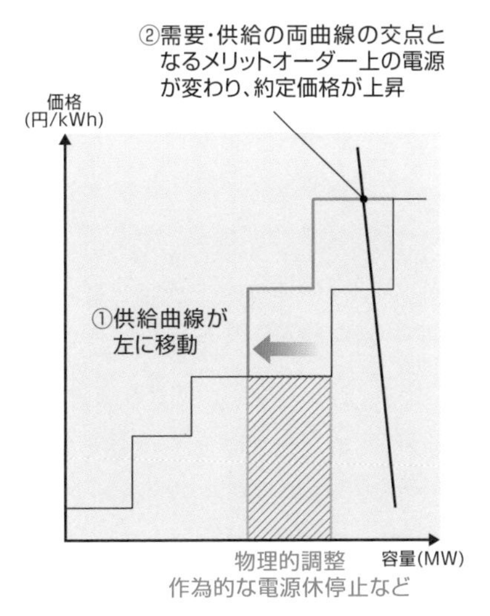

出典:電力・ガス取引監視等委員会資料

10-7 ベースロード市場

新電力にとって確保が困難だったベースロード電源の電気を調達できる市場が2019年度に創設されました。大手電力等に一定量の供出を義務づけています。取引量が限定的な中、23年度に抜本的な見直しが行われました。

原子力や石炭火力の電気を売買

大手電力がスポット市場に供出するのは余った電気で、コストが安い**ベースロード電源**の電気は優先的に自社需要に向けられています。これでは大手電力の新電力に対する競争優位性は変わりません。こうした状況を改善しようと創設されたのが**ベースロード市場**で、大手電力やJパワーは石炭火力や大規模水力、原子力というベースロード電源の供出を義務づけられました。

翌年度1年間に受け渡す電気を年4回取引します。購入した新電力は落札した量（kW）を固定価格で24時間365日切れ目なく購入します。そのため、電気が余る時間帯にはスポット市場への転売も認められます。

発電事業者の供出義務量と新電力の購入可能量は政策的に決められます。供出義務量は各エリアの総需要や新電力への離脱率などに基づいて設定されます。取引エリアは当初、北海道、東日本、西日本に分かれていましたが、23年度から市場分断の状況に応じて毎年見直されることになりました。

スポット市場への依存度低下が新電力の大きな課題になる中、ベースロード市場も主要な調達手段になるはずですが、盛り上がりに欠けています。その要因として売り入札価格が新電力の期待ほど安くないことがあります。売り入札価格に再稼働していない原発などの固定費も含まれるという制度設計の問題が指摘されています。石炭価格の高騰という要因もあり、22年度は原発が再稼働していない東日本ではほとんど取引が成立しませんでした。

こうした状況を受け、23年度取引を前にテコ入れが行われました。最大の変更は契約期間2年の長期商品の導入です。2年先まで石炭価格を見通すことは困難なため、**燃料費調整**もつけられました。従来の1年商品にも第3回取引に限定して燃調が組み込まれました。ただ、ベースロード市場はあくまで時限的な仕組みで、大手電力発電部門の**内外無差別**の卸販売が十分に進めば廃止されるでしょう。

ベースロード市場の目的

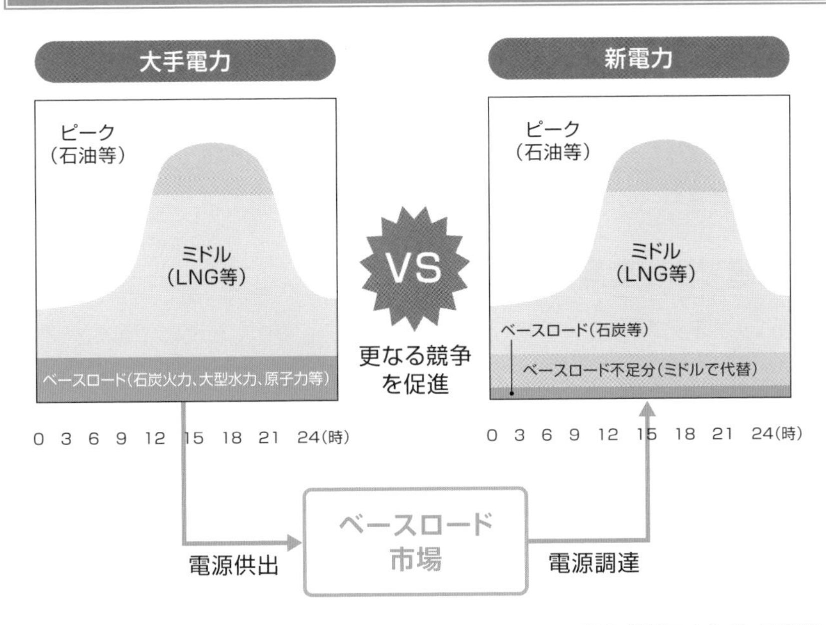

出典:資源エネルギー庁資料

発電平均コストの算出方法

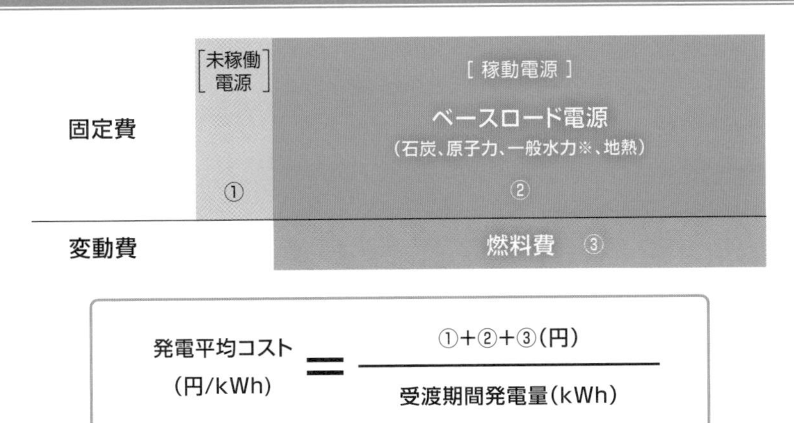

※一般水力については、ベースロード電源として活用されている流れ込み式水力のみを原則算定対象することを検討

出典:資源エネルギー庁資料

10-8 常時バックアップ

新電力が大手電力の電気を確保する日本卸電力取引所（JEPX）以外の有力な手段として、常時バックアップがあります。新電力にとっては使い勝手の良い仕組みですが、歴史的使命を終えつつあります。

市場高騰で依存度高まる

常時バックアップとは、大手電力が契約した一定の容量内で新電力に電気を卸供給し続ける仕組みで、経済産業省と公正取引委員会が策定した適正な電力取引の指針で定められています。2000年の小売部分自由化の開始に合わせて導入されました。

東日本大震災後に仕組みが見直され、新電力が新たに大口需要を獲得した場合、大手電力はその量全体の3割の容量を常時バックアップとして確保することになりました（低圧需要は1割）。基本料金の引き上げと従量料金の引き下げも行われ、新電力はベースロード需要向けにより活用しやすくなりました。

新電力の調達全体に占める常時バックアップの比率はスポット市場の動向に大きく左右されています。契約の容量内で調達量を柔軟に変えられる**通告変更権**が付与されているからです。そのため、例えばスポット価格が安い時は常時バックアップからの供給量が絞られ、市場調達の量が増えます。逆にスポット価格が高騰すれば、常時バックアップへの依存度は高まります。

このように新電力にとって非常に使い勝手の良い仕組みですが、当初から卸市場が十分に整備されるまでの過渡的な制度という位置づけで、大手電力は早期の廃止を繰り返し求めてきました。こうした中、経産省は2022年度末、卸販売の内外無差別性が担保されていた大手電力については翌年度の常時バックアップ廃止を認めるとの方針を打ち出しました。その結果、北海道電力が先陣を切って24年度分について廃止することになりました。

なお、新電力の調達手段としては、Jパワーや都道府県の公営事業者が保有する水力などの電源の開放も進められてきました。9電力体制の時代には大手電力との長期契約に縛られていましたが、自由化の進展に伴い卸先の多様化が強く求められています。**公営水力**では、大手電力との既存契約が切れるタイミングで一般競争入札など公募により卸先の小売事業者を選定する動きが広がっています。

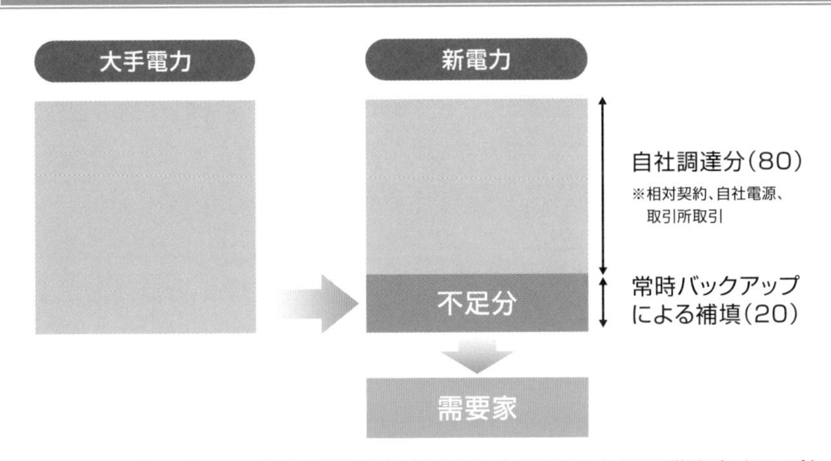

※新規参入者が需要家に100販売する際、供給力とし80しか調達できず、20の常時バックアップを受ける場合の例

出典：資源エネルギー庁資料

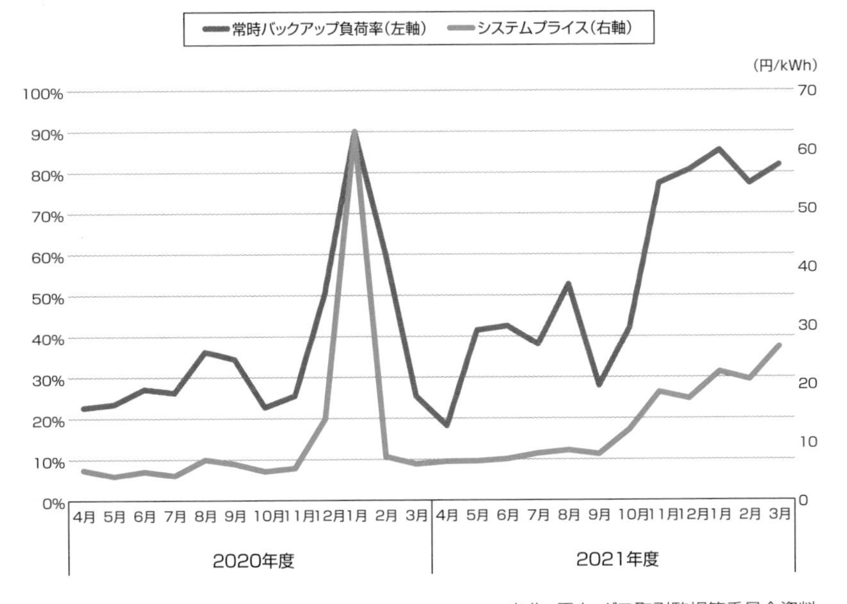

出典：電力·ガス取引監視等委員会資料

10-9 内外無差別な卸供給

日本卸取引所（JEPX）を通さずに大手電力と新電力が相対交渉により卸契約を締結するケースも増えています。大手電力の発電部門に対して、自社小売部門と新電力を同列に扱う内外無差別の対応が強く求められているためです。

監視委が内外無差別性を評価

2020年度冬季のJEPXスポット市場での売り札不足発生を契機に、スポット市場の育成に主眼が置かれてきた新電力の調達環境整備策は風向きが変わりました。事業リスク低減の観点からスポット市場の依存度低減が小売事業者共通の課題になる中、大手電力から新電力への相対卸契約も政策的に促進することになったのです。

電力・ガス取引監視等委員会は、大手電力に対して、全小売事業者に共通する標準メニューの作成や、それに基づく交渉スケジュールの明示を求めました。それまでは新電力との交渉に必ずしも前向きではなかった大手電力ですが、こうした監視委の要請を受けて20年9月、発電部門が社内外の取引条件を合理的に判断して**内外無差別**に卸販売を行うことを表明しました。

内外無差別とはようするに、自社小売部門も含めて全小売事業者に相対卸供給の機会を平等に提供することです。23年度受け渡し分から、大手電力各社は入札などによる卸先の選定を開始しました。ただ、内外無差別性の徹底度合いには濃淡があるため、監視委は各社の取り組みの事後評価を23年度から実施しています。

その結果、内外無差別性が担保できていると評価された大手電力には、常時バックアップの廃止が認められます。事後評価は毎年行われるため、翌年度の取り組みが後退していた場合には、一度廃止になった常時バックアップが復活する可能性もあります。

内外無差別の徹底を通じて、大手電力の発電部門と小売部門も実質的に分離が進むでしょう。その際の懸念点のひとつが、火力燃料の確保です。大手電力は従来、発電部門と小売部門が一体的であることをいかして燃料調達の長期契約を結んでいましたが、その前提は崩れます。発電部門は23年度から契約期間複数年の商品の取り扱いも始めましたが、一方で自社需要の先行きを正確に見通すことが困難な小売事業者にとって長期契約は大きなリスクにもなります。

大手電力の供給力の行き先の推移

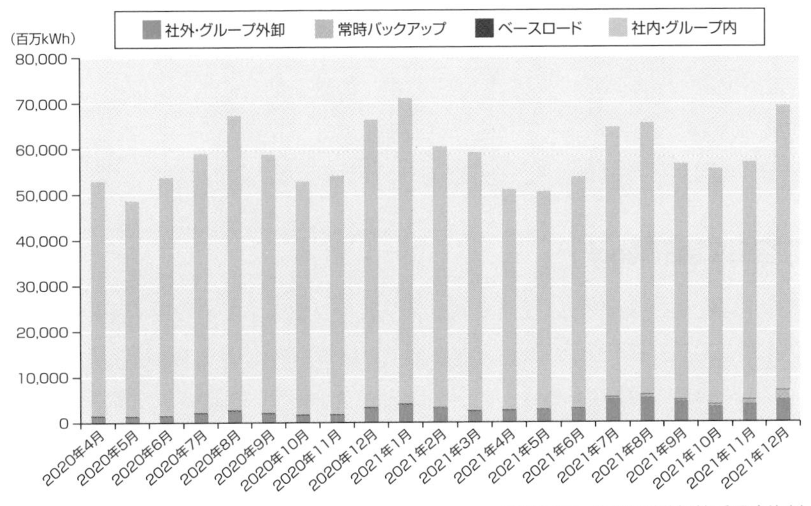

出典:電力・ガス取引監視等委員会資料

内外差別が起こりえる構造的状況

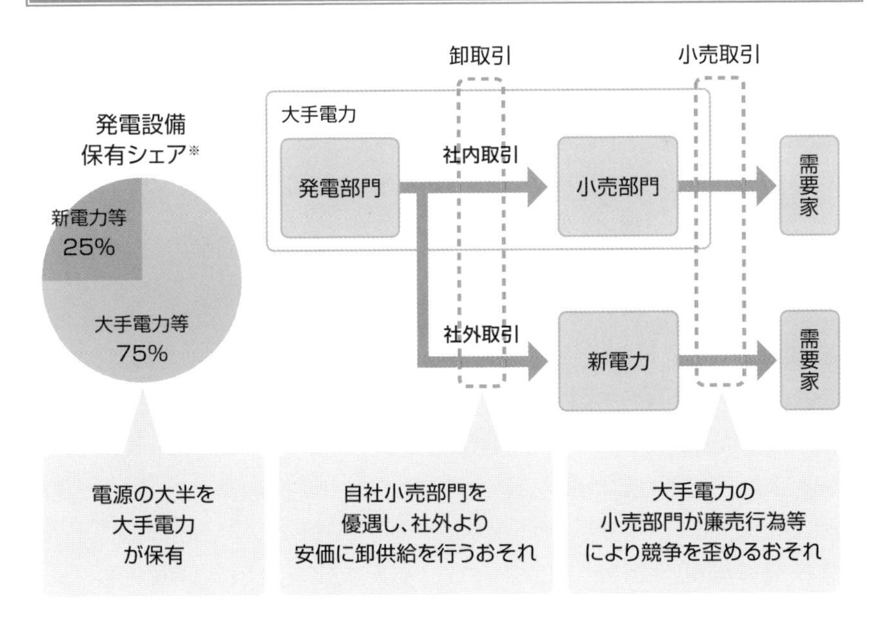

出典:資源エネルギー庁資料

10-10 先物市場

自由化により電気の市況商品化が進む中、電気事業者にヘッジ取引で将来的な取引価格を固定化するニーズが生まれています。東京商品取引所は2022年に電力先物市場を本上場しました。取引量は徐々に増えています。

約定量は増加傾向

先物市場とは、将来的な価格変動リスクをヘッジするための場です。東商取は電力先物取引を19年9月の試験上場を経て、22年4月に本上場しました。商品はベースロード（1日24時間分）と日中ロード（平日8～20時）の2種類で、現物の受け渡しは伴いません。決済期限は主に1カ月単位で、最長24か月先までの電力を取引できます。決済価格にはスポット市場の月間平均価格が用いられます。

先物取引は小売事業者や発電事業者にとって本来、取引価格の固定化により経営を安定させる重要な手段です。ただ、燃料費調整の仕組みが商慣習として強固に残るという日本固有の事情もあり、市場の整備を求める事業者の声はそれほどありませんでした。ですが、そんな状況は徐々に変わっています。20年度冬季の市場価格高騰によりヘッジの重要性を再認識した小売事業者が関心を強めています。

経済産業省も先物取引の活用を事業者に推奨しています。21年秋に発電・小売事業者を対象に策定した「市場リスクマネジメントに関する指針」では、小売事業者に対してスポット価格や需要の変動リスクの適切な管理を求めており、具体的な手法の一つとして先物取引の活用を挙げています。

こうした事情を背景に、先物取引の規模は拡大しています。**欧州エネルギー取引所**（EEX）による相対取引の決済保証サービスも含め、電力先物の取引高は20年度の約35億kWhから22年度には約118億kWhまで増えました。取引参加者も電力会社を中心にトレーダーや金融機関など広がっています。ただ、現物の取引量を上回る先物取引が行われている欧米に比べれば、日本の電力先物はまだ端緒に就いたところと言えるでしょう。

なお、日本卸電力取引所（JEPX）にも、最大で3年後に受け渡す電気を売買する**先渡市場**があります。低調な取引が続いており、先物市場と機能が重複することから不要論もあります。

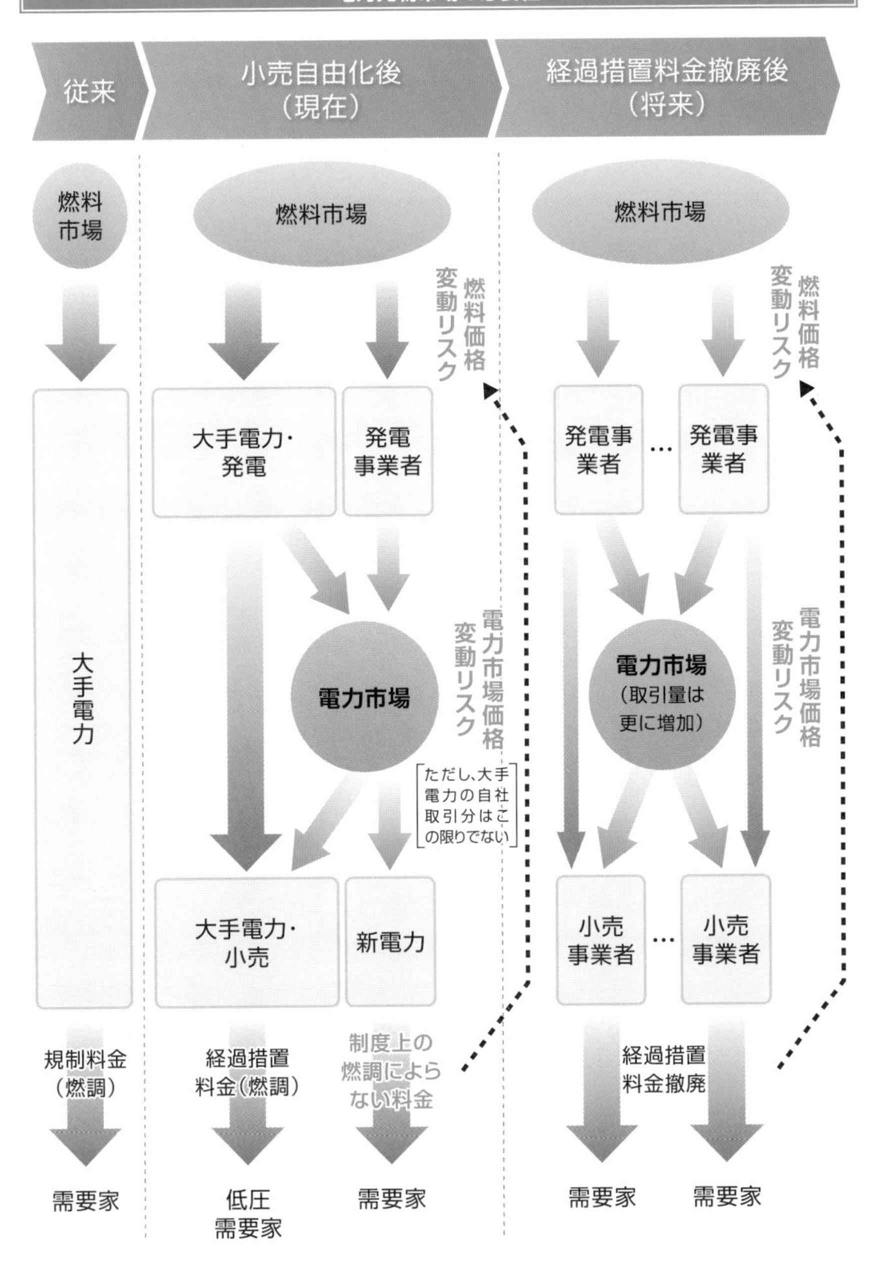
電力先物市場の必要性
従来
小売自由化後
（現在）
経過措置料金撤廃後
（将来）
燃料市場
大手電力
規制料金
（燃調）
需要家
燃料市場
燃料価格変動リスク
大手電力・発電
発電事業者
電力市場
電力市場価格変動リスク
ただし、大手電力の自社取引分はこの限りでない
大手電力・小売
新電力
経過措置料金（燃調）
低圧需要家
制度上の燃調によらない料金
需要家
燃料市場
燃料価格変動リスク
発電事業者
…
発電事業者
電力市場
（取引量は更に増加）
電力市場価格変動リスク
小売事業者
…
小売事業者
経過措置料金撤廃
需要家
需要家

出典：経済産業省資料

10-11 時間前市場

小売事業者が日本卸電力取引所（JEPX）で調達できる最後の機会が、実需給の1時間前まで開いている時間前市場です。再生可能エネルギーの導入拡大により重要性は増しており、市場規模の拡大は大きな課題です。

再エネ拡大でニーズ高まる

スポット市場の取引終了後に、発電機のトラブルが起きたり、天気予報が外れて気温が予測から大きく変わったりした場合、それまでの計画値からずれが生じ、電気の追加的な確保が必要になります。**時間前市場**はそうした際に活用される市場で、小売電気事業者がインバランス発生の回避のために市場から調達できる最後の機会になります。取引コマは30分単位で、50kWhから売買できます。前日17時から実需給の1時間前まで取引可能です。

スポット市場の取引量が近年増えているのとは対照的に、時間前市場の取引量は微増にとどまっています。年間約定量は20年度の約40億kWhから22年度は49億kWhに増えましたが、それでもスポット市場の約1.5%程度にすぎません。

ただ、**実需給**にできるだけ近いタイミングまで取引するニーズは今後高まることが確実です。きっかけの一つは再生可能エネルギーにおける脱FIT（固定価格買取制度）の流れです。FITでは免除されていたインバランスリスクがFIP（フィード・イン・プレミアム）では生まれるので、再エネ発電事業者は同時同量維持のため**ゲートクローズ**直前まで取引を行う必要が出てきます。太陽光発電など自然変動電源を供給力として活用する小売事業者の積極的な参加も今後見込まれます。

取引活性化策として23年半ばから、一般送配電事業者がFIT再エネの発電予測誤差を埋めるために確保していたものの、不要になった調整力の電源が供出されるようになりました。これにより年間約定量の約7割に相当する35億kWh程度の電気が新たに市場に供出される見込みです。

ザラバ方式を採用していることも活性化しない要因と見られています。ザラバでは売り手は高い価格の電気を優先して売るため供出可能量を一度に出さない傾向があるためです。そこでスポット市場と同じシングルプライスオークション方式の導入も検討されています。

時間前市場の約丈量の推移

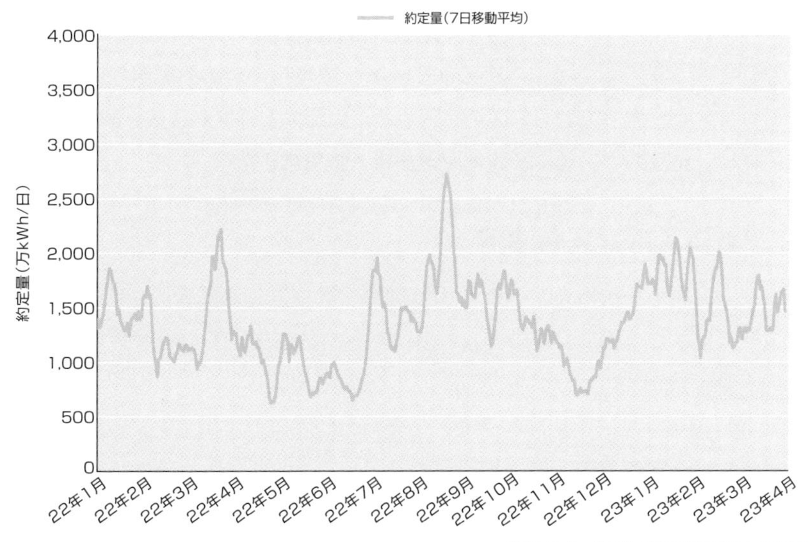

出典:電力·ガス取引監視等委員会資料

ザラバ取引の入札イメージ

●ザラバ取引の入札イメージ(アイスバーグ方式)

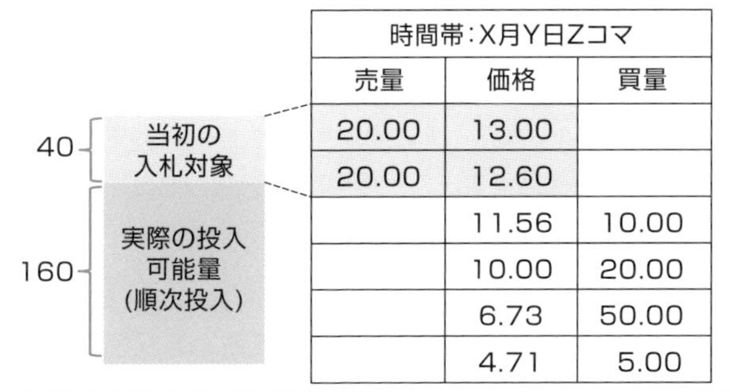

時間帯:X月Y日Zコマ		
売量	価格	買量
20.00	13.00	
20.00	12.60	
	11.56	10.00
	10.00	20.00
	6.73	50.00
	4.71	5.00

もっと高い買い入札が出るかもしれないのに、供出可能な入札量を全部出してしまうのはもったいない。売り入札をできるだけ高い価格で売れるよう、小分けにして売り入札しよう。

もっと安い売り入札が出るかもしれないのに、必要な入札量を全部見せてしまうのはもったいない。できるだけ安い価格で買えるよう、小分けにして買い入札しよう。

出典:電力·ガス取引監視等委員会資料

10-12 調整力の基本

一般送配電事業者は自社エリアの電圧・周波数維持のための電源を確保する必要があります。小売事業者の供給力に対して、調整力と呼ばれます。9電力体制の解体に伴い、調整力の調達にも競争原理が導入されました。

デマンドレスポンスも活用

エリア内の需給を最終的に一致させるのは、**一般送配電事業者**の責務です。**ゲートクローズ**により小売・発電事業者の計画が最終的に確定した後が一般送配電事業者の出番です。

需要の正確な予測は不可能なので、小売側の計画値と実績値のズレが避けがたく生じます。発電側での太陽光や風力の計画も同様です。火力発電や原子力発電は基本的に計画通りの出力を保てますが、設備トラブルによる出力低下などは起こり得ます。こうしたズレを解消して最終的に電圧や周波数を一定に維持するには、出力変化の速度や幅について能力を持つ発電設備等が**調整力**として必要です。

ただ、ライセンス制導入に伴う事業区分の整理で送配電事業者は原則的に発電設備を持たないことになりました。送配電事業者の中立性確保の観点から発電部門と厳密に区分することになったのです。そのため、送配電事業者は**調整用電源**を発電事業者との契約により確保する必要があります。

その際は、自社グループの電源と新電力が保有する電源等を差別せず、経済合理性に基づいて利用することが求められます。こうした問題意識のもと、各一般送配電事業者が個別に調整力を公募する仕組みが17年度運用分から始まりました。

送配電事業者の出力変動要請に迅速に対応するには通信機能などを具備している必要があるため、大手電力の大規模電源が調整力の大半を占める状況は続いていますが、自家発電機など需要側機器を制御する**デマンドレスポンス**（DR）も、夏冬の厳気象対応の調整力（**電源Ⅰ'**）として活用が広がっています。

太陽光や風力といった**自然変動電源**の電源構成全体に占める比率が高まることで、事前に確保しておく必要がある調整力の規模は増えます。必要量を可能な限り低コストで確保することは電力システムの効率性の観点から重要で、調整力調達の仕組みは24年度までに各社の公募から市場取引へと段階的に移行しました。

需給調整市場へ段階的に移行

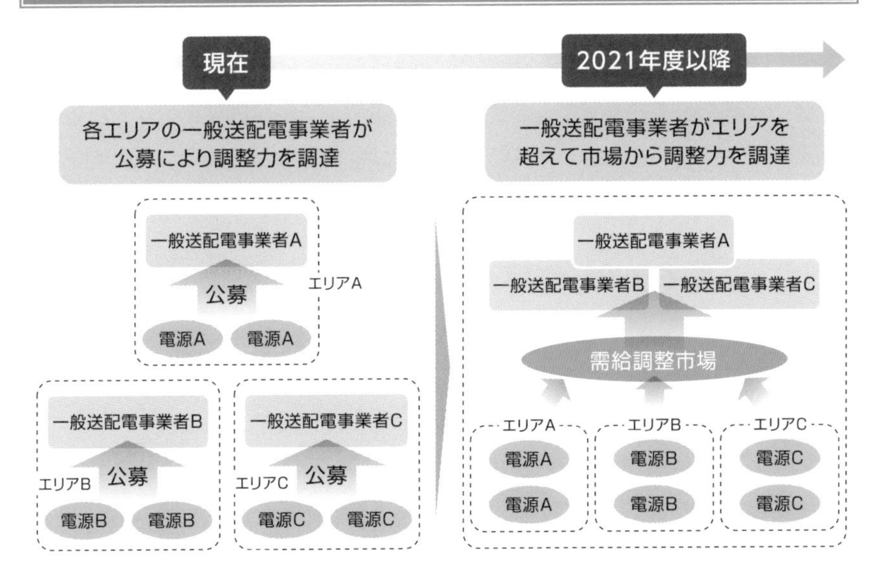

出典:資源エネルギー庁資料

取引される調整力の種類

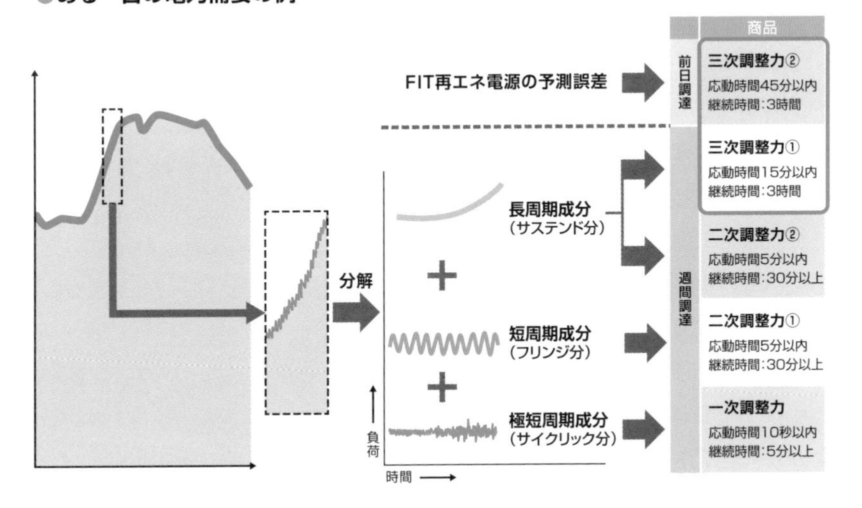

出典:資源エネルギー庁資料

10-13 需給調整市場

全国の一般送配電事業者が調整力を調達・運用する需給調整市場が、2021年に創設されました。日本全体の調整コストの低減につなげる狙いで、24年度からは全ての調整力が同市場で取引されるようになりました。

調整力を広域で調達・運用

エリアごとに実施されていた**調整力公募**の機能は、24年度までに**需給調整市場**に完全に移行しました。沖縄電力を除く全国9つの**一般送配電事業者**が買い手になります。各社が公募により確保した調整力の運用を通して、各エリアの調整コストに有意な差があることが分かりましたが、全国市場が整備されたことで電力システム全体の効率性向上につながると期待されています。

需給調整市場は、一般送配電事業者が調整力を調達する場であるとともに、調達した調整力を運用時に相互融通する機能も持ちます。各社が調達した調整力を実際にどれだけ使用するかは、エリア内の需給状況によって変わるからです。あるエリアでは調整力に余裕があり安価な調整用電源が余っている反面、隣のエリアでは割高な調整力も発動の必要がある状況もあり得るのです。

取引される調整力は発電出力の変化速度によって、1次調整力、2次調整力①②、3次調整力①②という5種類に区分されています。このうち3次調整力②は、一般送配電事業者が買取義務者であるFIT（固定価格買取制度）対象の再生可能エネルギー電源の発電量の予測誤差を埋めるもので、21年度に先頭を切って取引が始まりました。翌22年度には3次調整力①の取引も先行して始まりました。

ただ、取引の滑り出しは順調とは言えません。落札量が募集量に満たないケースが続いており、約定価格の高騰も起きているのです。十分な取引量の確保は重い課題で、資源エネルギー庁は対策を講じています。

脱炭素化という調整力の質も中長期的な課題として指摘されています。質量両方の観点から調整力の新たな出し手として期待されているのが、再エネや蓄電池などの**分散型エネルギーリソース**（**DER**）を組み合わせた**VPP**（**仮想発電所**）です。一般送配電事業者の業務の煩雑さから現在は活用されていない低圧接続のDERも26年度から需給調整市場に参加できる予定です。

調達と運用を全国大で

●調整力の確保（調達）

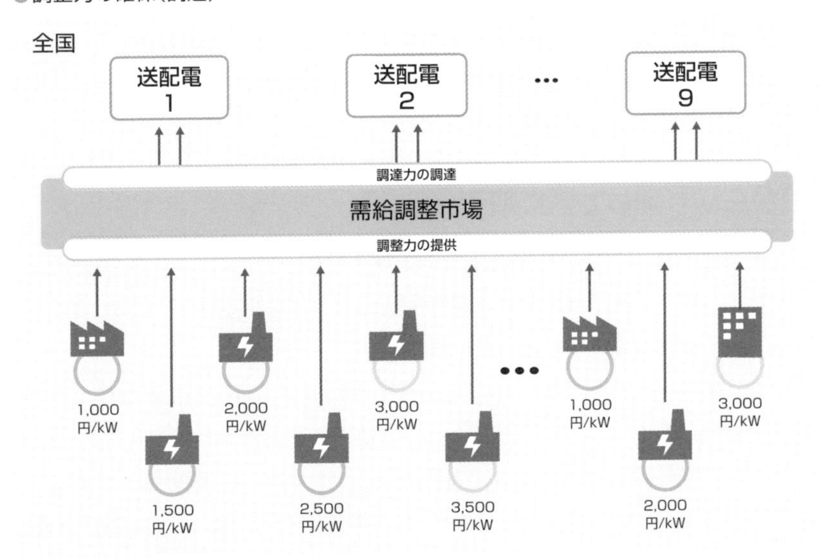

●調整力の活用（運用）

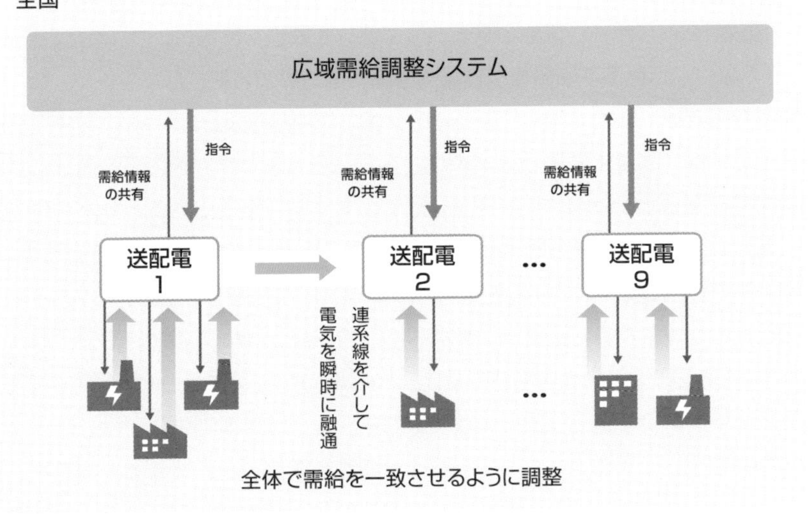

出典：資源エネルギー庁資料

10-14 非化石価値取引

非化石電源で作った電気に付随する非化石価値を取引する市場が2018年に創設されました。大口需要家の再エネニーズの高まりを受けて21年度に2つに分割されるなど、制度設計の試行錯誤は続いています。

電気から切り離して別に取引

非化石価値取引市場は、再生可能エネルギーと原子力という**非化石電源**の電気に付随するCO_2フリーの非化石価値を取引する場です。取引は年4回で、3カ月分の発電量に付随する価値がまとめて一度に売りに出されます。

市場創設の一義的な目的は、小売電気事業者に課せられた非化石電源比率の目標達成の後押しでした。そのため、買い手は当初、小売事業者に限定されました。ですが、脱炭素化の流れの中、大口需要家にも非化石証書を直接購入するニーズが生まれました。国民負担で成り立つFIT電源の電気をただ買っても環境性の観点では意味がありませんが、電気と同量の非化石価値を別途調達すればCO_2フリーの電気と対外的に説明できるからです。

そのため、取引の仕組みは21年度に抜本的に見直されました。FIT電源付随分と、大型水力など非FIT再エネと原子力の付随分を取引する場が分けられたのです。FIT分を取引する**再エネ価値取引市場**には需要家も参加可能になりました。購入した証書を需要家に転売する仲介事業者の参加も認められました。一方、非FIT分を取引する場は、**高度化法義務達成市場**と名づけられました。その名の通り小売事業者の義務達成という目的にほぼ特化しています。市場に出てくる非化石価値の量に基づいて小売事業者の購入必要量を設定するという規制色の強い市場です。

発電所の立地エリアなどの属性情報を非化石証書の買い手が把握できる**トラッキング**の仕組みも導入されています。需要家はこれにより、例えば単なるCO_2フリーの電気というだけでなく、地産地消の電気などというアピールも可能になっています。

トラッキングの仕組みは改良を検討中です。現在は無償で付与されている属性情報を有償化して証書と一体的に売買する**電源証明型**へと移行する方向です。これにより、例えば福岡県の太陽光など人気の非化石証書は、他の証書より高値で取引されるようになります。

市場を2つに分割

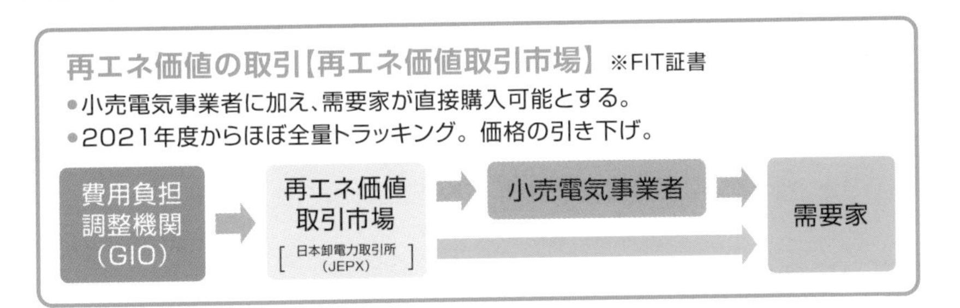

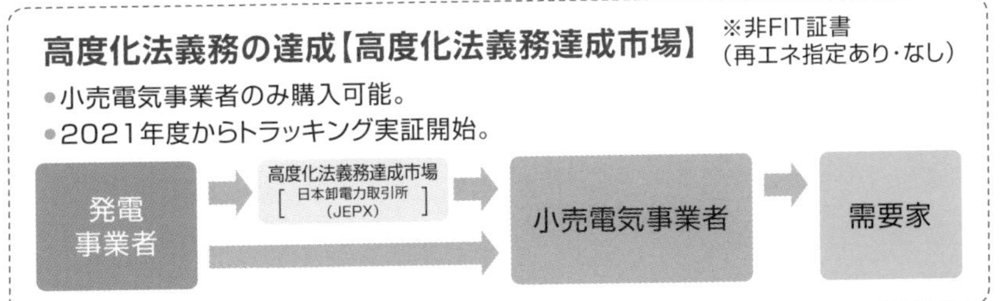

出典：資源エネルギー庁資料

トラッキングにより電源証明型に

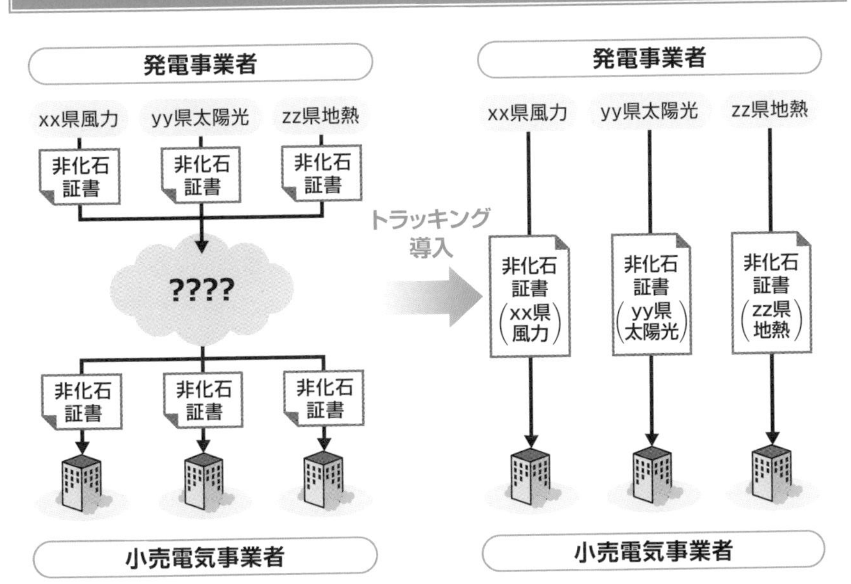

出典：資源エネルギー庁資料

10-15 容量市場

容量市場とは、発電設備などの「発電できる能力」に対価を支払う仕組みです。再生可能エネルギーの導入拡大などにより、このままでは火力発電所の投資回収が難しくなるとの危機感から、2020年度に創設されました。

発電できる能力に対価

発電事業とは従来、多額の投資をして建設した発電所が稼働を開始して電気を売ることで収入を得るものでした。そのため、早く投資回収して利益を出すには、できるだけ高い設備利用率を維持することが望ましいです。

ですが、火力発電は、発電事業者の自助努力が及ばないところで設備利用率の低下が避けられません。導入量が拡大する再生可能エネルギーに押し出されるからです。その結果、事業性が失われ、誰も火力発電所に投資しなくなっては大問題です。火力発電が安定供給のために果たす役割は引き続き大きいからです。

こうした問題意識から2020年度に創設されたのが、**容量市場**です。いざという時に発電できるという能力自体に社会的価値があるとして、発電設備の容量（kW）に対価を支払うものです。設備利用率の低下によってkWhに基づく売電収入が減っても、kW価値の収入により穴埋めできるというわけです。

売り手は発電設備を持つ事業者で、買い手は**電力広域的運営推進機関**です。発電事業者に支払う費用は、一般送配電事業者が一部を負担する他は、小売事業者が需要ピーク時の販売量に応じて負担します。

メインのオークションは年1回です。4年後の安定供給維持に必要な容量を調達するもので、例えば20年度には24年度の供給力が確保されました。確保する量は広域機関が想定需要などに基づいて**目標調達量**として決めます。**デマンドレスポンス**（**DR**）の枠も設けられています。**メインオークション**後の需要見通しの上振れなどにより、4年前に確保した量だけでは不安が生じた場合は、実需給1年前に**追加オークション**が行われます。

落札した発電所には契約年度の1年間、一般送配電事業者の指示に応じて電気を供給するなどの要件（リクワイアメント）が課せられます。要件を満たせない場合は、ペナルティとして容量収入が減額されます。

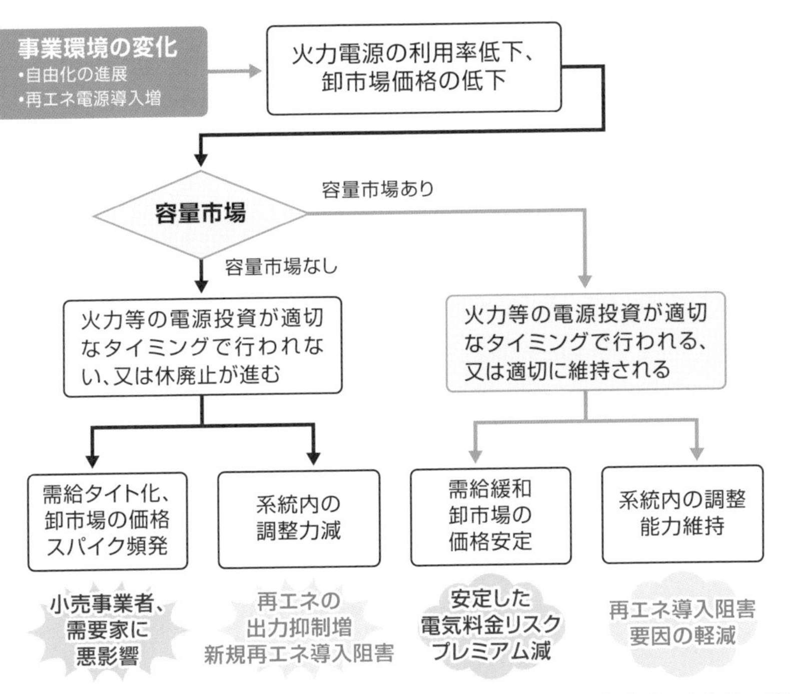

出典：資源エネルギー庁資料

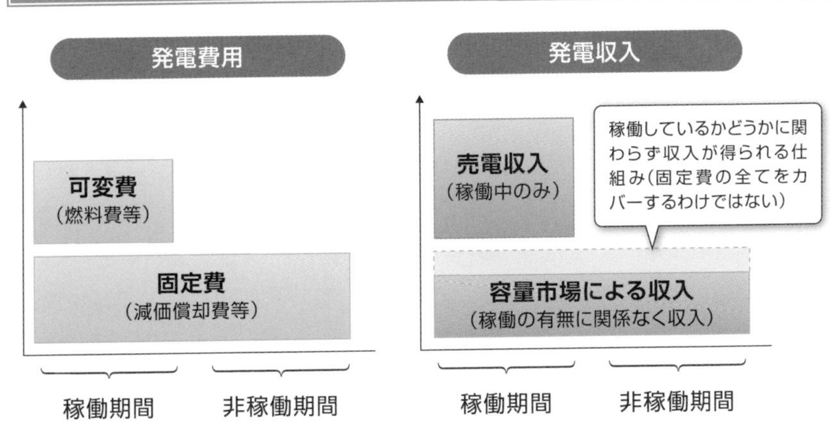

出典：資源エネルギー庁資料

10-16 長期脱炭素電源オークション

電源への新規投資を促すための新制度として、長期脱炭素電源オークションが2023年度から始まりました。電気の脱炭素化につながる電源の新設や改修を支援する仕組みで、容量市場を補完する機能を果たします。

電源新設促す新市場

鳴り物入りで創設された**容量市場**ですが、容量確保策として万能ではありません。稼働済みの火力発電所の休廃止防止にはつながるものの、4年後の容量収入が1年間だけ保証されるだけでは、発電事業者が投資回収に長期を要する大型電源を新たに建てる誘因にはならないからです。つまり、電源新設を後押しする力としては不十分なのです。

そのため、中長期的な供給安定性の観点から、基本的に新設電源を対象にして容量収入を得られる期間を複数年とする新たな仕組み**長期脱炭素電源オークション**が23年度に創設されました。50年のカーボンニュートラル実現という国家目標との整合性から、支援対象はCO_2を排出しない脱炭素電源に限定されています。

具体的には、水素発電などCO_2フリー燃料の火力発電、再生可能エネルギー、原子力、系統用蓄電池が対象になります。実証段階にある水素発電とアンモニア発電は、設備稼働から当面は化石燃料との混焼も認められます。ただ、水素やアンモニアとの混焼であっても、石炭火力の新設案件は対象から外れました。他方、22年度に発生した需給ひっ迫を受けて、安定供給の観点から純粋な天然ガス火力も当初3年間だけ例外的に支援対象になりました。

長期脱炭素電源オークションで確保される容量は、容量市場の目標調達量から控除されます。両市場合わせて、中長期的な安定供給維持と電気の脱炭素化を同時達成する容量メカニズムとして機能することが期待されます。

なお、容量市場を部分的に補完する仕組みとして、**予備電源**という制度も新たに導入されます。自然災害で多くの発電所がしばらく稼働不能になった場合などの代替の供給力で、容量市場で落札されなかった**石油火力**などを確保しておきます。予備電源の中で実際に稼働させる電源は、需給逼迫が現実化した段階で、入札などによりあらためて選定されます。

容量市場と長期脱炭素電源オークションの違い

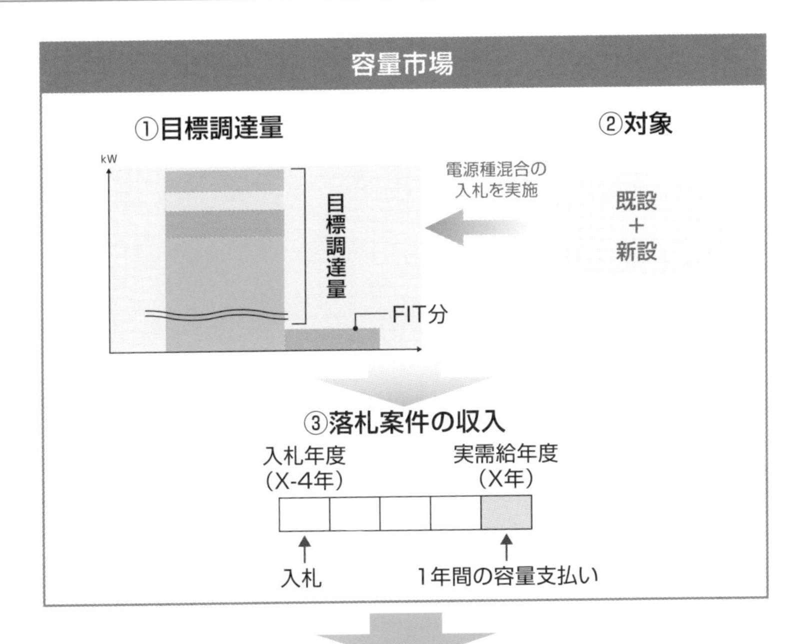

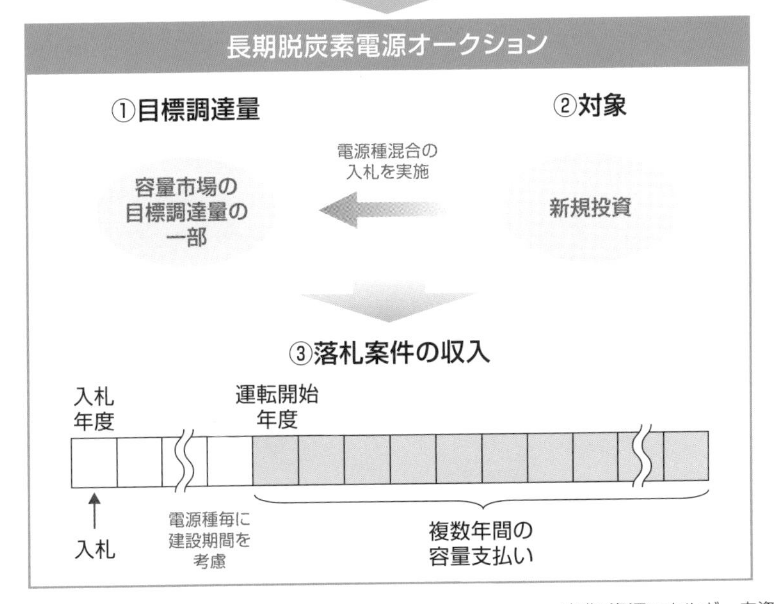

出典：資源エネルギー庁資料

安定供給という“錦の御旗”

「アントニオ猪木なら何をやっても許されるのか！」というのは、第1次UWFから新日本プロレスに出戻った前田日明が言い放った昭和プロレス史に残る名言ですが、新電力の関係者であれば電力政策の立案者に対してこう言いたい人もいるでしょう。

「安定供給と言えば、何をやっても許されるのか！」

電力システムにとって、供給安定性の確保が極めて重要な命題であることは間違いありません。電気料金の低廉化やCO_2排出量の低減も重要な課題ですが、そのために停電が頻発するような事態になることは許されません。その意味で、3Eの中でも供給安定性の要素は一段上にあると言えます。実際、「安定供給上不可欠だ」と言われれば多少コストのかかる取り組みでも受け入れられがちです。

つまり、電力政策の議論において「安定供給のため」という言葉は“錦の御旗”の役割を果たすのです。実際、これまでの電力自由化の議論でも、安定供給の名の下に競争促進策の導入が断念されるという構図はありました。

ただ、このことは多少筋の悪い政策を強引に押し通す際に「安定供給」の理屈が都合よく用いられる危険性と紙一重です。昨今のシステム改革の議論でも、例えば容量市場の詳細設計においては新電力の不満が鬱積する場面も少なくありませんでした。

北海道胆振東部地震など2018年に多くの自然災害が多発したことで、電力システムのレジリエンスの強化が重要な政策課題になる中、制度の軸足が供給安定性重視へとさらに強まるとの見方もあります。その場合、不利な立場に置かれる新電力の政策当局への不信感が高まる可能性もあります。

冒頭のプロレスの話に戻ると、前田日明は結局その後、新日本プロレスを再び離れて第2次UWFを設立し、猪木とは違うかたちでプロレス界のカリスマに上り詰めました。その例に倣うならば、新電力の中からも従来の系統電力の常識を超えた新格闘王ならぬ“新電力王”がやがて生まれるかもしれません。

第11章

次世代の電力システム

水主火従から火主水従、そして原子力発電による「立国」を夢見た時代を経て、発電の主役は再生可能エネルギーに移ろうとしています。設備の大型化により経済性や供給安定性を向上させるという方向から、数多くの分散型エネルギーリソースをデジタル技術によって高度に制御することで安定供給への懸念を生じさせることなく電気の脱炭素化を図る方向へと電力システムのあり方は大きく転換するのです。その過程で、送配電ネットワークも進化を遂げ、小売事業のビジネスモデルや卸市場の絵姿も大きく変わっていくでしょう。

11-1
新たな電力システム

東日本大震災後に大きく進み出した電力システム改革は、失敗の危機に直面しながら新たな段階に入っています。脱炭素化という大目標に向けて、システムの抜本的変革はむしろこれからが本番と言えます。

「3E+S」を高度な次元で

電力を含むエネルギー政策は3E+Sの視点から考える必要があるというのは、関係者にとっては常識です。3つのEとは、「Economical efficiency（経済性）」「Environment（環境性）」「Energy security（供給安定性）」、最後のSは「Safety（安全性）」です。**電力システム**のあり方を検討する際には、これらの4つの要素全てを念頭に置く必要がありますが、それは一筋縄にはいかない難解な作業です。実際、2022年には供給安定性や効率性の面で深刻な問題が起きました。

では3E+Sの要素を高度な次元で満たす、脱炭素の時代に適合的な新たな電力システムとはどのようなものでしょうか。結論を先取りしていえば、**再生可能エネルギー**の比率が大きく高まり、**分散型電源**が主役となるシステムでしょう。

大震災後の3段階の改革では、広域機関の設立や全面自由化という制度面の対応によりシステムの供給安定性や効率性の向上を図りましたが、ハード面から見ればあくまでも「大型電源+長距離送電」という既存システムの中での改革でした。それに対し、今後の課題は、高い供給安定性を維持しつつ、再エネなど分散型エネルギーリソース（DER）を中心にした新たな電力需給の仕組みの構築です。

大型電源と再エネなど分散型電源の比率の最適解はまだ分かりません。政府は原子力推進に再び舵を切り、新増設も支援する構えで、火力脱炭素化の技術開発も進んでいます。いずれにせよ、発電側の変化に対応して送配電ネットワークの変革も必要になります。単純化して言えば、送電網は広域化、配電網は分散化の方向に進んでいくでしょう。

設備面の変革と並行して、制度の改良も引き続き進められます。大震災後に創設された電力の各価値の市場は、制度設計の試行錯誤が続いています。市場取引の変化に対応して電力のビジネスモデルも大きく変わるでしょう。その先に、脱炭素時代に適合した電力システムの最終形態が現出すると期待されます。

電力システムの今後の方向性

	現状・課題	今後の方向性
競争・効率化	●**小売多数参入**、メニューの多様化、市場活性化 ●電源保有の偏りや、市場調達割合が高い新電力もいる中で、**事業リスクが顕在化** ●**発電部門透明化**を求める声	**電力産業の基盤としての持続可能な競争・市場強環境整備** ●**リスク管理促進**等を進め、責任あるプレイヤーによる競争環境整備 ●再エネ拡大が進む中での**需給運用の在り方も踏まえた市場設計** ●大手電力の内外無差別な卸売の実効性確保等による**競争環境の透明化**
供給力の確保	●**電源投資は停滞・供給力は低下傾向**、燃料不足リスクも顕在化。 ●さらに**カーボンニュートラルと安定供給の両立**が必要。	**供給力確保策強化・安定供給体制の次世代化** ●容量市場等による**必要な供給力の確保・燃料確保の取組の強化** ●**新規投資促進のための制度措置**の導入 ●環境変化を踏まえ、**安定供給確保のための責任の在り方の再検討**
ネットワーク	●送配電の**広域的運用など機能。** ●再エネ拡大が進む中、**全国大の送電網形成や分散化の取組を一層進展させる必要。**	**脱炭素化と安定供給に資する次世代型NW整備と系統利用** ●電力ネットワークの次世代化に向けた**系統増強と既存系統の有効活用に向けた取組**の促進 ●**分散化**とデジタル技術活用に向けた環境整備の着実な推進
環境	●FIT等により、**再エネ**導入量は**世界第6位**に ●再エネ主力電源化に向け、**再エネの市場統合促進**の必要	**カーボンニュートラルに向けた電力システムの再構築** ●**脱炭素電気ニーズの高まりにも対応できる事業・市場環境**の整備 ▶新規装置促進のための制度措置の導入、**FIPやアグリゲーターを通じた再エネの主力化を促す電力市場整備、非化石価値取引市場の見直し等**
強靭化	●**自然災害の頻発化、激甚化に伴うレジリエンス強化の要請**	**災害に強い電力供給体制の構築** ●緊急時の**事業者間連携の強化、分散化等の推進**

持続的発展が可能なシステムとなるよう見直し

出典:資源エネルギー庁資料

電力システムの変遷

電源	大型電源	分散型電源(再エネ)の拡大
電力システム	地域独占	発電自由化 小売全面自由化
系統	大型電源と需要地の接続	柔軟な系統運用
再エネ活用モデル	固定価格・買取義務に依拠した売電モデル(FIT)	FIPなど脱FITへ

出典:資源エネルギー庁資料

11-2 2030年の電源構成

2050年のカーボンニュートラル実現に向けて、エネルギーの中でも電力の脱炭素化はいち早く進むことが求められています。通過点である30年の電源構成目標は、政府のエネルギー基本計画で具体的に示されています。

非化石電源比率は59%に

政府は2021年4月、30年の温室効果ガス削減目標を、従来の13年比26%削減から同46%削減に上方修正しました。これを受けた同年10月のエネルギー基本計画の改訂により、電源構成目標も見直されました。

従来は**原子力**20～22%、**石炭火力**26%、**天然ガス火力**27%、**再生可能エネルギー**22～24%、**石油火力**3%でしたが、このうち再エネは36～38%に拡大。火力発電がその分減らされ、天然ガス火力が20%、石炭火力が19%となりました。水素・アンモニア発電はまだ1%にとどまります。原子力は20～22%が維持され、再エネ、**ゼロエミッション火力**と合わせた非化石電源の比率は59%です。

再エネと原子力の数値はいずれも非常に野心的なもので、比率目標の達成は容易ではありません。再エネは、**洋上風力**の運開は30年ではまだ限定的なため、太陽光に頼らざるを得ませんが、大型の事業用太陽光を開発する適地は減ってきています。政府は建物の屋上や耕作放棄地、空港・鉄道施設などへの設置促進に乗り出しています。

原子力も、原子力規制委員会に安全審査の申請をしている発電所が順次再稼働して高い設備利用率を実現すれば数字上は達成可能ですが、実現困難な希望的観測と言えます。石炭火力は、30年時点でなお約5分の1を賄うという方針が国際社会の中で政治的に持つかどうか予断を許しません。代替燃料として水素・アンモニア発電の比率拡大が求められる可能性もあります。

電化の進展により、エネルギー供給量の中での電気の存在感は高まります。30年のエネルギー需要に占める電気の割合は、従来の28%から約30%と増える見込みです。省エネの野心的な深掘りにより、都市ガスや石油系燃料を含めたエネルギー全体では需要が抑制される方向ですが、電力需要はむしろ増加していくと見られています。

2030年の電源構成

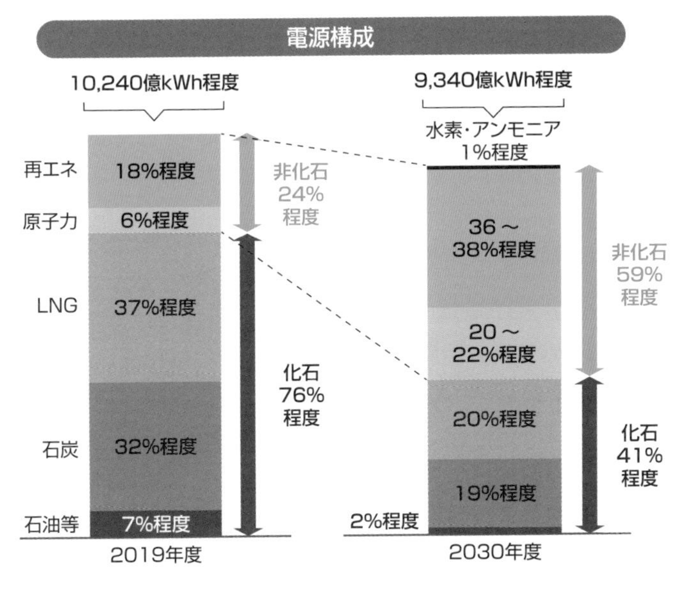

出典：資源エネルギー庁資料

2030年の電源種ごとの発電電力量

（億kWh）

	発電電力量	電源構成
石油等	190	2%
石炭	1,780	19%
LNG	1,870	20%
原子力	1,880～2,060	20～22%
再エネ	3,360～3,530	36～38%
水素・アンモニア	90	1%
合計	9,340	100%

	発電電力量	電源構成
太陽光	1,290～1,460	14%～16%
風力	510	5%
地熱	110	1%
水力	980	11%
バイオマス	470	5%

※数値は概数であり、合計は四捨五入の関係で一致しない場合がある

出典：資源エネルギー庁資料

11-3 2050年の電源構成

政府がカーボンニュートラルの目標時期とする2050年の電源構成は、大ざっぱなイメージが示されるにとどまっています。電気料金を大きく上昇させることなく完全な脱炭素化を実現するには、技術革新が欠かせません。

EEZでも洋上風力

50年とは社会全体の**カーボンニュートラル**が実現される年です。電力の脱炭素化も完了しているわけですが、その時点での電源構成は当然のことながらまだ不透明です。第6次エネルギー基本計画では再生可能エネルギー50〜60%、原子力+CCS付き火力30〜40%、水素・アンモニア発電10%という比率が参考値として示されるにとどまっています。

いずれにせよ再エネの存在感が飛躍的に高まらなければ、電力の脱炭素化は成し遂げられないでしょう。そのためには一層の技術革新が不可欠です。例えば、設置場所が大きく広がる**ペロブスカイト太陽電池**や、遠浅の海域が少ない日本に適した**浮体式洋上風力**の商用化が欠かせません。

ペロブスカイト太陽電池とは、軽量で柔軟性があるためビルの壁面や耐荷重の小さい屋根にも取りつけられる次世代のフィルム型の太陽光パネルです。実証試験が全国で進んでおり、25年度にも商用化される見通しです。国は産業政策の観点からも導入拡大を最大限支援する構えで、FIT（固定価格買取制度）で25年度から独自の買取価格が設定される見通しです。

浮体式洋上風力への期待も高いものがあります。政府は従来の領海内に加えて排他的経済水域（EEZ）でも洋上風力開発が可能となるよう新たな仕組みを創設する方針です。国が数百万kW程度の開発が可能なエリアを募集区域として指定し、複数の企業グループが同時並行で開発を進めるかたちです。陸地から遠く離れたEEZに設置される設備は、基本的に全て浮体式になります。

原子力についても、革新炉の開発が進んでいます。その代表が**小型モジュール炉**（SMR）です。いわば、原子力の分散型電源で規模は大きくても30万kW程度です。大型の軽水炉に比べて安全性が大きく向上する他、再エネの不規則な出力変動を吸収する調整力の役割も果たせると言います。

カーボンニュートラルの実現イメージ

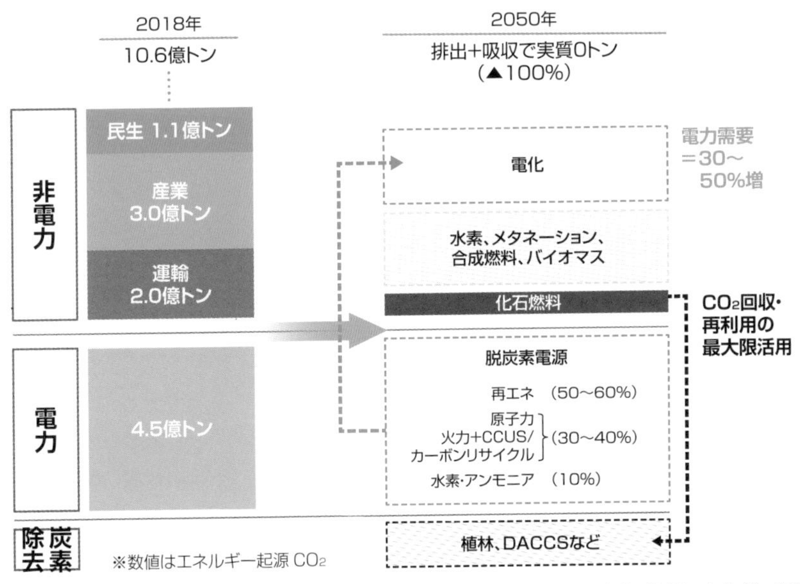

出典:資源エネルギー庁資料

ペロブスカイト太陽電池の課題

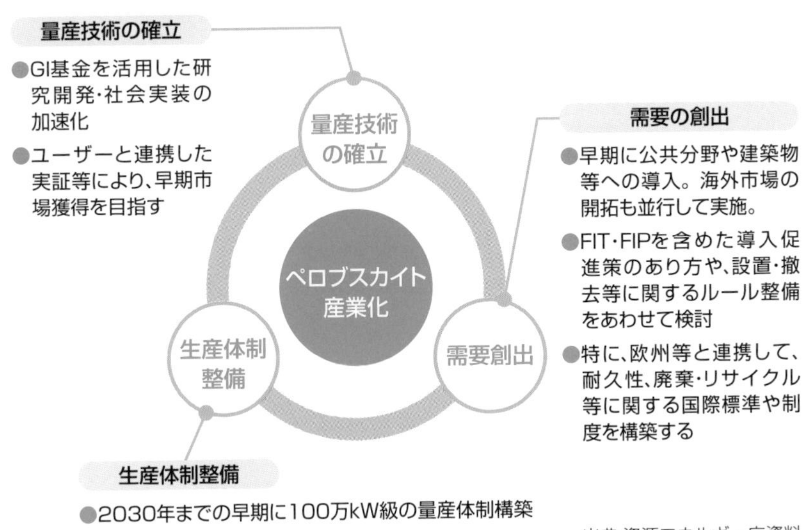

出典:資源エネルギー庁資料

11-4 次世代の送電ネットワーク

再生可能エネルギーの飛躍的かつ効率的な導入拡大を支えるために、送電ネットワークの増強も不可欠です。日本全体でできるだけ効率的に整備を進めるため、マスタープランという長期方針が新たに策定されました。

整備と運用の両面で改良

再エネが主力電源になる中でも電力システムの供給安定性や効率性を保つには、送電ネットワークの進化が不可欠です。今後のシステム改革の主眼は、再エネ大量導入時代に適応した新たな電力ネットワークをできるだけ低コストで構築することだとも言えます。こうした問題意識から、日本全体のネットワーク整備の長期方針である**マスタープラン**が2023年3月に策定されました。計画の対象は**地域間連系線**と各エリアの**基幹系統**で、地域ごとの再エネの開発可能性を考慮するとともに、需要側の予測も反映されています。これにより次世代のネットワーク形成が全国大で最大限効率的に進むことが期待できます。

従来のネットワークの整備プロセスは、発電事業者からの電源接続の要望を受けて系統増強の検討を行うもので、一般送配電事業者の対応は原則的に常に受け身になっていました。マスタープランにより、全体最適の実現を最初から志向するかたちにネットワーク整備のあり方は大きく転換したと言えます。

マスタープランは30年までに最大7兆円を投資する計画です。再エネの導入は、自然環境が適した北海道や東北などに偏在せざるを得ません。それに対して電気の大消費地は東京などの大都市圏です。発電と消費のこの地域的なズレを解消するために、連系線などの増強が必要になります。特に注目されるのが洋上風力などの立地が進む北海道と首都圏を結ぶ800万kWの**海底直流送電**の新設です。長距離の直流送電線を海底に敷設する大工事で、官民が連携した国家プロジェクトになります。

今後の電力系統を考えるうえでは、**慣性力**の確保も重要な課題です。慣性力とは、電源脱落等による周波数低下を緩和する力のことで、回転エネルギーを持つ火力発電や原子力発電は備えていますが、太陽光や風力にはありません。そのため、再エネ導入拡大に伴って系統全体の慣性力が不足し、大規模停電のリスクが高まる懸念があるのです。

マスタープランの概要

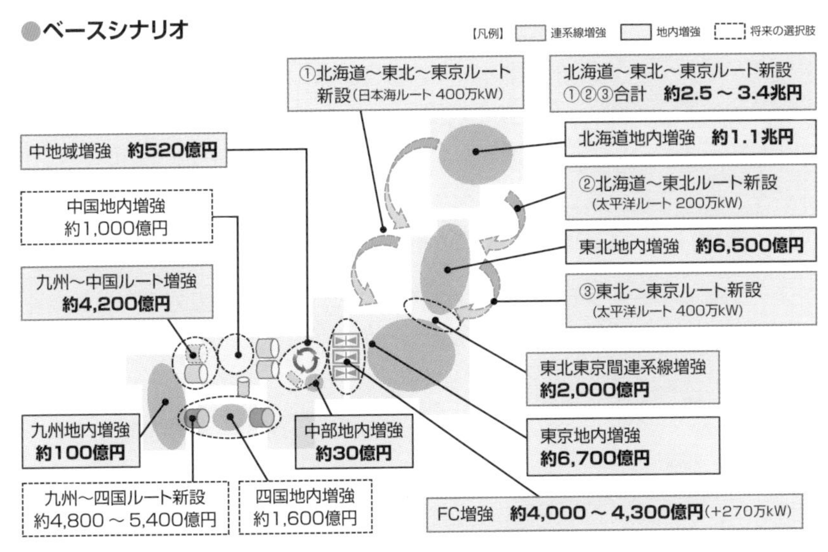

出典:マスタープラン

慣性力不足の懸念

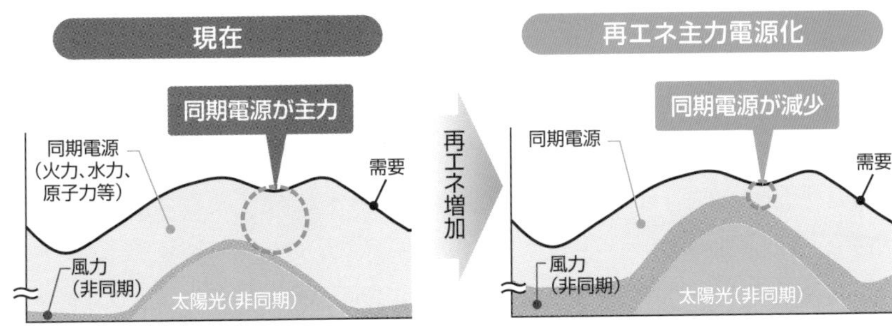

現状、一定程度の再エネが導入されているが、同期電源が主力であり、その能力・機能を活用することで、系統安定性を確保している。

➡ **これまで安定的に電気を送ってきた**

将来の「再エネ主力電源化」に向けて再エネ導入量がさらに高いレベルまで増加していくと、非同期電源の比率が多くなり、同期電源が減少していく。

➡ **これまでどおり安定的に電気を送るためにも、対応策や環境整備などの検討が今後必要**

出典：電力広域的運営推進機関資料

11-5 次世代の配電・小売・料金

分散型エネルギーリソース（DER）の導入拡大により電気の需給構造が変わることで、小売の事業モデルも進化するでしょう。電気をただ売るだけでなく、エネルギーマネジメントによる付加価値の創出が期待されます。

現在は想像できない料金メニューも

従来の電気の小売事業とは、供給した電気の使用量に応じて対価を受け取るものでした。この事業モデルは、DERの広範な普及により先細りを余儀なくされます。例えば、住宅への太陽光発電の設置が一般化すれば、送配電網を介して供給される電気の量は減ります。需要家同士で電気を売買する**P2P**（**需要家間取引**）も現実化するでしょう。

とはいえ、小売事業者が不要になるわけではありません。需要家と電力システム全体の結節点として、むしろ役割は大きくなるはずです。小売事業者にとって需要家は電気をただ売る相手から、DERの制御を請け負うなど一種のビジネスパートナーに変わるのです。

DERを大量に束ねたVPP（仮想発電所）が次世代の供給力や調整力の出し手になりますが、系統混雑が今後現実化する中、配電網を流れる電気の量を柔軟に調整できる能力**ローカルフレキシビリティ**もVPPが生み出す新たな価値として注目されているす。電気事業法のライセンス区分では、DER制御の担い手はアグリゲーターですが、需要家へのサービス展開としては広義の小売事業として電力販売と一体的に発展していくでしょう。

電気料金のあり方も大きく変わるはずです。主に小売事業者のリスク低減を狙いとして市場価格連動型のメニューはすでに増えていますが、再生可能エネルギーの制御量増加がこうした流れを加速させます。需要家も料金上昇リスクを単純に負うのでなく、DER制御により経済的利益を得られるようになるはずです。

現在の常識では想像できない料金メニューも今後考案されるはずです。例えば、25年度から導入される新型スマートメーターにより、電気の契約単位が住宅でなく個々の機器になることにも道が開けます。EV充放電だけに特化したメニューなども登場する可能性があります。

DER活用など電力小売も進化

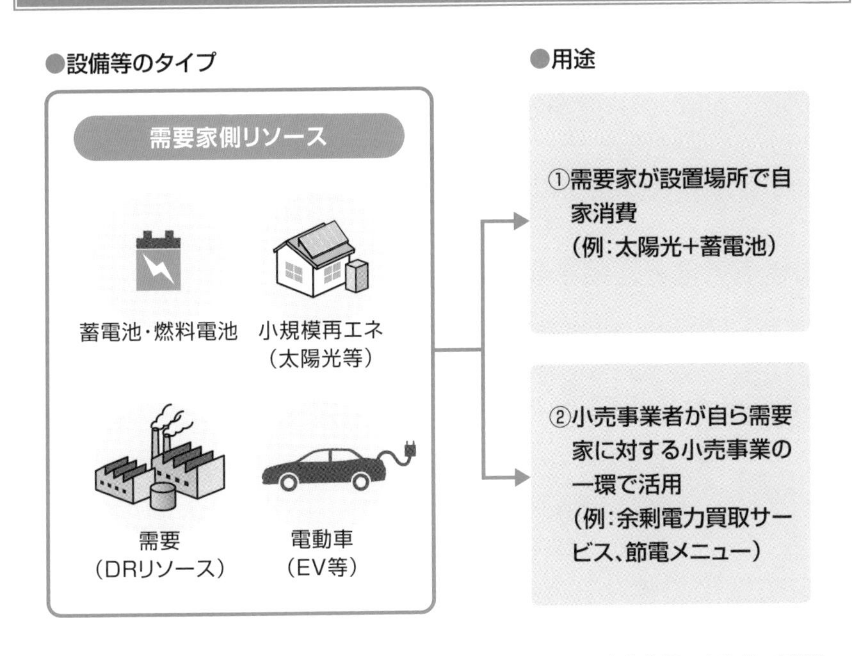

出典:資源エネルギー庁資料

DERの遠隔制御イメージ

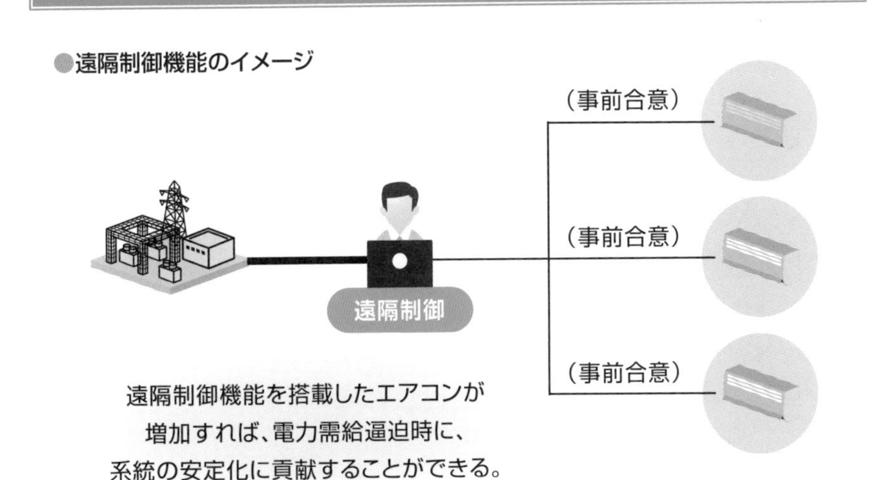

出典:資源エネルギー庁資料

11-6
次世代の卸市場

自由化の進展に合わせて段階的に整備されてきた卸市場は今後さらに抜本的に見直される可能性があります。電源運用の真の最適化を目指し、供給力と調整力の取引を統合した同時市場の創設が検討されています。

神の視点で電源運用を最適化

日本全体で電源等の運用最適化（**メリットオーダー**）を真に実現するため、供給力と調整力をまとめて取引する**同時市場**という新たな市場の創設が検討されています。

どういうことでしょうか。小売事業者の供給力と一般送配電事業者の調整力は現在、全く別々に取引されています。**供給力**の取引の場は**スポット市場**が中心であるのに対し、**調整力**は**需給調整市場**で取引されています。ただ、価値の出し手の立場に立てば、供給力も調整力も発電設備である点は同じです。

この当たり前の事実が、市場整備の過程で構造的課題として顕在化しました。20年度冬季の需給ひっ迫時に、新電力と一般送配電事業者が自家発電を奪い合ったのです。需給調整市場創設後には、発電事業者がスポット市場との取引参加の優先順位を迷うケースも出ています。ただ、電力システム全体の効率性や安定性というマクロの視点では、こうしたミクロレベルでの争いや逡巡は不毛です。

そこで考案されたのが同時市場です。単純化すれば、デマンドレスポンス（DR）を含めて稼働できる電源等を一堂に会し、最も効率的で安定供給上も問題のない供給力と調整力の組み合わせを神のような視点で決める仕組みです。神の役割を果たすのは一般送配電事業者で、全発電コストなどの情報を一元的に把握し、運用計画を策定します。ただ、需給構造が複雑化する中、本当に真に最適な運用計画が策定できるかは未知数です。小売事業者や発電事業者への影響も不透明です。

なお、実需給数年前からの中長期的な時間軸での卸市場の絵姿も、**内外無差別**の原則に基づいた発電・小売間の長期契約が増える中で変わるはずです。小売事業者の確保した量と実際の自社需要との間には乖離が生まれますから、実需給が近づくなかで転売が活発になります。こうした取引フローにより、日本全体の安定供給と個々の小売事業者の供給力確保が同時達成される必要がありますが、こうした理想通りの仕組みが構築できるかはまだ不透明です。

同時市場を核とする次世代の卸市場のイメージ

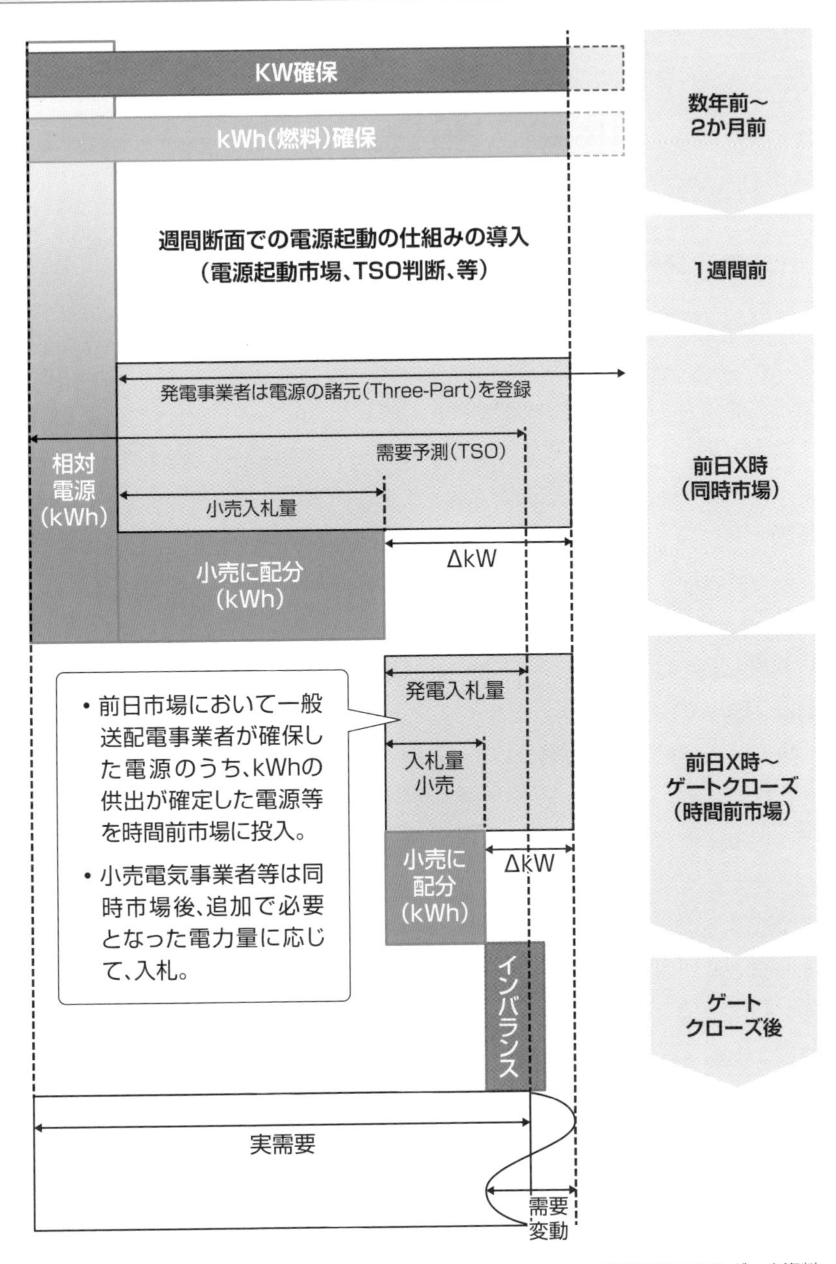

出典:資源エネルギー庁資料

11-7 次世代の電力需要

近年は伸び悩んでいる電気の需要は、中長期的には大幅に伸びていくことが予測されています。輸送部門を中心とした電化の進展や、DX（デジタルトランスフォーメーション）などが新たな需要を生み出します。

データセンターが莫大な需要創出

日本国内の電力需要は長いこと増加し続けてきましたが、近年は経済の停滞に加えて東日本大震災以降の省エネの進展もあり、減少傾向にあります。ですが、今後は再び大きく伸びることが間違いありません。脱炭素社会への移行に向けて、産業構造や社会システムの変革が進む中、エネルギー全体の需給構造も大きく変わるからです。もちろん環境保全の観点では省エネの一層の進展も至上命題で、消費機器等の効率性向上によるエネルギー全体の消費量の抑制も進むでしょうが、その中でも電気の存在感はますます高まる見込みです。2050年の電力需要は現在より50%以上増えるとの予測もあります。

需要増の要因のひとつは、化石燃料から電気へのエネルギーの転換です。**電気自動車**（**EV**）の普及拡大が大きなインパクトを持ちますが、家庭部門や産業部門でも現在は化石燃料を直接燃焼している機器から電気製品への置き換えが進むと考えられています。

デジタル技術の発展に伴い、これまでは存在しなかった新たな需要も生まれます。その代表例が、データセンターです。生成AI（人工知能）の普及など社会のあらゆる部門や場面でデジタル技術が実装される中で、インターネット上を流れるデータの量が飛躍的に増大することは確実です。データ流通量は今後10年で30倍以上になるとの予測もあります。これらのデータを保存・処理するデータセンターは今後、日本の各地で整備される方向です。機器の省エネ化も進むのでデータ流通量と比例的には伸びないでしょうが、それでも新たに莫大な電力需要を生み出すことは間違いありません。

新たな大口需要を電力システム全体の効率性追求に沿う地点で生み出す**立地誘導**の仕組み作りも大きな課題です。再生可能エネルギーの発電量が多いエリアなどに誘致することで送配電網への投資の抑制につながるわけです。

需要想定は減少基調から上昇基調に

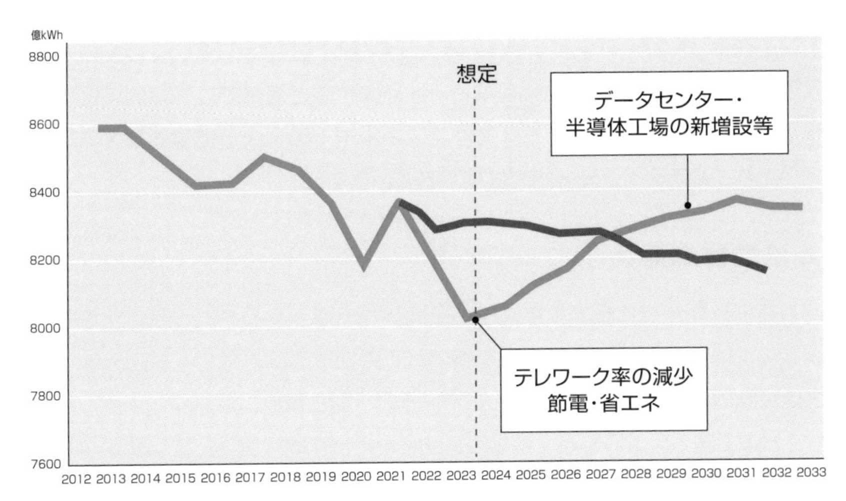

出典:電力広域的運営推進機関HP 2024年度 全国及び供給区域ごとの需要想定について

日本国内のデータ流通量の見通し

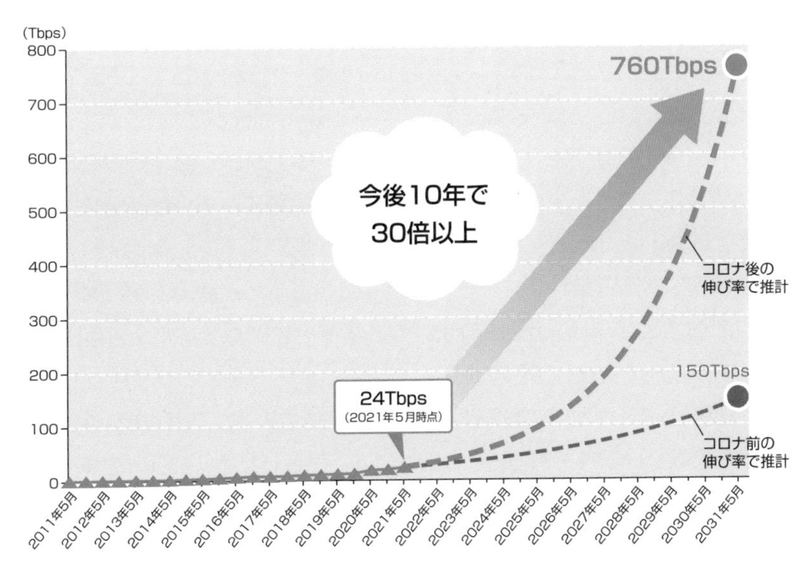

出典:電力広域的運営推進機関資料

11-8 国際送電網

国境をまたいで送電線を整備することは、欧州など海外では一般的に行われています。系統規模の拡大により再生可能エネルギーの導入可能量が増えるなどの利点があり、北東アジアでも構想は描かれています。

日本は慎重な姿勢

四方を海に囲まれた日本では、電力を海外から購入するという発想がそもそも生まれにくいですが、**国際送電網**を整備して隣接する国と電力を輸出入することは実は世界的には珍しくありません。特に欧州では日常的に活発な取引が行われており、日本と同じ島国であるイギリスも欧州大陸と送電線を結んでいます。

送電網の国際連系は、エネルギー安全保障上のリスク分散の手段として有効であることに加え、送電事業者にとっては新たな事業機会になります。送電網の規模が拡大することで、太陽光発電など出力変動が不規則な電源の接続可能量が増えるという利点もあります。

そのため、北東アジアでも、国際送電網を整備する動きは存在します。中国や韓国の電力会社が構想を提示している他、日本でもソフトバンクの孫正義会長が2011年9月に設立したシンクタンク自然エネルギー財団が独自に「アジア国際送電網研究会」を設置し、国内の機運醸成に力を注いできました。

18年6月公表の同研究会第2次報告書では、日本と韓国、ロシアを結ぶ送電線の費用対便益を試算し、事業性が十分見込めると結論づけました。例えば、京都府舞鶴市と韓国・釜山間に200万kWの送電線を敷設する場合、関西エリアの託送料金に0.06円/kwh上乗せすれば投資費用は回収可能だと言います。東日本大震災の時点で日本とサハリンが200万kWの送電線で結ばれていたら、首都圏の計画停電は防げたとの指摘もあります。

ただ、国際送電網が政府の審議会で正面から検討されたことはありません。国際政治が絡む難しい問題であることは確かです。そうした中、ロシアのウクライナ侵攻が起き、実現はますます遠のいているのが現状です。とはいえ、今後の電力システムを中長期的な視点で検討する上で、送電網の国際連系という可能性を最初から除くことは本来望ましいことではないでしょう。

アジア・スーパーグリッド構想

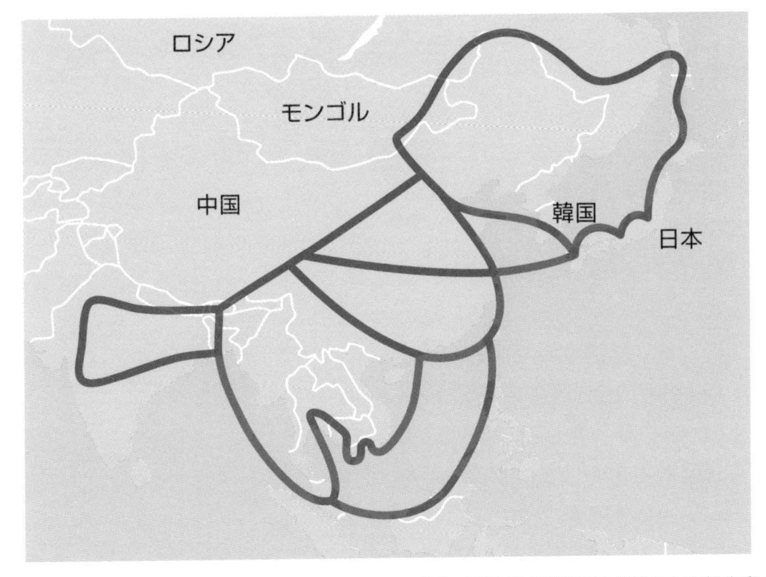

出典：アジア国際送電網研究会中間報告書より

韓国と西日本を結ぶ

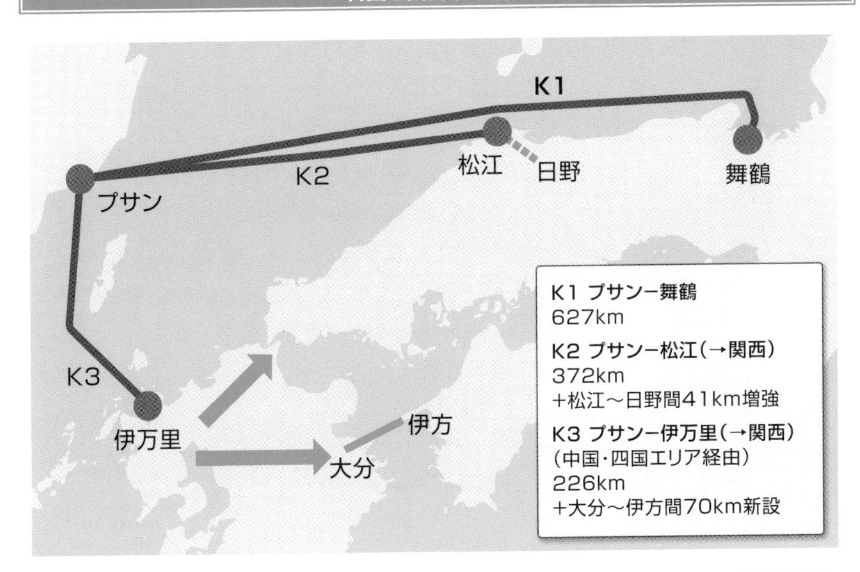

出典：アジア国際送電網研究会第2次報告書より

国際送電網と21世紀のアジア主義

北東アジアでは、不安定な政治状況が続いています。日本は中国、韓国、ロシアとそれぞれ領土問題の懸案を抱えています。こうしたことから、北東アジアを送電線でつなぐことには、エネルギー安全保障上の新たなリスクを抱え込むことになるとの指摘があります。ですが、本当にそうでしょうか。むしろ経済的に相互依存の関係を強めることが、政治的緊張の融和を促し、中長期的に見て友好な外交関係の構築につながるとも考えられます。

経済的に閉じる姿勢が、武力行使へのハードルを下げることは歴史が証明しています。1929年の世界恐慌を契機として、列強が自由経済政策を放棄してブロック経済圏を志向する保護主義に傾倒したことが、第二次世界大戦勃発の一因になりました。そう考えれば、政治的関係が必ずしも良好ではない今だからこそ、北東アジアの国際送電網構想は前に進める意義が大きいという見方もできます。

戦後を振り返れば、日本人は、アジアから唯一のG7（主要国首脳会議）参加国として、北東アジアの近隣諸国よりも欧米先進国の方に精神的な近さを感じていたように思います。米国からは文化的な影響も強く受ける一方で、例えば韓国は独立後長らく、日本文化の流入を規制してきました。地理的な近接性とは裏腹に、情報の流通という意味では日本海に深い断絶があったのです。

ですが、そうした日本人の自意識はあくまでも戦後形成されたものです。戦前の多くの日本人にとってアジアはアイデンティティの一部でした。アジアの人民が手を携えて白人国家の帝国主義に対峙するというアジア主義の思想の根底には、中国や朝鮮の人々に対するアジアの同胞という意識が確かにありました。

アジア主義の思想はもちろん結果から見ればアジア諸国への侵略を正当化する論理に転化しました。そのことが現在に至るまでの政府レベルにおける緊張関係の継続につながっているわけです。日本が前世紀の轍を踏まず、北東アジア諸国との関係をいかに良好なものにするかは大きな国家的課題です。こうした文脈において、国際送電網の実現が平和友好的な21世紀のアジア主義の象徴たり得る可能性を持つとは言えないでしょうか。

索引

INDEX

数字・アルファベット

あ行

か行

索引

さ行

た行

な行

は行

ま行

や行

ら行

著者紹介

木舟 辰平（きふね しんぺい）

1976年生、東京都八王子市出身。一橋大学社会学部卒。編集プロダクション、出版社勤務を経て、2004年から10年まで月刊エネルギーフォーラム記者として電気事業制度改革や原子力政策などエネルギー問題を取材。社会人大学院博士前期課程、物流専門紙記者を経て、14年からガスエネルギー新聞記者として電力政策等を担当。著書に『図解入門よくわかる　最新発電・送電の基本と仕組み』（秀和システム刊）、『電力自由化がわかる本』（洋泉社刊、共著）。

図解入門ビジネス
最新電力システムの基本と仕組みがよ～くわかる本[第4版]

発行日　2024年　5月20日　第1版第1刷

著　者　木舟　辰平

発行者　斉藤　和邦
発行所　株式会社　秀和システム
〒135-0016
東京都江東区東陽2-4-2　新宮ビル2F
Tel 03-6264-3105（販売）Fax 03-6264-3094
印刷所　三松堂印刷株式会社　Printed in Japan

ISBN978-4-7980-7242-5 C0050